자연은 언제나 인간을 앞선다

자연은 언제나
인간을 앞선다

패트릭 아리, 마이클 브라이트 지음
김주희 옮김

처음 만나는 생체모방의 세계

시공사

종교와 문화적 배경을 막론하고 호기심이 넘치는 사람들,
그리고 마음의 지평을 넓히기 위해 미지의 지도를
찾아 나선 사람들에게 이 책을 바친다.
세상에 알려진 것에 속박당하지 말고
내면의 상상력에 따르라.

○ 차례 ○

청사진

지구는 완벽하게 보정된 운영 체제이다. 우리가 아는 모든 생명체를 품을 수 있는 유일한 공간이기도 하다. 하지만 속아서는 안 된다. 시속 10만 7,826킬로미터로 태양계를 관통하는 암석 덩어리 위에서 사는 삶은 위험으로 가득하기 때문이다. 지구 생태계는 아름답지만, 동시에 생물이 살기에는 극단적인 환경이다. 바닷속의 짓누르는 압력부터 광활한 사막의 타는 듯한 열기까지, 극지방의 꽁꽁 어는 듯한 추위부터 산꼭대기의 숨이 턱 막히는 희박한 대기까지. 이처럼 극단적인 환경은 모든 유형의 생명체에 막중한 도전 과제를 부여한다. 그런데 오늘날 전 세계를 둘러보면, 생존 가능성이 희박한 환경에서 번성하기 위해 장애물을 극복하고 해결책을 찾아낸 다양하고도 놀라운 생물종이 발견된다.

삶을 향한 집념은 결국 한 가지로 귀결된다. 진화라는 유전적 변이이다. 영국의 박물학자이자 생물학계의 거물인 찰스 다윈Charles Darwin은 모든 종이 자연선택natural selection이라는 과정을 통해 발생하고, 결과적으로 발전한다는 이론을 세워 큰 명성을 얻었다. 유기체는 유전되는 작은 변이, 즉 유전자 돌연변이의 '자연선택'을 거치며 생존, 경쟁, 번식에 유리한 특성을 획득한다. 이를 입증하는 눈에 띄는 사례는 인간에게 사랑받는 야생동물인 북극곰의 진화 역사에서 발견된다.

북극곰은 눈부시게 하얀 털을 지녔으나 실제로는 큰곰Brown Bear의 후손이다. 갈색 대신 하얀 털이 장점으로 작용한 시기는 마지막 빙하기였다. 유전자 돌연변이로 하얀 털을 지녔던 몇 안 되는 곰들이 빙하기에 하얀 눈더미로 위장하며 곰의 먹잇감, 주로 고리무늬물범이 자신들을 알아차리기 어렵게 만들었다. 북극곰의 위장을 가능케 한 하얀 털은 무작위 돌연변이에서 시작됐으나 유용한 특성으로 자리 잡았고, 이러한 특성은 수천 년 동안 자연스럽게 선택되어 현재 세대까지 전해져 내려왔다.

북극곰은 가장 바람직한 진화 사례이다. 그런데 유전적 돌연변이가 생존에 도움이 되지 않는 특성을 생물에게 부여한다면 어떻게 될까? 결론은 아주 간단하다. 그러한 특성을 얻은 생물들은 무대에서 사라진다. 목숨을 잃고 다른 개체와 함께 멸종한다. 가혹하게 느껴지겠지만, 지구 위의 생명체는 모두 적자생존의 원칙을 따른다.

여기 아주 중요한 질문이 있다. 이 모든 이야기가 인간이 영리해지는 것과 무슨 관계가 있을까? 자, 생명이 최초로 탄생한 기적적인 순간 이후 식물, 동물, 균류, 세균은 지구의 복잡한 생태계에 적응하고 생존하기 위하여 최고의 방법을 도출해 냈다. 이처럼 자연이 문자 그대로 수십억 년간 문제를 해결해 왔음을 고려하면, 인류 또한 스스로 해결책을 찾아낼 수 있지 않을까? 이것이 내가 BBC 월드 서비스와 함께 팟캐스트 시리즈를 진행하며 조사한 내용이다. 생존을 위해 동물이 취하는 놀라운 행동을 탐구하고, 그러한 사례가 오늘날 인간이 마주한 문제를 극복하는 데 도움이 되는지 밝히는 것이다. 여러분도 알다시피, 자연은 문제 해결사로 가득하다. 무수한 생물종이 오랜 세월에 걸쳐 시행착오를 거치면서 온갖 문제 해결 방안을 도출했다. 따라서 자연은 최고의 연구 개발 센터인 셈이다. 드디어 생체모방Biomimicry을 소개할 때가 왔다. 오래전부터 나는 생체모방에 매료되었다.

생체모방이란 무엇일까? 간단히 말해, 지구에 사는 동물에서 영감을 받아 새로운 기술을 만드는 과정이다. 생체모방을 처음 듣는 사람에게 말해 두자면, 이것은 정말 흥미로운 분야이다. 앞으로 등장할 생체모방 이야기를 하나둘 읽어 나갈수록, 자연을 바라보는 여러분의 관점도 변하게 될 것이다.

대자연을 탐구하여 아이디어를 얻는다는 발상은 과학자이자 작가이며 자칭 '자연에 미친 괴짜'인 재닌 베니어스Janine Benyus가 1997년 출간한 저서 《생체모방:자연에서 영감을 얻는 혁신Biomimicry: Innovation Inspired by Nature》으로 널리 알려졌다. 베니어스는 생체모방을 "인간의 문제를 해결하기 위해 자연 모델을 연구하는 새로운 과학"이라고 설명한다. 그리고 인류는 반드시 자연을 '멘토'로 삼아야 한다고 주장하며, 생체모방의 목표로 지속가능성(자연 생태계가 생물다양성, 생산성 등을 미래에도 유지할 수 있는 능력-옮긴이)을 꼽는 선견지명을 드러냈다. 오늘날 생물종으로서 인류가 생존하려면 어느 때보다도 지속 가능한 삶의 방식과 제품이 필요하다.

베니어스 이외에도 일상의 문제를 이러한 접근으로 해결하려 한 수많은 학자가 있다. 베니어스보다 거의 30년 앞서, 미국의 생물물리학자인 오토 허버트 슈미트Otto Herbert Schmitt는 이 신생 과학 분야를 구분하기 위해 생체모방의 동의어인 '생체모방기술Biomimetics'을 처음 언급했고, 동료 잭 E. 스틸Jack E. Steele은 같은 분야를 '생체공학Bionics'이라고 지칭했다. 그러나 생체모방의 첫 사례는 르네상스 시대에서 기원을 찾을 수 있다.

레오나르도 다빈치는 비행에 매료되어 '날아다니는 기계'를 여러 번 스케치한 것으로 유명하며, 이 기계의 날개는 방향 전환 능력을 무기 삼아 하늘을 완전히 장악한 동물인 박쥐의 날개를 모방했다. 다빈치는 생전에 자신의 상상이 실현되는 것을 보지 못했지만 다빈치의 청사진은 수백 년 뒤 라이트 형제에게 영감을 주었고, 그 결과 세계 최초의 동력 비행기가 성공적으로 제작되었다.

이것이 궁극적으로 책에서 다루려는 내용이다. 야생동물과 38억 년 된 대자연의 청사진으로부터 인간이 교훈을 얻는 방법 말이다. 나는 개인적으로 과학, 기술, 그리고 혁신의 조합을 좋아한다. 흥미진진하고 생각을 불러일으키는 데다, 세상에 유용하기 때문이다. 그럼, 앞으로 읽어 나갈 페이지에는 무엇이 기다리고 있을까? 나는 독자의 마음을 사로잡을 놀라운 이야기가 준비되어 있다고 믿고 싶지만, 여러분의 판단에 맡기겠다.

새로운 친환경 하수처리 체계에 아이디어를 제공한 소 이야기는 어떤가? 미래의 항공기 안전에 혁명을 일으킨 갯가재 이야기는? 미세플라스틱 오염을 해결할 방안으로 거론되는 대왕쥐가오리 이야기는?

바닷가재의 눈에서 착안한 엑스선 우주 망원경, 덫개미의 턱을 모방한 점프 로봇 이야기도 있다.

　나의 상상력과 관심을 완전히 사로잡은 이야기는 혹등고래의 해부학에 매료된 해양생물학 교수 프랭크 피시Frank Fish의 연구였다. 피시는 고래 지느러미의 앞쪽 가장자리가 예상처럼 매끄럽지 않으며 결절들로 덮여 있음을 발견하고 당황했다. 공기역학과 유체역학의 법칙에 익숙한 과학자로서, 피시는 고래의 가슴지느러미가 왜 그렇게 진화했는지 이해할 수 없었다. 비행기 날개처럼 매끄럽고 유선형인 지느러미여야 앞뒤가 맞았다. 여기서 많은 내용을 밝힐 수는 없지만, 피시의 호기심은 오늘날 재생에너지 발전 방식을 효율적이고 지능적으로 바꾸고 있다.

　이 책의 주제를 충분히 설명했으니, 이제는 내 소개만 남았다. 만나서 반갑다. 내 이름은 패트릭 아리이고, 방송 진행자이자 야생동물 다큐멘터리 제작자로 언제나 일에 푹 빠져 있다. 2013년 BBC 자연사 유닛(BBC 스튜디오에 속한 부서로 자연사 또는 야생동물이 주제인 콘텐츠를 제작한다-옮긴이)과 함께 야생동물 다큐멘터리를 만들기 시작한 뒤 자연이 선사하는 놀라운 장면들을 목격했다. 생체모방에 얽힌 혁신적인 이야기를 전하는 동안, 짜릿한 순간의 기쁨을 여러분과 나눌 수 있어서 즐거웠다. 바다의 거인과 함께 프리다이빙하고, 치명적인 방울뱀에게서 독을 짜내는 등 여러 동물과 만난 생생한 경험을 발판 삼아 여러분을 모험으로 이끌 예정이다.

　이야기만으로 충분하지 않다면, 리지 하퍼Lizzie Harper가 손수 그린 삽화를 눈여겨보자. 리지가 그린 그림은 슈퍼스타 생물들이 숨어 있는 세계를 좀 더 가까이 보여 줄 것이다. 뭘 망설이는가? 우리를 좀 더 영리하게 만들어 준 30가지 동물과 밝은 미래를 향한 청사진이 여러분을 기다리고 있다.

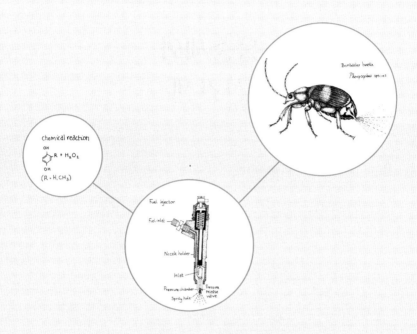

1장

물총새와
신칸센

이번 장은 물총새Kingfisher가 일본인 수백만 명의 출퇴근 풍경을 어떻게 바꾸었는지에 대한 이야기이다. 혹시 탐조인을 만난다면, 선명한 색을 띤 물총새를 목격한 날 기분이 어땠는지 물어보자. 분명 그들은 물총새를 발견한 순간을 떠올리며 행복한 미소를 지을 것이다. 물총새는 외부에서 잘 보이지 않고, 물이 고여 있거나 잔잔하게 흐르는 곳 가까이에 둥지 트는 걸 좋아한다. 그러한 곳은 물총새가 즐겨 먹는 먹이를 쉽게 찾을 수 있는 완벽한 장소로, 그 먹이가 무엇인지 아직 눈치채지 못했다면, 단서는 이름에 담겨 있다(물총새의 영문명 'Kingfisher'에서 'fisher'는 어부를 의미한다-옮긴이). 물총새는 물고기를 뒤쫓는다. 여러분이 운 좋게도 알맞은 장소에 때맞춰 도착한다면, 수면 위로 쏜살같이 움직이는 밝은 파란색 섬광을 얼핏 포착할 수 있을 것이다. 인내심 강한 독자라면, 낚시 중이거나 부리로 물고기를 물고 햇살을 받으며 위풍당당하게 앉아 있는 물총새의 모습까지도 볼 수 있을지 모른다.

물총새 하면 나카쓰 에이지仲津英治를 빼놓을 수 없다. 짐작할 수 있듯이 에이지는 탐조인인 동시에 공학자이다. 기업 서일본여객철도 기술개발부의 총책임자로서 그는 '탄환 열차Bullet Train'라는 명칭으로도 널리 알려진 신칸센 500계 전동차 설계에 중요한 역할을 맡았다. 신칸센 500계 전동차를 아직 보지 못한 독자를 위해 설명하자면, 이 기계는 미래에서 온 것 같은 외형이 인상적이다. 빠른 속력을 자랑하는 기차 중 하나로, 세계에서 붐비기로 손꼽히는 철길을 따라 승객 수백만 명을 실어 나른다. 하지만 1990년 신칸센 500계 전동차에는 나카쓰 에이지와 연구팀이 해결해야 할 문제들이 있었다. 첫 번째 문제는 전동차의 속력을 높이는 것이었다. 정차 횟수에 따라 달라지긴 하지만 보통 신오사카역에서 후쿠오카 하카타역까지는 대략 4~5시간이 걸렸는데, 새로운 신칸센은 소요 시간을 단축하여 같은 구간을 2시간 20분 안에 이동해야 했고, 그러려면 시속 298킬로미터라는 속력에 도달해야 했

신칸센 전동차

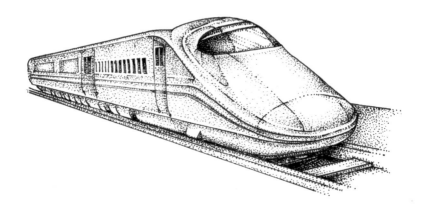

다. 따라서 에이지와 연구팀이 부딪힌 난관은 더 크고 강력한 엔진을 개발하는 일이었으리라 섣불리 짐작하는 사람도 있겠지만, 그들의 발목을 잡은 것은 엔진 출력이 아니었다.

고속으로 달리던 신칸센은 터널을 지나 밖으로 나올 때마다 무시무시한 굉음을 냈다. 그 소음은 탑승객과 근방에 서식하는 야생동물을 괴롭힐 뿐만 아니라, 이웃한 동네에 사는 사람들을 깨웠다. 공학자로 구성된 연구팀이 해결책을 찾기 위해 밤낮으로 일했다. 그들은 모든 원인이 공기역학(공기의 흐름이나 물체에 작용하는 공기의 힘을 연구하는 학문-옮긴이)으로 귀결된다는 것을 발견했다. 즉, 신칸센이 터널로 진입할 때면 신칸센 앞에서 공기압이 증가했다. 이 현상을 시각화하는 가장 좋은 방법은 자전거펌프를 연상하는 것이다. 피스톤이 앞으로 밀리면, 공기가 실린더 앞쪽 끝에서 압축된다. 이와 같은 현상은 신칸센에서도 일어났고, 압축되었던 공기는 전동차가 터널에서 빠져나올 때마다 갑자기 자유롭게 팽창하면서… 쾅! 소리를 냈다.

신칸센이 유발하는 소음은 너무나도 컸고, 일본의 환경 규정을 거듭 위반했다. 규정을 준수하려면 전동차는 수세식 변기에서 나는 소음과 거의 같은 수준인 75데시벨보다 더 조용해야 했다. 시속 298킬로미터보다 빠르게 달리는 전동차가 필요한 상황에서, 지켜야 할 소음 기준치는 극도로 낮았다. 게다가 압축된 공기는 보이지 않는 브레이크로 작용하며 전동차의 속력을 늦추고 있었다. 이 문제를 해결한다면, 연구팀은 기존보다 빠르지만 조용한 신칸센을 개발할 수 있을 것이다. 요약건대 에이지와 연구팀은 좀 더 효율적으로 공기를 가를 수 있는 전동차가 필요했고, 바로 여기에 물총새가 영감을 주었다.

우리 행성은 대략 100종의 물총새가 사는 서식지이다. 물총새는 극지방과 매우 건조한 사막을 제외한 전 세계 곳곳에 서식하는데, 대부분 아프리카와 아시아, 호주에서 발견된다. 보편적인 특징으로는 큰 머리, 길고 날카롭고 뾰족한 부리, 뭉툭한 꼬리, 짧은 다리가 꼽힌다. 어부를 의미하는 이름과 달리 모든 물총새가 물고기를 잡는 것은 아니지만, 이들은 무척 훌륭한 솜씨를 지닌 낚시꾼이다. 물총새의 낚시 기술은 뛰어난 시력과 물속으로 뛰어들기에 완벽한 형태인 부리에서 나온다. 길고 좁으며 유선형인 부리는 끝 쪽에서 머리 쪽으로 갈수록 지름이 일정하게 증가한다. 이 같은 부리의 형태는 물총새가 시속 40킬로미터에 가까운 속력으로 수면에 부딪치는 순간의 초기 충격을 완화한다. 물총새가 미끄러지듯이 물속으로 풍덩 뛰어드는 동안, 물은 부리 앞쪽에서 밀려 나가는 대신에 부리를 지나쳐 흐른다. 반면 신칸센이 선로를 따라 터널 밖에서 안으로 들어갈 때는 공기가 신칸센을 지나쳐 흐르지 않았다.

나카쓰 에이지는 이 난제를 해결하려고 궁리하던 중, 마침 오사카에서 개최된 일본 야생조류학회에서 항공공학자의 강연을 듣게 되었다. 강연을 통해 항공 전문가가 새로부터 유인 비행에 관한 간단한 아이디어를 얻을 뿐 아니라, 중대한 설계 문제 중 일부를 해결한다는 사실을 알고 진심으로 놀랐다. 이를 계기로 에이지는 다음과 같은 생각을 떠올렸다. 만약 신칸센의 앞머리가 물총새 부리처럼 된다면, 공기가 신칸센 앞머리 주위를 좀 더 수월하게 흐르면서 앞머리 쪽에 압축되는 공기가 줄어들게 될까? 이렇게 된다면 쾅! 하는 소음은 사라질 것이다.

에이지와 연구팀은 물총새를 꼼꼼히 조사했다. 그리고 물총새 부리 상하부의 단면이 예상보다 훨씬 복잡하다는 것을 발견했다. 물총새 부리는 모서리가 둥근 두 개의 삼각형처럼 생겼는데, 서로 맞물리면 마름모 형태가 되었다. 에이지는 그러한 형태를 가리켜 "네 개의 원에 에워싸인 둥근 마름모꼴"이라고 표현했고, 이 형태를 시각적으로 묘사하기는 무척 어렵다. 여기서 꼭 짚고 넘어가야 할 점은 연구팀이

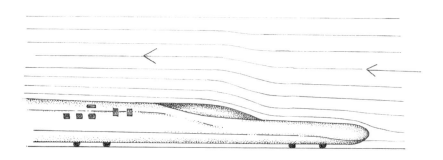

물총새 부리를 본떠 신칸센 앞머리를 새롭게 디자인했다는 것이다. 짐작할 수 있듯이 새로운 형태는 다소 특이했으며, 특히 앞머리 길이가 6미터인 기존 신칸센과 비교하면 두 배 넘게 길어져 15미터에 달했다. 연구팀이 수많은 다른 형태로도 앞머리를 설계하여 비교한 결과, 모형 터널 실험에서 물총새를 모방한 모델은 기존 모델보다 공기저항을 30퍼센트 적게 받아 더욱 빠르고, 조용하며, 출력이 높았다. 이렇게 문제가 해결되었다. 그러나 완벽하지는 않았다. 두 번째 문제점 또한 해결하려면 동물에서 착안한 혁신적인 해결책이 필요했다.

　전동차는 팬터그래프라고 불리는 집전장치를 이용해 머리 위에 설치된 전선에서 전력을 공급받는다. 아마 여러분도 전동차 지붕 위에 자리한 집전장치를 본 적은 있겠지만, 주의 깊게 보지는 않았을 것이다. 다음에 기차역을 가면 지붕에 집전장치가 있는 전동차를 유심히 살펴보자. 집전장치가 막대한 영향을 미치는 것처럼 보이지 않지만,

전동차가 빠른 속력으로 이동하기 시작하면 공기 흐름이 그 장치와 부딪혀 가로막히면서 시끄럽게 회오리치는 작은 소용돌이가 형성된다. 에이지와 연구팀은 집전장치의 수를 줄이거나 형태를 바꾸고, 바람막이를 추가 설치하는 등 다양한 시도를 해 보았다. 그러나 바람막이의 무게가 진동을 일으켰고, 그 소음이 객차 안에서 들렸다. 분명 전동차 외부는 전보다 조용해졌지만, 내부는 시끄러워졌다.

다시 한번, 나카쓰 에이지는 무음 비행의 제왕으로 알려진 새로부터 해결책을 찾았다. 이 새들이 어느 면에서 유령과 같을 정도로 기이한 이유는 거의 완전한 무음 상태로 날 수 있는 능력 때문이다. 이들은 날갯소리를 거의 내지 않는 덕분에 어둠 속에서 급강하하는 동안 들키지 않고 먹잇감을 덮칠 수 있다. 이 새가 바로 올빼미Owl이다!

에이지는 올빼미의 무음 비행에 강한 호기심을 느끼고, 올빼미가 극도로 조용하게 날 수 있도록 돕는 일부 깃털의 톱니 모양 가장자리를 신칸센에 적용할 수 있는지 몇 가지 실험을 했다. 연구팀은 아래쪽으로 향하는 두 날개에 작은 보조 날개가 달린 형태로 집전장치 디자인을 바꾸었다. 그러자 보조 날개는 올빼미 깃털에 달린 톱니처럼 작용했고, 실제로 소용돌이를 부수어 소음을 줄였다.

에이지는 아슬아슬하게 결승선에 다다랐지만, 극복해야 할 마지막 장애물이 하나 더 있었다. 집전장치를 받치는 지지대이다. 소음을 낮추려면 지지대를 기존보다 유선형으로 제작해야 했다. 에이지는 또다시 깃털 달린 친구에게 눈길을 돌렸다. 이번에는 하늘을 나는 능력을 완전히 잃어버린 새, 아델리펭귄Adélie Penguin이 주인공이다. 아델리펭귄은 몸통이 방추형이라 힘을 거의 들이지 않고 물속에서 움직일 수 있다. 몇 차례 테스트가 진행된 끝에 집전장치 지지대는 펭귄과 비슷한 형태로 개조되었다. 아니나 다를까, 개조된 지지대는 바람의 저항과 소음을 줄였다.

한두 가지도 아닌 세 가지 디자인 문제가 세 가지 종의 새로 해결되었다. 그리고 이들 덕분에 우리는 한층 더 영리해졌다. 1997년 3월 22일, 새로운 신칸센 500계 전동차가 정식 운행을 시작했다. 기억하자. 도전 과제는 신오사카역에서 후쿠오카 하카타역까지 2시간 20분 이내에, 소음 75데시벨 미만으로 승객을 실어 나르는 것이었다. 전동차는… 2시간 17분 만에 75데시벨 미만으로 고요하고 차분히 진입했다. 당시 이 기록은 지구상 가장 빠른 전동차 부문에서 세운 세계 신기록이었다. 이후 신칸센은 사람과 동물 들을 방해하지 않으며 일본 전역으로 돌진해 경제를 움직였고, 신칸센의 앞머리는 나카쓰 에이지와 강기슭의 새 덕분에 탄환 형태에서 조금 벗어났다. 그렇다면 '탄환 열차'가 아닌 '물총새 열차'라고 부르는 건 어떨까?

2장

문어와
위장 피부

멋진 동물을 꼽는다면 문어에 대적할 만한 상대는 없다고 확신한다. 문어는 게임 '스페이스 인베이더' 속의 효과음 같은 소리를 낸다. 심장이 세 개이고, 혈액은 푸른색이고, 먹물을 뿜어 포식자를 막고, 잘려 나간 팔이 다시 돋아나고, 뼈가 없으며, 아주 좁은 공간에 몸을 비집고 들어갔다가 나올 수 있다. 무엇보다 문어는 변장술의 대가이다. 단순히 색을 바꾸는 것에서 한발 더 나아간다. 이들은 모양을 바꾸고 피부의 질감을 조정하는 특별한 능력을 지녔고, 그러한 능력을 발휘하여 주변 환경과 이질감 없이 어우러진다. 문어는 또한 상당히 빠르게 이동할 수 있다. 상황이 위험해지기 시작하면, 제트스키처럼 추진 장치를 가동해 신속히 위험에서 벗어난다. 그러다가 정착할 장소를 찾으면, 마치 요술 지팡이를 휘두른 듯이 자취를 감춘다. 신기하지만 약간 소름 끼친다. 만약 우리가 문어처럼 환경에 따라 옷을 바꿀 수 있다고 상상해 보자. 그러면 분명 가장 멋진 축제 의상을 만들 수도 있겠지만, 문어의 비밀을 푸는 경쟁은 감시와 감시에 대응하는 기술이 갈수록 정교해진다는 측면에서 어마어마한 판돈이 걸려 있다.

문어가 어떻게 변장하는지 좀 더 깊게 이해하고 싶다면, 우선 문어가 변장하는 이유부터 알아보자. 문어는 연체동물문Mollusca에 속하며, 이는 문어가 달팽이, 민달팽이, 조개와 먼 친척임을 의미한다. 모든 연체동물은 한 가지 공통점을 지닌다. 발을 가진다는 점이다. 물론 사람의 발처럼 보이지는 않지만, 연체동물의 발도 이동을 돕는다. 민달팽이는 발로 미끄러지듯 움직이고, 조개는 발을 써서 모래나 진흙 속에 굴을 판다. 그런데 문어는 발이 빨판이 달린 팔로 진화하면서 빠르게 움직이는 먹이를 잡는다. 문어는 오징어, 갑오징어Cuttlefish와 함께 두족류Cephalopod로 분류되는데, 두족류란 그리스어로 '머리-발'을 의미하며 두족류에 속하는 동물의 기본적인 체제body plan(동물 몸 구조의 기본 형식-옮긴이)를 완벽하게 설명한다. 즉, 두족류에 속하는 동물은 빨판이 줄지어 돋아난 팔들로 이루어진 발이 머리(또는 외투막)와 붙어 있다. 문어는 여덟 개의 팔로 먹이를 움켜쥐고, 오징어와 갑오징어는 추가로 지닌 두 개의 촉수를 몸속에 집어넣고 있다가 최후의 순간 앞으로 힘껏 뻗어서 성공적으로 먹이를 낚아챈다.

이 기이한 동물들은 다양한 크기와 형태를 지니고 바다의 거의 모든 지역에서 산다. 몸이 가장 긴 두족류 부문 우승은 대왕오징어Giant Squid에게 돌아간다. 한껏 뻗은 촉수 끝부터 몸통 끝까지 측정하면 길이가 최대 15미터에 달한다. 그러나 지구에서 가장 무거운 오징어이자 현존하는 가장 거대한 무척추동물은 차가운 남극해 깊숙한 곳에 서식하는 남극하트지느러미오징어Colossal Squid이다. 남극하트지느러미오징어는 사촌뻘인 대왕오징어보다 길이는 조금 짧지만 무게는 거의 0.5톤에 가깝다. 하지만 남극하트지느러미오징어가 제아무리 거대하다 해도 물속 깊이 잠수하는 바다 괴물인 수컷 향유고래Sperm Whale에게는 상대가 안 된다. 남극하트지느러미오징어가 몸집이 크고 유기체 중에서 가장 큰 눈(눈알 하나가 농구공보다 크다)을 지니긴 했지만, 향유고래는 그런 남극하트지느러미오징어를 커다란 입으로 단번에 꿀꺽 삼킬 수 있기 때문이다. 저울의 반대편 끝에는 조그마한 태국밥테일오징어Thai Bobtail Squid가 있다. 완전히 자란 성체도 몸집이 대단히 작은데, 얼마나 작은가 하면 길이 1센티미터에 무게 1그램도 채 되지 않는다.

가장 크다고 알려진 문어는 거대태평양문어Giant Pacific Octopus로 정말 무지막지하다. 팔을 전부 쭉 뻗으면 몸길이가 최대 10미터에 달한다. 비교적 몸집이 커다란 심해 문어로는 일곱팔문어Seven-arm Octopus가 있으며, 이 이름은 수컷이 알을 수정시킬 때 사용하는 하나의 팔, 다른 말로 교접완을 안전하게 숨겨 놓는 방식에서 유래했다. 일곱팔문어는 젤리 같은 몸의 길이가 3.5미터이고 해파리를 먹고 산다. 문어 중에서 제일 매력 넘치는 녀석은 덤보문어Dumbo Octopus이다. 덤보문어라는 이름은 수많은 종을 두루 일컫는 명칭으로, 디즈니 만화 속 유명한 코끼리의 귀를 연상시키는 커다란 지느러미를 지닌 심해 문어이다. 하지만 몸 크기에 상관없이, 두족류 동물들이 공유하는 보편적 특징은 유별나게 영리하다는 점이다.

문어, 오징어, 갑오징어는 무척추동물 아이큐 순위에서 상위권을 차지한다. 예를 들어 갑오징어는 모든 무척추동물 중에서 몸 크기 대비 뇌 크기 비율이 가장 높으며, 해양생물학자들은 바다에서 지능이 뛰어

나게 높은 연체동물로 갑오징어를 꼽는다. 과학자들은 해양과학 실험을 통해 문어가 어떤 시행착오를 거쳐 복잡한 퍼즐을 푸는지 직접 관찰하고, 시장오징어Market Squid가 몸 색깔을 바꾸어 정교한 의사소통 체계를 공유한다고 추정했다. 여기서 우리의 눈길을 사로잡는 것은 두족류가 겉모습을 빠르게 바꾸는 능력이다.

두족류는 얼마나 빨리 색을 바꿀 수 있을까? 우선, 거대태평양문어는 여러분의 눈앞에서 사라지기까지 0.1초도 걸리지 않는다. 몇몇 문어는 변장의 명수로 위급한 상황에 빠지면 그 능력을 발휘한다. 이를테면 흉내문어Mimic Octopus는 피부색을 바꾸고 나서, 여러분이 독을 품은 쏠배감펭이나 우글거리는 치명적인 바다뱀 무리에 한눈을 판 사이 들키지 않고 여러분에게 팔을 뻗는다. 이는 잠재적 포식자에게 겁을 주는 아주 영리한 방법이다. 독성이 몹시 강하기로 악명 높은 파란고리문어Blue-ringed Octopus도 마찬가지이다. 파란고리문어는 일본과 호주 사이의 태평양 그리고 인도양 전역에 형성된 조수 웅덩이에 똬리를 튼다. 이 작은 문어가 위협을 느낄 때면 빛나는 파란색 고리가 온몸에 나타나기 시작하는데, 이 변화는 틀림없이 "저리 가, 나는 독이 있어, 그러니 저리 가라고, 친구!"라는 의미의 번쩍이는 경고 신호이다.

자, 그럼 여기서 진짜 중요한 질문을 하겠다. 문어는 어떻게 색을 바꿀까? 정답은 피부 표면 바로 아래에서 색을 바꾸는 수천 개의 세포, 즉 색소포chromatophore에 있다. 바로 이 세포가 놀라운 색 변화를 일으키는 요인이다.

색소가 들어 있는 풍선을 쥐고 있다고 상상해 보자. 풍선을 손으로 부드럽게 움켜쥐면 풍선의 표면이 점점 얇아지면서, 움켜쥔 풍선의 끝으로 밀려 올라간 색소가 더욱 선명하게 비친다. 색소포도 비슷한 방식으로 작동한다. 각 세포의 중심에는 검은색, 갈색, 주황색, 빨간색, 노란색 등 색소로 채워진 주머니가 있다. 이 세포들이 팽창하거나 수축하면 색소가 피부 표면에서 가까워지거나 멀어지면서, 눈 깜짝할 사이에 문어의 색이 변하게 된다. 일부 두족류는 색소포 이외에 다른 유형의 색 변환 세포도 지니는데, 그중 어느 세포는 보는 각도에 따라 녹색, 파란색, 은색, 금색 등으로 색이 바뀌고 다른 세포는 주위 환경의 색을 반사해 두족류가 눈에 잘 띄지 않게 한다.

앞에서 언급했듯이, 문어는 피부 질감도 바꿀 수 있다. 문어가 피부 질감을 바꾸는 장면을 목격하는 것은 대단히 놀라운 경험이다. 바다 밑바닥 이곳저곳으로 이동하면서 문어는 매끄러운 바위부터 뾰족한 산호 그리고 모래에 이르는 다채로운 해저 환경에 맞추어 문자 그대로 몸을 변화시킨다. 이들은 피부에 유두 모양으로 돋은 작은 돌기papilla의 크기를 섬세하게 조절하며, 그 돌기가 조그마한 요철부터 커다란 혹으로 순식간에 바뀌면서 질감이 변화한다. 그러니 문어와의 숨바꼭질은 꿈도 꾸지 말자. 하는 족족 패배할 것이다.

문어가 색을 바꾸는 변장술은 보안 감시 전문가들의 지대한 관심을 모았다. 관련한 첫 번째 사례는 휴스턴대학교와 일리노이대학교 소속 연구자들의 공동 연구에서 나왔다. 연구팀은 색을 바꾸는 문어에서 영감을 받아 환경을 읽고 주위를 모방하는 유연한 피부를 개발했다. 이것은 열변색성 물질thermochromatic material로 만들어졌다. 열변색성 물질이란 온도의 변화에 반응하여 색을 바꾸는 물질이다. 연구팀은 최초의 텔레비전처럼 흑백으로 작동하여 다양한 명도의 회색을 드러내는 시제품을 만들었으며, 향후 알록달록한 총천연색을 구현할 수 있기를 희망한다. 시제품은 크기가 작아서 피부 면적이 불과 수 제곱센티미터에 지나지 않지만, 면적을 늘리는 것은 간단하다. 개발된 위장 피부는 다양한 센서와 반사 장치와 색 변화 물질이 포함된 초박막 층으로 구성되어 있고, 이러한 층들이 함께 작동하면 문어와 마찬가지로 주위 환경의 색에 맞추어 변화한다.

나는 그 위장 피부를 미슐랭 별이 붙은 샌드위치에 비유하고 싶다.

맨 위층에는 온도가 낮으면 검게 보이고, 온도가 섭씨 48도보다 높으면 투명해지는 온도 감응성 색소가 들어 있다. 두 번째 층은 빛을 반사하는 백색의 은 조각으로 이루어졌고, 그다음 층은 색소의 온도를 조절하는 실리콘 초박막 회로를 포함한다. 맨 아래는 투명한 실리콘 고무로 구성된 층이다. 이 '샌드위치'는 두께가 200마이크로미터도 되지 않으며, 이는 평범한 필기용 종이 두 장과 거의 같은 두께이다. 이 샌드위치 밑에는 광 감응 장치로 가득한 바닥층이 추가로 배열되어 있고, 광 감응 장치는 피부가 언제 어느 색으로 변화해야 하는지 가르쳐 준다. 위장 피부는 1~2초 만에 색이 바뀌어 실제 문어의 위장술만큼 빠르지는 않지만, 문어가 2억 9,600만 년 전에 먼저 위장을 시작했다는 점을 고려하면 제법 순조롭게 따라잡는 중이다.

새롭게 등장한 다른 수많은 기술과 마찬가지로 위장 피부는 군사용으로 쓰일 수 있는데, 여러분이 나와 같은 사람이라면 여기서 분명 심경이 복잡해질 것이다. 하지만 나는 다큐멘터리 제작자로서, 자연에 서식하는 동물들을 위장 로봇으로 촬영할 수 있다는 생각에 마음이 설렌다. 이전에 드러난 적 없었던 동물의 낯선 행동을 관찰하기 위해 그들에게 좀 더 가까이 다가갈 뿐만 아니라, 고가의 최첨단 로봇이 값비싼 고물 덩어리로 전락하는 비극을 막을 수 있을 것이기 때문이다. 몸집이 큰 고양잇과 동물이 원격 촬영 로봇과 놀기로 마음먹었을 때, 그 로봇 친구에게 무슨 일이 일어나는지 찍힌 비하인드 영상을 본 적이 있다면 내가 무슨 말을 하는지 정확히 알아차릴 것이다. 우두둑! 우지끈! 쿵!

이를 해결할 방법은 없을까? 하버드대학교 연구팀은 색을 바꾸는 유연한 로봇을 개발했다. 이 로봇은 고무로 만들어진 몸체가 문어처럼 부드러워서, 기어가다가 몸을 구부려 장애물 아래를 지날 수 있고 주위 환경과 어우러질 수도 있다. 정말 놀라운 기술이다! 조지 M. 화이트사이드_{George M. Whitesides}가 이끄는 하버드 연구팀은 이미 2011년에 유연한 로봇을 설계했다. 실리콘 물질로 제작된 이 로봇은 작은 실린더를 통해 네 개의 팔에 공기를 주입하면 몸을 움직였다. 이후 설계가 조금 개선된 덕분에 현재는 스스로 위장할 수 있다. 이 로봇의 표면을 감싸는 유사 피부층에는 혈관계처럼 미세한 통로가 서로 연결된 망을 통과한다. 그 연결망으로 다양한 색소가 주입되면, 로봇은 빠르게 색을 바꾼다. 뜨겁거나 차가운 액체 색소를 활용하면 로봇은 열 위장에 착수하여 적외선 야간 투시 카메라를 상대로 더욱 치밀하게 은신할 수 있다. 정반대의 용도도 가능하다. 예컨대 구조 현장의 불빛으로 로봇을 쓰고 싶다면, 그 방법은 쉽다. 로봇에 형광 색소를 주입하면, 짜잔, 야광 구조 로봇을 손에 넣게 된다. 현재 로봇은 별도의 저장고에서 액체 색소를 끌어오지만, 나중에는 로봇 본체에 색소 저장고가 통합될 수 있다.

이 같은 아이디어 가운데 상당수는 상용되기까지 아직 갈 길이 멀지만, 정말 흥미로운 기술 혁신이라는 의견에 여러분이 동의하리라 확신한다. 그런데 우리가 지켜봐야 하는 분야가 하나 남았다… 그러니까, 실현할 수만 있다면 말이다!

문어와 이식수술

문어는 이름에서 알 수 있듯 여덟 개의 팔을 지니며(문어의 영문명

'Octopus'에서 'octo'는 숫자 8을 의미한다-옮긴이), 이들의 팔은 바위를 붙잡고, 먹이를 사냥하고, 바다 밑바닥을 걷기에 완벽하다. 문어의 팔 아랫면에는 흡반 또는 빨판이라고 부르는 구조가 줄지어 있다. 굽은문어Curled Octopus 또는 작은문어Lesser Octopus로 불리는 일부 종은 팔에 빨판이 한 줄 있지만, 대부분의 문어는 빨판이 두 줄이다. 정확히 말해, 팔의 형태는 문어종마다 천차만별이다. 이를테면 거대태평양문어는 쭉 뻗으면 6미터인 팔마다 빨판이 250개씩 있으므로 팔에 달린 빨판을 전부 합치면 2,000개에 달하며, 그중에서 가장 큰 빨판은 폭이 6.4센티미터이고 16킬로그램이라는 엄청난 무게를 지탱할 수 있다.

각각의 빨판은 뉴런과 신경세포가 복잡하게 얽힌 덩어리, 즉 신경절 덕분에 독립적으로 움직일 수 있다. 신경절은 빨판을 움직여 직접 물체를 만지고 조작하며 냄새를 맡는 활동에 매우 중요하다. 문어는 조개껍데기를 열 수 있고, 굴을 파거나 심지어는 돌과 부서진 바위를 가져다 벽을 쌓아서 자신의 거처 입구를 보호할 수도 있다. 일리노이대학교 어바나-샘페인 캠퍼스 소속 과학자들은 문어의 노련한 움직임, 즉 정교한 빨판의 동작에 관심을 집중했다. 생명화학공학과 공현준 교수가 이끄는 연구팀은 문어의 빨판에 착안해 의학의 조직 이식 분야를 송두리째 바꿀 수 있는 도구를 설계했다.

조직 이식이라는 용어는 아마도 들어 본 적이 있을 것이다. 이는 장기와 세포조직을 신체의 한 부분에서 다른 부분으로 옮기는 과정으로, 같은 사람의 신체 내에서 또는 기증자와 수용자 사이에서 일어난다. 조직 이식은 문자 그대로 생명을 구하거나 신체의 필수적인 기능을 회복시킬 수 있다. 예를 들어 각막 문제로 시력을 잃은 환자가 있다고 가정하자. 각막이란 눈을 보호하는 투명한 막으로, 손상된 각막의 전부 또는 일부를 제거한 다음 사망한 기증자로부터 적출한 각막을 이식하면 환자는 시력을 완전히 회복할 수 있다.

지난 수십 년간, 조직 세포 시트(조직 세포를 시트 형태로 배양해 얻은 세포 덩어리-옮긴이)를 활용해 조직을 치료하려는 수요는 갈수록 증가했다. 오늘날 조직 이식이 직면한 중요한 도전 과제는 조직 거부이다. 조직 거부란 신체의 면역 체계가 이식된 기증자의 조직을 침입자로 판단하고 '거부'하는 현상이다. 그러나 조직 거부 단계에 도달하기 훨씬 이전에, 낯설지만 아주 기초적이고도 중요한 문제가 등장하는데, 그것은 수술하는 동안 조직을 운반해 알맞은 자리에 두는 일이다. 어떻게 해야 부드러운 이식용 조직을 물리적으로 붙잡으면서 오염시키거나 실수로 찢지 않을 수 있을까?

살아 있는 재료를 다루는 작업은 매우 까다롭다. 배양 물질에서 재료를 집어 들 때 손상되거나 구겨지기 쉽기 때문이다. 조직 세포 시트는 부드러운 온도 감응성 고분자 물질 위에서 배양되다가, 수축이 일어나면 고분자 물질에서 떨어져 나온다. 문제는 조직 세포 시트 한 장을 옮기는 과정에 30분부터 60분까지 걸릴 수 있으며, 시트가 찢어지거나 구겨지면 이식수술 성공률이 낮아질 위험성이 있다는 점이다. 이것이 바로 일리노이대학교 연구팀이 해결하려 했던 문제였다. 어떻게 하면 연약한 세포를 손상시키지 않고 신속하게 집어 들 수 있을까? 그들을 아이디어를 얻기 위해 문어의 팔과 빨판에 주목했다.

이제 빨판에 가까이 다가가 빨판 내부의 압력 변화를 통해 빨판이 다양한 물체에 부착되거나 분리되는 방식을 확인해 보자. 문어의 빨판을 머릿속에 그려 보자. 고무로 만든 모래시계를 떠올리면 된다. 모래시계의 맨 윗부분을 잘라 내면, 위가 열려 있는 곡선 형태의 꽃병이 남는다. 이 꽃병을 뒤집으면, 짜잔, 두 개의 방이 있는 구조로 하나의 방이 다른 방 위에 있는 형태가 빨판과 꼭 닮았다. 아래에 있는 열린 방은 다른 물체에 부착되는 역할을 담당하며 '깔때기'를 의미하는 이름인 인펀디벌럼infundibulum으로 불리고, 위에 있는 방은 '식초 잔'을 의미하는 이름인 아세타벌럼acetabulum으로 불린다. 앞으로는 두 개의 방을 간단하게 '깔때기'와 '잔'이라고 부르겠다.

깔때기는 신축성이 뛰어나고, 열린 부분의 가장자리에 볼록 솟은 구조가 있다. 깔때기의 표면은 연속된 이랑과 고랑처럼 울퉁불퉁한 구조로 뒤덮였다. 반면에 잔은 벽면이 단단하고 매끄럽다. 빨판에는 다양한 근육이 포함되며, 예를 들자면 벽면을 가로지르는 방사형 근육, 빨판의 가장 넓은 부분을 에워싸는 원형 근육, 그리고 방사형 근육 및 원형 근육과 직각을 이루는 세로 근육이 있다.

물체 표면에 대고 빨판을 누르면 내부가 가볍게 밀폐된다. 이때 방사형 근육이 수축하는데, 이는 두 방의 벽면이 얇아지면서 결과적으로 잔의 부피가 팽창한다는 것을 의미한다. 깔때기가 물체에 붙어 밀폐되면 깔때기 내부로 물이 들어갈 수 없으므로, 같은 양의 물이 더 넓어진 방에 머무르게 된다. 이러한 현상은 압력을 낮추어 흡인吸引 효과를 발생시킨다. 빨판이 흡착한 물체를 놓아줄 때는 방사형 근육이 이완하거나 원형 근육이 수축하는데, 이는 잔의 부피를 줄여서 결과적으로 흡인 효과를 낮춘다.

빨판의 효과를 강하게 만드는 구조도 존재한다. 빨판은 내부에 일종의 피스톤 또는 펌프와 유사한 구조를 갖추었다. 무언가가 빨판에서 벗어나려고 하면, 빨판은 피스톤을 당겨서 내부의 압력을 훨씬 낮추어 중국식 손가락 올가미처럼 흡인 효과를 강화한다. 중국식 손가락 올가미는 대나무 줄기 형태의 작은 장난감으로, 그것의 실체를 전혀 모르는 친구를 상대로 장난치기에 좋다. 먼저 이상한 낌새를 눈치채지 못한 친구에게 두 집게손가락을 장난감의 양쪽 끝에 넣어 보라고 한다. 친구가 손가락을 빼려고 할수록 손가락 올가미는 점점 더 조여들고, 힘을 주면 줄수록 올가미에서 손가락을 빼기는 더더욱 어려워진다.

일리노이 연구팀은 한국의 중앙대학교뿐만 아니라 미국의 다른 연구소 연구원들과 공동으로 연구했다. 이들은 문어가 인간처럼 끈적끈적한 접착제를 사용하는 대신, 근육으로 작동하는 빨판을 이용해 미세하게 압력을 변화시켜 물기 여부와 상관없이 각양각색의 물체를 집어 드는 방식을 관찰하여 아이디어를 얻었다.

연구팀은 일명 '조종기manipulator'라는 장치를 제작했다. 조종기는 막대 모양의 손잡이에 부착된 흡착판으로, 크기는 대략 손바닥 정도이다. 이 흡착판은 아마 여러분이 떠올렸을 형태와 상당히 다르다. 나는 조종기에 관한 이야기를 처음 듣고 나서 뚫어뻥을 연상했다. 그러나 실제 흡착판은 형태가 납작하고 잘 구부러지는 가열기heater와 하이드로젤hydrogel로 만들어졌다.

하이드로젤은 물을 잘 흡수하는 끈적한 젤리형 물질이다. 이번 연구에서 연구팀은 온도 변화에 빠르게 반응하는 하이드로젤을 만들고, 가열기로 하이드로젤의 온도를 조절했다. 이 장치가 작동하는 과정은 다음과 같다. 가열기가 켜지면 하이드로젤의 온도가 올라간다. 조종기의 손잡이를 사용하여, 연구팀이 잡으려고 하는 얇은 조직 세포 시트에 하이드로젤로 압력을 가한다. 정확히 이 순간에 가열기는 꺼진다. 결과적으로, 하이드로젤은 팽창하면서 문어의 빨판처럼 흡인 효과를 일으킨다. 이를 통해 시트를 집어 든 다음 원하는 위치에 조심스럽게 둔다. 가열기가 다시 켜지면 하이드로젤이 수축하면서 시트를 놓는다. 이러한 과정에는 약 10초 정도가 소요되며, 보편적인 방식과 비교하면 최소 180배 빠르다.

연구팀이 생각하는 다음 과제는 조직 세포 시트를 다루는 동안 발생하는 미세 주름을 추적하는 압력 센서를 부착해 조종기를 한층 더 개선하는 것이다. 실시간으로 흡인력을 조절할 수 있다면, 흡인 효과를 측정하는 동시에 교정하는 능력을 얻게 될 것이다. 연구팀은 이 탈부착 기술을 활용하면 생체 이식용 초소형 전자장치도 옮길 수 있고, 기술 일부를 변형하면 로봇으로 초박형 물체를 자동 운반할 수도 있다고 말했다. 탈부착 기술은 여전히 연구 중이며, 이는 전부 문어의 빨판 덕분이다.

3장

완보동물과
혈액 건조 기술

끓는점을 지나 섭씨 151도가 넘는 온도로 15분 동안 가열하고, 섭씨 -272도까지 여덟 시간 냉각해도 다시 살아나는 동물을 상상해 보자. 이 동물은 지구에 사는 다른 어느 생물과 비교해도 1,000배 더 강한 방사능을 견딜 수 있다. 마치 새로운 엑스맨 캐릭터의 능력을 설명하는 것 같지 않은가?

놀랍게도 이는 상상 속의 동물이 아니다! 이 동물에 대해 처음 들어 본다면, 나는 지구에서 가장 강인할 뿐만 아니라 가장 귀여운 동물이라고 이들을 소개하고 싶다. 이 동물은 여러 이름으로도 통하는데, 대표적으로 '물곰Water Bear'과 좀 더 애정 어린 명칭인 '이끼새끼돼지Moss Piglet'가 있다. 어느 이름으로 지칭하든 이 동물은 진정한 SF소설의 소재이며, 놀라운 능력을 발휘한 결과 인간의 눈에는 미라처럼 건조된 껍질로 보인다. 이 동물의 정체는 바로 완보동물Tardigrade이다.

미라화된 껍질을 이야기하니, 갈증으로 차가운 음료를 계속 들이

켜게 되는 더운 여름날의 감각이 떠오른다. 온종일 아무것도 마시지 못한 채 늦은 저녁을 맞으면 우리는 어떤 상태일까? 아마도 그때쯤이면 대부분 현기증을 느낄 것이다. 이틀째에는 어떨까? 이제 우리는 심각한 탈수 상태에 접어들었다. 사흘을 넘기는 사람이 있을까? 평균적으로 사흘은 인간이 탈수로 사망하기 전, 물 한 잔 마시지 않고 버틸 수 있는 최장기간이다. 신의 곁으로 가는 편도 여행에는 단 사흘, 72시간밖에 걸리지 않는다. 다시 말해 인간과는 비교가 안 될 정도로 갈증을 잘 견디는 유기체가 있고, 이들은 인간보다 훨씬 긴 시간을 물 없이 버틴다. 그런데 이러한 유기체가 구사하는 몇몇 기술은 한여름의 폭염, 또는 탈수를 유발하는 다른 어떠한 시기일지라도 여러분이 기꺼이 선택하지 않을 수도 있다.

완보동물 Tardigrade, *Hypsibius dujardini*

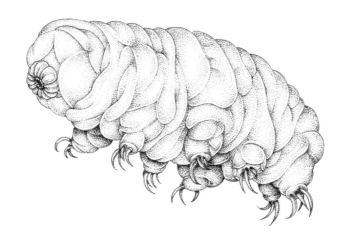

모하비사막에 서식하는 땅거북Land Tortoise을 예로 들겠다. 땅거북은 1년 내내 물을 마시지 않고도 생존할 수 있는데, 소변에서 물을 재흡수하기 때문이다. 그렇다. 땅거북은 기본적으로 소변을 마신다. 문자그대로 소변을 마시는 것은 아니지만, 이들은 다량의 물을 보관하다가 물이 절실해지면 끌어다 쓰는 이동식 물탱크처럼 방광을 활용한다. 땅거북은 소변에서 물을 재흡수하는 덕분에 1년간 물을 마시지 않고도 생존할 수 있다.

땅거북의 기술이 기이하게 느껴진다면, 수영장에서 머리부터 발끝까지 끈적한 콧물로 몸을 감싸고 일광욕한다고 상상하는 것은 어떨까? 무덥고 건조한 긴 시간 동안, 호주에 서식하는 물지님개구리Water-holding Frog는 수분 손실을 막기 위해 점액질 고치로 몸을 감싼다. 그뿐만아니라 땅거북처럼 방광에서 물을 얻으며 비가 내릴 때까지 몇 년이고 버틸 수 있다. 여러분이 호주 오지의 극단적으로 건조한 중앙 사막지대에 산다면, 물 재흡수는 멋진 능력이다. 소노란사막에서 캥거루쥐Kangaroo Rat는 물을 거의 마시지 않는 대신 먹는 음식에서 물을 얻는다. 식물 대부분과 심지어 마른 씨앗에도 물이 조금이나마 들어 있을것이다. 캥거루쥐는 숨을 내쉴 때 콧구멍에서 수분을 응축시켜 몸속에 있는 소량의 물도 보존한다.

이처럼 극한 환경에 사는 동물들은 모두 체내의 물을 보존하기 위해 최선을 다하며 물이 부족한 상태에서도 살아남는다. 그런데 애초에 물이 전혀 없다면 어떻게 될까? 거의 완전한 탈수 상태에서 살아남는 능력은 '탈수가사anhydrobiosis'라고 불리며, 쉽게 설명하자면 '물 없이살아가는 상태'를 의미한다. 이 능력이 가장 뛰어난 동물이 완보동물이라는 점에서, 과학자들은 완보동물의 생명 활동에 관심을 기울인다. 완보동물은 몸길이가 약 0.5~1밀리미터로 매우 작아서 자세히 관찰하고 싶다면 광학현미경이 필요하다. 여러분이 고민하는 소리가 벌써 들려온다. "누가 광학현미경을 집에 두고 쓰나요, 패트릭?" 자, 현미경을 갖고 있지 않아도 걱정할 것 없다. 여러분이 난생처음 완보동물을 찾는 데 도움이 될 완벽하고도 쉬운 방법이 다섯 단계로 준비되어 있다.

1단계 정원 이끼 한 덩어리로 시작하자. 덩어리는 작아도 좋다.

2단계 채집한 이끼 덩어리가 완전히 축축해지도록 깨끗한 수돗물을 조금 뿌린다.

3단계 타이머를 20분으로 설정하고 물이 이끼 덩어리에 스며들도록 둔다.

4단계 타이머가 울리면 이끼를 꽉 쥐어짜 배어 나온 물을 전부 유리 접시에 담고 진흙이 가라앉도록 둔다.

5단계 돋보기로 유리 접시를 들여다본다. 이보다 더 바람직한 방법은 클립으로 스마트폰에 고정해 쓰는 근사한 접사 렌즈를 구입하는 것이다.

주의 깊게 살펴보면, 물속에서 움직이는 수많은 작은 생물이 보일 것이다. 다리가 여덟 개 달렸고 초소형 진공청소기 먼지 통처럼 보이는 형체를 계속 찾아보자. 내 설명이 이상하게 들리겠지만 믿어 달라. 눈은 여러분을 속이지 않는다. 완보동물 대부분은 눈이 작고 검으며,

몇몇은 심지어 몸에 갑옷을 둘렀다. 일부는 식물과 동물은 물론 물속 조류와 균류까지 섭취하는 잡식이지만, 또 다른 일부는 오로지 육식만 하며 다른 완보동물종을 잡아먹는 무자비한 포식자이다. 완보동물 입 안에 줄지어 돋은 미세한 감각모sensory hair는 음식을 곧장 장으로 빨아들이는 독특한 관, 다른 말로 인두pharynx(이 구조는 진공청소기 호스를 장착하는 구멍과 무척 비슷해 보인다)에 음식물이 들어가도록 돕는다.

완보동물은 크기가 매우 작아 모든 활동이 초소형 단위로 일어나는데 외형이 놀라울 만큼 귀엽다. 그런데 생물학자가 이들에 매료되는 이유는 사실상 불멸의 존재이기 때문이다. 완보동물은 심지어 인공위성을 타고 지구 상공 궤도에 진입하는 사이에도 살아남았다. 게다가 12일간 우주의 진공에 노출되었을 때도 기적적으로 살아 돌아왔다. 여러분이 우주복을 입지 않고 우주로 간다면, 낮은 기압으로 인해 폐 안의 공기가 몸 밖으로 급격히 빠져나갈 것이다. 체액에 이미 용해되어 있던 기체는 팽창하면서 피부를 풍선처럼 부풀어 오르게 하며 결국 여러분을 갈기갈기 찢을 것이다. 고막과 모세혈관은 터지고 피는 부글부글 끓기 시작할 것이다. 설령 이 모든 현상을 극복하고 살아남았다 해도, 이온화 방사선이 세포 속의 DNA를 조각낼 것이다. 그러나 다행스럽게도, 여러분은 우주로 간 지 15초 안에 의식을 잃고 얼마 지나지 않아 사망했을 것이다. 완보동물은 그러한 영향을 전혀 받지 않는다. 실제로 우주탐사를 떠난 완보동물 3,000마리 가운데 450마리가 우주에서 새끼를 낳았다.

인간의 개입이 없을 때도 완보동물은 돌아다니기를 좋아한다. 가까운 정원뿐만 아니라, 해발 8,000미터가 넘는 히말라야산맥, 온도가 섭씨 100도에 이르는 일본의 온천, 수압이 지표면보다 1,000배나 더 높은 바다 밑바닥, 심지어 땅 온도가 섭씨 -94.7도로 지구상 가장 추운 지역으로 기록된 남극 대륙의 얼어붙은 황무지에서도 발견된다. 이런 극한 조건에서도 살아남을 수 있다는 측면에서 완보동물은 최후의 용감무쌍한 탐험가라는 자랑스러운 자격을 얻고, '극한생물extremophile'이라는 선별된 동물군에 속하게 되었다. 그런데 완보동물이 그토록 조그마한 데다 극단적인 환경에서 산다면, 인간은 어떻게 이 동물을 발견할 수 있었을까?

이에 관한 공로는 1702년 런던왕립학회에 편지를 보내며 완보동물을 최초로 설명한 네덜란드의 미생물학 선구자 안톤 판 레이우엔훅Antonie van Leeuwenhoek에게 돌아간다. 앞에서 언급한 완보동물 관찰법과 유사하게, 레이우엔훅은 지붕의 홈통에서 생명체라곤 없어 보이는 건조한 먼지를 꺼내 물을 조금 부은 다음, 그가 직접 제작한 원시적인 형태의 현미경을 사용해 기어 다니고 헤엄치는 '극미동물animalcule'을 관찰했다. 그러나 완보동물의 특성을 좀 더 상세하게 규명하는 일은 독일의 동물학자이자 목사인 요한 아우구스트 에프라임 괴체Johann August Ephraim Goeze가 맡았다. 1773년 괴체는 완보동물의 생김새와 걸음걸이가 곰과 무척 닮았다는 이유로 완보동물을 '작은 물곰'이라고 처음 언급했다.

오늘날 가장 흔히 불리는 완보동물이라는 이름은 이탈리아의 사제이자 생물학자인 라차로 스팔란차니Lazzaro Spallanzani와 관련 있다. 박쥐가 반향정위(반사되어 되돌아오는 음파를 감지해 자기 위치와 지형지물을 파악하는 능력-옮긴이)를 이용해 길을 찾는다는 사실을 밝힌 과학자가 바로 스팔란차니이다. 스팔란차니는 너무도 느리게 움직이는 완보동물에게 '느리게 걷는 자'라는 의미로 일 타르디그라도il Tardigrado라고 이름 붙였다. 그리고 스팔란차니가 알았다면 깜짝 놀랐을 만한 완보동물의 한 가지 특징은 특정한 조건에 놓으면 움직이는 속력이 아주 느려지면서 삶의 마지막 장인 죽음과 매우 흡사한 일종의 가사 상태에 빠진다는 점이다.

가장 주목할 만한 사실은 완보동물이 물속에서 살긴 하지만 물 없이도 수개월이나 수년 심지어 수십 년 동안 생존할 수 있다는 것이다. 이러한 완보동물의 특성을 알면, 우리는 첫 번째 질문으로 되돌아가게 된다. 완보동물은 물 한 방울 없이 어떻게 살아남을 수 있을까?

완보동물은 몸이 건조해지기 시작하면 머리와 다리를 움츠리고, 신진대사를 정상 상태의 0.01퍼센트 미만으로 떨어뜨려 거의 정지시킨다. 그리고 몸 안의 물을 거의 밖으로 내보낸 다음 몸을 둥글게 말아 툰tun이라는 건조한 껍질을 형성하는데, 이 명칭은 독일어 퇸헨포름tönnchenform('작은 통 형태'를 의미한다-옮긴이)에서 유래했다. 완보동물은 물을 섭취하고 다시 살아날 때까지 툰 형태를 유지할 수 있다. 문제는 이들이 얼마나 오랜 기간 가사 상태를 유지할 수 있는가다. 글쎄, 이 문제의 답은 약 70년 전에 우연히 발견되었을 수도 있었다.

1948년 이탈리아 동물학자 티나 프란체스키Tina Franceschi는 120년 넘은 마른 이끼 표본에서 채집된 완보동물이 다시 살아날 수 있다고 주장했다. 이 특별한 실험은 아직 재현된 적 없지만 1995년에는 건조된 완보동물 샘플이 8년 만에 되살아났고, 2017년에는 에든버러대학교 소속 마크 블랙스터Mark Blaxter가 이끄는 연구팀이 건조 조류 표본에서 추출한 완보동물에 물을 공급하여 성공적으로 되살아나는 것을 확인한 뒤 매년 같은 실험을 반복하고 있다.

동물 대부분은 물 없이 살 수 없다는 점에서, 완보동물의 부활은 삶과 죽음의 경계에 관한 이해에 의문을 제기했을 뿐만 아니라 생명을 구하는 도구를 탄생시킬 새로운 아이디어를 제시했다.

완보동물 외에도 건조 상태에서 살아남을 수 있는 선충nematode, 효모, 세균이 다수 존재하며, 이들은 모두 독특한 특성을 공유한다. 단 것을 좋아한다는 특성이다. 그런데 이들이 단것을 좋아하는 방식은 인간의 방식과 별로 유사하지 않으며, 트레할로스trehalose라는 당분 한 종류를 많이 생성한다. 트레할로스는 세포 내에 유리와 같은 상태로 존재하면서 단백질과 세포막 등 다양한 주요 구성 요소를 안정화한다. 트레할로스가 작용하지 않으면 세포는 파괴될 것이다.

캘리포니아대학교 데이비스 캠퍼스에서 교수로 재직 중인 과학자 존 H. 크로John H. Crowe는 1970년대에 트레할로스의 존재와 역할을 발견했다. 크로는 완보동물이 건조한 상태에서 물 분자를 트레할로스로 대체해 사용한다는 점을 발견했다. 그러면 세포는 물이 공급될 때까지 분자 수준에서 구조를 유지할 수 있으며, 따라서 수분을 보충하면 원래 상태로 돌아온다. 크로는 이 발견이 의학적으로 시사하는 바가 대단히 크다는 것을 깨달았다. 트레할로스가 완보동물의 세포를 안정화한다면, 혈액과 같은 인간의 세포가 건조되면서 손상되는 현상 또한 막을 수 있지 않을까?

물론 여러분은 몸 안을 흐르는 혈액을 건조시키고 싶지 않을 것이며, 그렇게 한다면 분명 결과는 좋지 않을 것이다. 그런데 몸 밖의 혈액은 어떨까? 세계보건기구에 따르면 매년 헌혈이 1억 회 넘게 이루어진다. 기증된 혈액은 혈장이나 혈소판과 같은 다양한 구성 요소로 분리된 다음 수혈을 통해 생명을 구하고, 수술 도중 손실된 혈액을 보충하며, 스스로 건강한 혈액을 생산하지 못하는 환자의 질병을 치료하는 데 사용된다.

혈소판은 상처 치료에 특히 유용하지만 보관하기가 까다롭다. 혈소판은 냉장 보관 시 파괴되기에 실온에 보관해야 하며, 사용할 수 있는 기한이 사흘에서 닷새밖에 되지 않는다. 그런데 무언가를 첨가하여 혈소판을 안정화할 수 있다면 어떨까? 그 무언가가 트레할로스라면? 트레할로스를 혈소판에 넣고 동결건조하여 만든 가루는 2년 동안 보관이 가능했다. 이 기술을 활용하면 외딴 지역까지 육로 또는 항로로 혈액을 안전하게 운반할 수 있다. 이 참신한 '완보동물 기술'은 현재 임상 시험이 진행되고 있으며, 만일 성공한다면 전 세계 수많은 사람들의 생명을 구할 것이다.

완보동물 기술의 또 다른 응용 분야는 혈소판보다 훨씬 친근한 백신이다. 약 200년 전인 1796년에 최초로 접종된 이후 백신은 B형 간염, 콜레라, 소아마비, 파상풍, 이제는 코로나19와 같은 질병으로부터 우리를 보호하며 의심의 여지 없이 인류의 삶을 향상시켰다. 그런데 백신 역시 보관과 운송이 까다롭다. 실제로 전체 백신의 절반은 운송 도중 효능을 잃으며, 혈소판과 달리 백신은 냉장 보관해야 하는 까닭에 전기가 없거나 안정적으로 공급되지 않는 여건이면 특히 운송하기 힘들다. 게다가 백신은 목적지에 안전하게 도착하더라도 계속해서 낮은 온도로 보관되다가 유통기한 내에 사용되어야 한다. 만약 트레할로스나 그와 비슷한 화합물을 사용해 백신을 건조할 수 있다면, 백신에 넣어서 실온에서 운반하고 저장하다가 필요한 시점에 활성화하면 된다. 이 안정적이며 손쉬운 방식을 토대로 의약품의 유통기한이 며칠에서 몇 개월 심지어 몇 년으로 연장되어 지구 구석구석까지 의약품 접근성이 향상되기를 기대한다.

완보동물 기술은 지구를 벗어나 우주여행에도 유용하다. 장기 우주 비행은 인체에 해로운 영향을 준다고 알려져 있다. 완보동물이 약한 중력과 방사선에 어떻게 대처할지 궁금증을 품던 미국의 극한생물 연구자 토머스 부스비Thomas Boothby는 국제우주정거장에서 완보동물을 기르는 프로젝트를 미국항공우주국과 함께 진행 중이다. 부스비는 우주 비행에서 오는 스트레스를 극복하는 과정에 완보동물이 도움을 줄 것이라 기대한다. 그렇게 된다면, 인류는 완보동물 기술을 적용하여 우주에서 장기간 임무를 수행하는 비행사를 보호할 수 있을 것이다.

좀처럼 사람 눈에 띄지 않지만 생존 의지가 강한 동물이 의학 기술에 영감을 준 과정을 살펴보았다. 진공청소기 먼지 통처럼 생긴 것치고는 꽤 괜찮은 생물 아닌가.

4장

딱따구리와
충격 흡수 장비

뭔가 무거운 물체가 넘어지면서 머리를 친 적이 있는가? 문짝이 날아와 얼굴을 때린 적은? 아니면 럭비 같은 운동을 하는 동안 상대 팀원과 부딪힌 적이라도? 아프다. 그렇지 않은가? 인체의 회복력이 탁월하긴 하지만 타박상을 입거나, 뇌진탕을 일으키거나, 뼈가 부러지거나, 또는 더 심각한 병을 얻기 전에 우리는 충격을 가하는 강력한 힘에 대처해야만 한다. 그런데 세상의 속력이 빨라질수록 충격의 강도는 점점 더 세지며, 그럴수록 우리에게는 충격에 대응하는 더 좋은 방법이 절실해진다. 다행스럽게도 고속 충돌에 대처하는 혁신적인 기술이 개발되고 있다. 여기서 혁신적인 기술이란 디자인이 개선된 자전거 헬멧부터 비행기 추락 사고를 규명하고 예방하는 비행 기록 장치 '블랙박스' 보존에 이르는 모든 기술을 의미한다. 놀랍게도 이 기술들은 숲을 상징하는 새의 익살맞은 헤드뱅잉에서 나왔다.

  헤드뱅잉으로 시끄럽게 나무를 두드리는 이 새들은 딱따구릿과에 속하며 피큘릿Piculet, 라이넥Wryneck(개미잡이라는 의미이다-옮긴이), 샙서커 Sapsucker(즙 빨기라는 의미이다-옮긴이) 등 독특하고 매력적인 이름으로 불린다. 딱따구리는 크기가 상당히 다양하다. 딱따구리 가운데 몸집이 제일 작은 남아메리카피큘릿South American Piculet은 일부 개체의 몸길이가 엄지손가락보다 짧고, 몸집이 큰 딱따구리는 팔뚝만 하다. 딱따구리는 대부분 숲에서 살지만, 애리조나와 캘리포니아, 멕시코의 건조한 환경에서만 서식하는 토착 식물인 야생 변경주선인장에 둥지를 틀어 그 선인장을 먹고 사는 힐라딱따구리Gila Woodpecker 같은 예외도 있다.

딱따구리는 이름에서 알 수 있듯이 깨어 있는 시간에는 대개 나무에 매달려 나무를 쫀다(딱따구리의 영문명 'Woodpecker'에서 'wood'는 나무를, 'pecker'는 곡괭이를 의미한다-옮긴이). 이들은 나무껍질을 빠르게 쪼면서 곤충이나 유충과 같은 먹이를 찾는다. 죽었거나 죽어 가는 나무는 좀 더 부드러워서 구멍을 비교적 깊이 뚫을 수 있다. 구멍이 뚫리고 나무 내부에 작은 '동굴'이 형성되면, 딱따구리는 그 동굴에 둥지를 튼다. 딱따구리의 부리는 나무를 쪼고, 다른 딱따구리와 소통하고, 자신의 영역을 주장하며, 짝을 유혹하는 데 사용된다. 크고 훌륭한 소리를 내려면 소리가 잘 울리는 물체가 필요하다. 딱따구리는 나무, 나무로 만든 전봇대, 심지어 금속 간판도 두드린다. 나무를 쪼는 대신 두드리는 소리가 들린다면, 딱따구리가 먹이를 찾거나 구멍을 파는 게 아니라 "이곳은 내 땅이다!"라고 의견을 대담하게 표출하는 것이다. 그렇다면 딱따구리는 어떻게 헤드뱅잉 하는 슈퍼스타가 될 수 있었을까? 이 질문에 답을 구하려면, 시끄러운 소리를 유발하는 부위인 부리에서 시작해야 한다.

딱따구리는 단단한 끌 형태의 부리라는 환상적인 구멍 뚫기용 공구를 지닌다. 또한 딱따구리의 혀는 길고 끈적끈적해 나무껍질에서 곤충과 먹이를 쉽게 끄집어낼 수 있다. 나아가 딱따구리의 뻣뻣한 꼬리와 꽉 움켜쥐는 발가락은 수직으로 뻗은 나무줄기에 몸을 고정하는 데 적합하다. 이들의 행동(그리고 해부학)을 관찰하면 전혀 다치지 않으면서 머리로 얼마나 빠르게 나무를 두드릴 수 있는지 궁금해지는데, 답은 1초당 최대 22회로 터무니없이 빠르다. 만약 인간이 딱따구리와 비슷한 행동을 한다면 온몸이 만신창이가 될 것이다. 딱따구리의 몸에 일어나는 현상을 자세히 이해하고 싶다면 속력을 올리거나 늦출 때 느끼는 힘, 즉 관성력G-force을 이해해야 한다.

비행기에 탑승한 적이 있다면, 비행기가 이륙하면서 속력을 올리는 동안 몸이 좌석 안으로 말려드는 느낌을 받았을 것이다. 비행기가 가속하는 사이 몸이 관성력의 변화를 경험하기에 일어나는 현상이다. 갑자기 자동차 브레이크를 세게 밟아 급격히 속력이 줄어드는 때에도 관성력을 경험하는데, 이 경우는 관성력 방향이 반대이기 때문에 몸이 튀어 나가려 한다. 충격을 받을 때도 마찬가지이다. 여러분이 어느 물체에 부딪히거나, 어느 물체가 다가와 여러분에게 부딪히는 것은 본질적으로 매우 갑작스러운 감속의 순간이다.

관성력은 유용한 개념이며 짧게 줄여 G로 표기한다. G는 지구 중력을 바탕으로 측정한 상수에 비례하는데, 1G는 정상 중력과 같고 2G는 정상 중력의 두 배이며 3G는 세 배인 식이다. G가 클수록 작용하는 힘이 더 강해지고, 우리 몸은 그 힘을 많이 흡수하게 된다. 나는 스릴을 즐기는 사람으로서, '인체가 흡수할 수 있는 힘의 최댓값은 얼마인가?'라는 의문을 떠올렸다. 비행기가 이륙할 때 느끼는 힘은 2G 이하일 것이다. 롤러코스터는 순식간에 대략 5~6G라는 최고 수치에 도달할 것이다. 이는 롤러코스터 탑승자에게 커다란 재미를 안겨 주며, 포뮬러 원$_{F1}$ 선수가 브레이크를 밟고 트랙 코너를 급회전하는 순간 경험하는 힘과 비슷하다. 힘을 받는 위치와 시간에 따라 변화하긴 하지만, 인간은 대개 6G에 지속적으로 노출되면 기절하기 쉽다. 머리에 약 80G의 충격을 갑자기 받아 뇌진탕을 일으킨 사례가 있는데, 이 수치는 딱따구리가 머리로 나무를 두드릴 때 경험하는 충격인 약 1,200G와 비교하면 아무것도 아니다. 딱따구리는 이 같은 충격을 어떻게 견딜까?

딱따구리는 중력의 1,000배가 넘는 힘을 견디기 위해, 두개골이 충격을 흡수하고 손상을 최소화하도록 설계되었다. 딱따구리의 두개골은 스펀지처럼 압축되거나 팽창할 수 있다. 뇌를 감싼 뼈는 섬유주$_{trabecula}$(미세한 기둥 모양의 조직)로 가득 채워져 있어 두툼하고 성질이 스펀지와 같다. 이 구조는 뇌를 지지하고 보호하는 촘촘한 '그물망'을 형성하여 저주파 진동이 통과하지 못하도록 막는다. 두개골은 본질적으로 뇌를 지키는 갑옷이다.

딱따구리는 뇌에 갑옷뿐만 아니라 '안전벨트'도 지닌다. 인간의 설골(목뿔뼈)은 혀를 고정하고, 음식물 등을 삼키는 동작을 돕는다. 이 뼈는 목의 앞부분, 구체적으로 아래턱과 후두 사이에 깊숙이 박혀 있으며 형태가 말발굽처럼 생겼다. 딱따구리의 설골은 환경에 아주 잘 적응했다. 인간의 설골보다 길이가 길어 두개골 전체를 고리 형태로 감싸면서 두개골에 탄성이 강하고 튼튼한 지지대로 작용한다. 인간의 뇌는 틈과 주름이 많으며 액체에 둘러싸여 있지만, 딱따구리의 뇌는 작고 매끄러우며 아주 좁은 공간에 고정되어 있어서 격렬하게 흔들리지 않는다. 이 정교한 장치 덕분에 딱따구리의 뇌가 두개골과 충돌할 때마다 힘이 넓게 분산되며, 딱따구리는 뇌진탕을 입지 않고 버틸 수 있다.

딱따구리의 부리는 무척 튼튼하여 쉽게 구부러지거나 부러지지 않기에 부상을 잘 입지 않는다. 형태도 상당히 흥미롭다. 위쪽 부리에서 돌출된 부위가 아래쪽 부리보다 더 길어 일종의 피개 교합(위턱이 아래턱보다 훨씬 튀어나온 상태-옮긴이)을 이루는데, 이러한 구조는 다소 오해를 불러일으킨다. 엑스레이로 관찰하면, 실제로는 아래쪽 부리를 지탱하는 뼈 구조가 위쪽 부리를 지지하는 구조보다 더 길고 튼튼하다는 사실이 드러난다. 이러한 불균형 덕분에 어떠한 충격이든 뇌를 비켜 가면서 두개골의 아랫부분과 아래쪽 부리로 재분산된다.

즉, 딱따구리에는 네 가지 충격 흡수기가 장착되어 있다. 첫째는 단단하고 탄성이 강한 부리, 둘째는 두개골을 이루는 스펀지 뼈 구조, 셋째는 혀를 지탱하는 동시에 두개골 뒤쪽까지 감싸는 고탄성 설골, 넷째는 진동을 낮추도록 설계된 두개골 그 자체이다.

누군가에게는 헤드뱅잉 기술이 실험복을 입은 과학자의 관심 분야로 보이지 않겠지만, 실제 딱따구리와 그들의 충격 흡수 능력은 과학계에 커다란 관심을 일으켰다. 캘리포니아대학교 버클리 캠퍼스 소속 윤상희, 박성민 연구원은 딱따구리의 두개골에서 착안하여 항공기 비행 기록 장치 같은 전자 기기가 강력한 충격을 받아도 망가지지 않도록 보호하는 장비를 개발했다. 두 연구원은 기계적 충격의 흡수 부위

를 규명하기 위해 북아메리카종인 노란이마딱따구리Golden-fronted Woodpecker
의 머리와 목을 CT 스캐너로 촬영하고, 움직이는 딱따구리를 포착한
고속 영상을 꼼꼼히 조사했다. 여기서 얻은 지식을 토대로 그들은 초
소형 전자 기기를 보호하는 새로운 충격 흡수 장비를 개발했다.

　개발된 장비에서 첫 번째로 충격을 흡수하는 층은 딱따구리 부리
를 모방한 원통형 강철 용기이다. 용기의 내부에는 설골처럼 작용하
는 고무층이 내장되어 있고, 안쪽으로 그다음 층은 알루미늄으로 만
들어졌다. 스펀지 뼈는 유리구슬로 대체되었으며, 그 구슬들이 민감
한 전자 기기 주위를 채운다. 두 연구원은 이 장비를 총알 안에 넣고
알루미늄 금속 벽을 향해 공기총으로 발사했다. 이 실험에서 몇 가지
놀라운 결과가 도출되었다. 전자 기기가 최대 60,000G의 충격을 견뎠
다. 오늘날 비행 기록 장치는 약 1,000G를 견딜 수 있으며 이는 여전
히 탁월한 성능이다. 그런데 이들의 장비는 그보다 60배 강한 충격도
견딜 수 있다는 점에서, 항공기 안전을 지키는 일부터 빠르게 움직이
는 우주 잔해물이나 다가오는 미세운석과의 충돌로부터 우주선을 보
호하는 일에 이르기까지 폭넓게 쓰일 수 있다.

　한편 지상에서는 영국 크랜필드대학교 소속 공학자들이 자동차 충
격 흡수 기술을 전문적으로 연구한다. 이들은 열보다 쉽게 회수할 수
있는 형태로 에너지를 전환하는 기술을 응용해 도로 위 차량에 설치
할 충격 흡수기를 설계한다. 딱따구리 연구는 포뮬러 원 같은 모터스
포츠 분야에도 응용되며, 도전 과제는 만일 사고가 나더라도 운전자
가 치명적인 충격을 받지 않도록 보호하는 것이다. 나는 2016년 멜버
른에서 페르난도 알론소Fernando Alonso가 당했던 충돌 사고 장면을 기억한

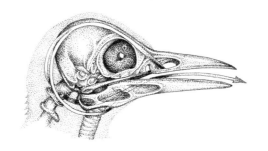

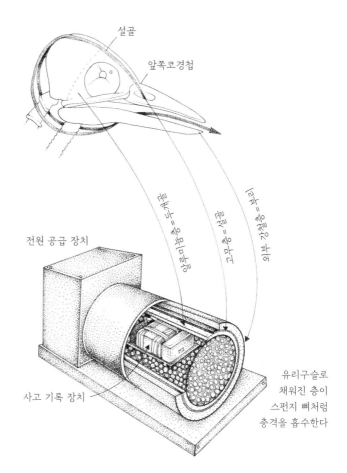

설골

앞쪽코경첩

전원 공급 장치

사고 기록 장치

양로마룽촁=두께운

그라촁=설골

기척촁=겅파어

유리구슬로
채워진 층이
스펀지 뼈처럼
충격을 흡수한다

다. 시속 306킬로미터로 질주하던 알론소의 차는 다른 차와 충돌해 공중에서 회전하다가 벽을 들이받았다. 그는 급감속하면서 45G, 46G, 20G를 경험했는데, 요리로 따지면 전채 요리와 메인 요리, 디저트까지 풀코스를 즐긴 셈이다. 아직도 놀라지 않았는가? 2020년 바레인 그랑프리에서 로맹 그로장Romain Grosjean이 겪은 끔찍한 사고는 어떤가? 다른 차와 살짝 충돌했을 뿐이었지만 그로장의 차는 전속력으로 장애물에 돌진했고, 그때 불길이 너무나도 격렬하게 타오른 나머지 흡사 마이클 베이 감독의 영화를 보는 듯했다. 두 운전자 모두 머리와 목을 지지하는 T자 모양의 티타늄 구조물인 헤일로HALO 안전 장치와 치밀하게 설계된 조종석 덕분에 기적적으로 사고 현장에서 탈출해 목숨을 건질 수 있었지만, 모든 사람이 그만큼 운이 좋은 것은 아니다. 그런데 미래에는 딱따구리가 문제를 해결할지도 모른다.

아니루다 수라비Anirudha Surabhi는 자동차 경주로가 아닌 평범한 시민들이 운전하는 도로에서 고통스러운 사고를 겪었다. 런던에서 자전거를 타고 가던 중 버스와 충돌하고 아슬아슬하게 목숨을 건진 것이다. 다행스럽게도 헬멧을 쓰고 있었지만 버스와 충돌하면서 헬멧에 금이 갔고, 그 결과 뇌진탕을 입어 병원으로 급히 이송되었다. 당시 수라비는 영국왕립예술학교에서 디자인 석사 과정을 밟으며 졸업 작품의 주제를 고민하고 있었다. 불현듯 성능이 개선된 자전거용 헬멧을 디자인하기로 마음먹은 그는 딱따구리에서 아이디어를 얻었다.

수라비는 충격을 흡수하는 스펀지 뼈가 궁금했고, 특히 설골이 어떻게 딱따구리의 두개골 윗부분을 감싸면서 내장형 안전벨트로 역할하는지에 관심이 갔다. 유리, 고무, 판지 같은 다양한 재료로 재료당 수백 번씩 실험한 끝에 그는 판지를 사용해 헬멧을 디자인하기로 했다. 그런데 그것은 낡은 판지가 아니었다. 수라비는 밀도가 두 배 높고, 벌집 형태의 골심지(판지의 앞뒷면 사이에 끼어 있는 울퉁불퉁한 종이-옮긴이)가 들어 있는 특수 판지를 만들었다! 헬멧의 충격 흡수재를 제작하면서 그는 레이저를 이용해 벌집 판지를 갈비뼈 형태로 자른 뒤 서로 맞물리도록 조립하여 헬멧 모양 격자를 만들었다. 격자 흡수재는 헬멧에 보편적으로 쓰이는 스티로폼 충격 흡수재보다 유연하며 탄성이 강했다. 유연한 판지 격자 흡수재와 판지 내부의 공기층이 헬멧에 전달되는 충격을 완화하고 흡수했다. 수라비의 목표는 기존보다 효과적으로 머리를 보호하는 헬멧을 개발하는 것이었으며, 새로운 헬멧은 목표에 부합했다. 그가 '크라니움Kranium'이라고 이름 붙인 판지 격자 흡수재는 충격 흡수성이 뛰어날 뿐만 아니라 가볍고 재활용도 가능했다. 수라비는 헬멧과 충격 흡수재를 시장에 출시하기 위해 다수의 기업과 협업했다. 딱따구리가 내는 소리가 거슬린다면, 이 새가 치명적인 사고에서 우리를 어떻게 보호할지 떠올려 보자!

5장

북극곰과
고성능 단열재

북극권의 북쪽 지역은 태양이 수개월 동안 지평선 아래에 머물러 겨
울이 길고 춥다. 북극에 사는 원주민 이누이트족에게는 아마도 이때
가 모닥불 주위에 모여 온기에 몸을 녹이면서 신화와 전설을 이야기
하는 시기일 것이다. 그러한 이야기 중에는 공포를 불러오는 포식자
종족 익시낙투이트_Iqsinaqtuit_의 왕에 대한 이야기가 있다. 익시낙투이트
족은 물 위를 떠다니는 얼음덩어리에 자주 출몰하며, 이들 종족을 이
끄는 강력한 왕은 신성한 얼음 동굴 안에서만 근사한 망토를 벗고 자
신이 실제로는 인간임을 드러낸다. 이누이트족은 왕을 잡으려고 뒤쫓
으면서도 그의 힘과 지혜를 존경한다. 그러지 않으면 커다란 불행이
닥칠 거라 생각하기 때문이다. 이 왕은 나누크_Nanuq_라는 이름으로 통하
며, '항상 떠돌아다니는 자', '얼음 위를 걷는 자', '하얗고 위대한 자'라
는 신비로운 이름으로도 알려졌다. 그리고 많은 사람은 나누크를 북
극곰_Polar Bear_으로 여긴다.

이 '얼음 곰'은 세상에서 가장 멋진 생물이다. 극도로 강인한 몸에 하얀 털을 두르고 있으며, 얼음과 눈 위에 사는 모든 동물 중 제일 위풍당당하다. 생물학 통계를 훑어보면, 북극곰은 이누이트족이 붙인 칭호를 받을 자격이 충분하다. 다 자란 북극곰은 지구에서 걸어 다니는 가장 거대한 육식동물로, 뒷다리로 서면 키가 3미터가 넘고 몸무게가 600킬로그램까지 나간다. 자연에서 북극곰을 공격하는 유일한 포식자, 좀 더 정확한 표현으로 '적'은 인간이다.

수백 년 동안 인간은 거대한 북극곰에 경외심을 품었다. 북극곰의 공식 학명인 우르수스 마리티무스Ursus maritimus는 '바다의 곰'으로 번역되는데, 이는 북극곰이 육지보다 북극해에서 끊임없이 변화하는 광활한 해빙을 거닐며 더 많은 시간을 보내기 때문이다. 북극곰은 제왕에 걸맞은 명성을 누리지만, 상대적으로 '젊은 종'이다. 진화생물학자에 따르면 북극곰은 큰곰Brown Bear, 큰곰의 아종인 회색곰Grizzly Bear과 같은 조상을 공유하며, 회색곰과 북극곰이 이종교배되면 생식 능력이 있는 잡종인 피즐리Pizzly Bear가 태어난다. 큰곰과 북극곰이 갈라져 진화하기 시작한 대략적 연대는 아직 불분명하지만, 가장 오래되었다고 알려진 북극곰 턱 화석의 추정 나이가 약 10만 년이므로, 두 종은 그 이전에 진화했을 것이다. 최신 DNA 분석 연구에 따르면 큰곰과 북극곰은 지난 50만 년 내에 갈라져 진화했으리라 추정된다. 구체적인 시기는 큰곰이 북쪽으로 이동할 만큼 기후가 온화했던 따뜻한 간빙기였을 가능성이 크다. 다음 빙하기 이후 큰곰 대부분은 남쪽으로 돌아왔고, 나머지는 털색을 결정하는 DNA에 돌연변이가 일어난 덕분에 추운 환경에 적응했다. 환경에 잘 적응한 개체들, 다시 말해 바다표범을 사냥할 때 위장하기에 적합한 흰색 털을 지닌 곰은 생존 가능성이 비교적 높았다. 그런 식으로 적응하지 못한 개체는 목숨을 잃었다. 이러한 자연선택 과정을 거쳐 우리가 아는 새하얀 북극곰이 탄생했다.

이후 북극곰은 잡식동물에서 절대적 육식동물로 거의 바뀌었지만, 바다표범 개체 수가 줄어드는 시기에는 여름에 나는 열매와 해초를 먹는다. 이들은 몇 주 동안 기온이 섭씨 -40도 밑으로 떨어지는 환경에도 적응했다. 게다가 생존에 무척 중요한 해빙이 바람과 해류를 타고 떠다니며 끊임없이 움직이므로, 북극곰은 때때로 먹이를 찾아 수백 킬로미터를 여행한다. 자연 다큐멘터리를 볼 때면 그 풍경이 너무 광활해 북극곰들이 느릿느릿 움직이는 듯 느껴지지만, 화면에 속으면 안 된다. 이들은 귀찮고 졸린 듯이 느리게 걸으면서 에너지를 절약하며, 실제 그와 같은 속력으로 한 시간 만에 6,000미터 거리를 쉽게 달릴 수 있다. 게다가 북극곰이 속력을 높여 전력 질주하기로 마음먹으면 이야기가 달라진다. 이들은 최소 시속 29킬로미터로 달릴 수 있다.

북극곰은 수영도 잘한다. 오랜 기간 얼음으로 뒤덮이는 북극의 바닷물에 머무르거나, 준비운동으로 기지개를 한 번 켜고 나서 50킬로미터 거리의 빙하 사이를 쉽게 오간다. 그런데 북극해의 얼음 면적이 줄어들면서 북극곰의 여정도 점차 길어지고 있다. 2011년 보퍼트해에서는 암컷 곰이 런던-애버딘 구간보다 먼 거리인 687킬로미터를 헤엄치는 장면이 관측되었으며, 이 모든 상황은 전례 없는 빙하 감소 때문이다. 다행히도 북극곰의 거대한 발은 길이 30센티미터까지 자라기 때문에 물살을 헤치고 나아가는 노 역할을 완벽하게 해낸다.

북극곰의 발은 또한 미끄러운 얼음 위를 걷도록 적응했으며, 발 크기가 커서 몸무게가 고르게 분산되어 잘 넘어지지 않는다. 곰 발바닥에는 유두 형태의 작고 부드러운 돌기가 있어서 곰이 무언가를 꽉 움켜쥘 때 도움을 준다. 얼음이 평소보다 얇아져 위험해지면, 북극곰은 다리를 바깥쪽으로 뻗으면서 미끄러지듯 나아간다. 밤비처럼 작고 귀여운 사슴이 얼음 위에 있다고 상상하면 그 장면이 그려질 것이다. 우습긴 하지만, 그런 방식으로 몸을 얼음 가까이 접근시키면 몸무게가 고르게 분산되면서 얼음이 깨지는 상황을 막을 수 있다.

이처럼 빙판 위에서 움직이는 능력은 북극곰이 가장 좋아하는 먹이, 특히 북극에서 가장 흔한 바다표범인 고리무늬물범을 사냥할 때 상당히 유용하다. 바다표범을 사냥하려면 매우 신중해야 하는 까닭에, 북극곰은 잠복의 대가가 되었다. 바다표범이 뚫은 작은 숨 구멍 옆에서 최대 한 시간을 기다리며 북극곰은 마음에 인내심을 가득 품도록 진화했다. 이들은 낚싯줄을 드리우고 앉아 기다리는 인간과 같다. 물론 시간이 좀 걸릴 수는 있지만, 바다표범의 두꺼운 피하지방(피부밑지방)은 풍부한 에너지 공급원이기에 기다릴 가치가 충분하다. 바다표범이 숨을 쉬려고 마침내 고개를 불쑥 내밀면, 북극곰은 두껍고 구부러진 발톱과 날카로운 송곳니를 써서 폭발적인 속력으로 먹이를 잡는다.

북극곰은 11센티미터가 넘는 피하지방층 형성에 필요한 지방과 열량을 주식인 바다표범에서 전부 얻는다. 북극곰이 그만큼 많은 지방을 섭취하면서도 건강을 해치지 않는다는 사실은 놀랍다. 북극곰의 유전체를 분석한 결과, 심혈관 기능과 지질대사에 관여하는 유전자가 다소 변이되었다는 것이 밝혀졌다. 인간이 북극곰과 같은 비율로 지방을 섭취했다가는 단기간 내에 사망할 것이다.

피하지방을 제외하면, 북극곰은 매력적인 털 덕분에 영하의 기온에 적응할 수 있었다. 그런데 우리가 '북극곰' 하면 떠올리는 눈부시게 하얀 털은 완벽한 오해를 일으킨다. 북극곰은 실제로 검은색이다. 그렇다. 겉으로는 하얗고 보송보송해 보이지만 그 하얀 털 아래 피부는 새카맣다. 그러나 북극곰이 태어날 때부터 검은 것은 아니다. 새끼 북극곰의 피부는 분홍색이나 나이를 먹을수록 피부색이 어두워진다. 지금 막 지어낸 이야기처럼 들리겠지만, 사실이다. 과학자들은 아직 곰의 피부색이 변화하는 이유를 확신하지 못하지만 해로운 자외선으로부터 몸을 보호하기 위해서라 추정한다. 더욱이 검은색은 생명 활동에 꼭 필요한 열에너지를 태양으로부터 흡수하기에 가장 적합한 색이다.

잠깐! 열에너지 흡수 효과는 북극곰의 흰색 털로 완전히 상쇄되지 않을까? 흰색은 열을 반사하는데, 어떻게 된 일일까? 다시 한번 강조하지만, 이 이야기는 앞에서 언급한 사례들보다 훨씬 놀랍다. 북극곰의 털은 하얗게 보이지만 실제로 거의 '투명'하다. 북극곰의 털은 서로다른 두 개의 층으로 이루어졌고, 하나의 털층이 다른 털층 위에 있다. 첫 번째는 피부 표면에서 가까운 층으로, 짧고 촘촘하게 돋는 밑털로 이루어졌으며 단열 효과가 있다. 두 번째는 보호 털guard hair로 구성된 층이다. 보호 털은 거칠고, 끝이 뾰족하며, 약 10센티미터까지 자란다. 두 층의 털은 모두 색소가 없어 반투명하다. 털이 완전히 투명해지지 않도록 막는 물질은 털을 구성하는 단백질인 케라틴이며, 이물질 때문에 털은 희미한 황백색으로 보인다. 하지만 털이 밝은 흰색으로 보이는 이유는 털 주변에서 빛이 반사되는 방식에 있다. 빛 반사때문에 북극곰은 얼음으로 둘러싸여 있거나 하늘에 해가 가장 높이

떠 있을 때 제일 하얗게 보인다. 보통 5~6월에 시작해 8월에 끝나는 털갈이 기간이 지나도 특히 하얗다.

바다표범을 잡아먹고 털에 기름기가 흘렀을 때는 북극곰이 약간 노랗게 보이기도 한다. 만약 아름다운 파스텔색의 석양 아래에서 위풍당당한 북극곰을 언뜻 본다면, 석양빛이 북극곰 주위에서 반사되어 같은 색으로 보일 것이다. 심지어 북극곰이 녹색으로 보이는 이상한 현상도 일어난다. 그런데 이 현상의 원인은 녹색 빛이 반사되어서가 아니다. 북극곰의 털에 갇힌 생물 때문이다. 북극곰의 서식지에서 유래한 조류는 이따금 털 안에서 번식해 곰을 연한 녹색으로 변화시킨다. 조류가 털 내부로 침투하는 기회는 보호 털의 구조에서 나온다. 각각의 털 안에는 공기로 채워진 방이 여러 개 있다. 이러한 방은 털을 따라 하나씩 하나씩 나란히 배열되어 있으며, 털이 제 기능을 발휘하려면 꼭 필요하다. 첫째, 속이 비어 있는 털은 무게가 가벼워서 거대한 곰이 먹이를 찾아 돌아다닐 때 도움이 된다. 두 번째가 가장 중요한 기능으로, 털 안의 방에 따뜻한 공기가 갇히면 털은 믿기지 않을 만큼 훌륭한 단열재가 된다.

물론 예외적인 상황도 있다. 털은 바닷속을 헤엄치는 북극곰을 따뜻하게 보호하지 못한다. 북극곰의 털은 물이 잘 스며들지 않지만, 그렇다고 얼음처럼 차가운 극지방의 물에서 단열 효과를 잘 발휘하지는 못한다. 따라서 북극곰은 헤엄칠 때 두꺼운 지방층에 의존해 체온을 유지한다. 그러나 땅이나 얼음 위를 걸을 때는 털의 효과가 상당히 탁월해서, 북극곰이 달리면 체온이 지나치게 상승한다고 알려져 있다.

이누이트족은 몇 세대에 걸쳐 이 같은 북극곰 털의 특성을 알았기

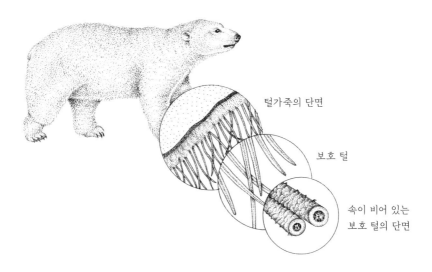

북극곰Polar Bear, *Ursus maritimus*

털가죽의 단면

보호 털

속이 비어 있는
보호 털의 단면

때문에 그들의 털가죽으로 부츠와 옷을 만들었다. 지난 수년 동안 과학자들은 우주선 단열재로 북극곰의 털을 주목해 왔다. 중국과학기술대학교 소속 연구팀은 북극곰의 털에서 아이디어를 얻어 우주에서 사용하는 새로운 유형의 에어로젤aerogel 을 개발했다.

에어로젤은 내가 아는 한 가장 멋진 물질이며 이렇게 생각하는 사람은 나뿐만이 아니다. 인터넷에서 에어로젤을 잠시 검색해 보면, 그 이유를 금세 알 것이다. 에어로젤은 1931년 과학자들의 내기에서 시작되었다. 미국의 화학공학자 새뮤얼 스티븐스 키슬러Samuel Stephens Kistler 는 누가 먼저 젤리 같은 물질에서 형태를 변형시키지 않은 채 모든 액체를 제거하는지 친구와 내기했다. 오늘날 라스베이거스의 도박사가

이 대결의 배당률을 어떻게 계산할지는 모르겠으나, 키슬러와 친구들은 당대의 훌륭한 과학자였다. 잠시 고민한 뒤 키슬러는 액체를 제거할 확실한 방법을 떠올렸다. 그리고 젤리의 온도를 올릴 뿐만 아니라, 결정적으로 젤리 주위의 압력도 상승시켜 액체를 성공적으로 제거했다. 이 제거법에서 젤리 내부의 액체는 기체와 같은 초유체로 변화했다. 그 결과 겉보기에 초기 형태는 변함없지만, 내부 액체가 있던 자리는 구멍으로 남으며 섬유질의 그물망으로 변화한 젤리가 생성되었다. 이로써 에어로젤이 탄생한 것이다.

에어로젤은 이따금 '얼어붙은 연기' 또는 '고체 연기'라는 별명으로 불리는데, 고체 덩어리이긴 하지만 실제 연기에서 건너편이 비쳐 보이듯 에어로젤도 건너편이 비치기 때문이다. 에어로젤은 또한 상당히 신비로운 성질을 지닌다. 비어 있는 구멍 때문에 밀도가 낮고, 매우 가벼운 고체로 손꼽힐 만큼 극단적으로 가볍다. 쉽게 깨지고 부서지긴 하지만 상대적으로 무거운 무게를 지탱할 수 있으며, 정확히 따지면 자기 무게의 1,000배를 버틴다. 이는 2그램짜리 작은 에어로젤 조각이 2킬로그램짜리 벽돌을 지탱할 수 있음을 의미한다. 게다가 열이 그물망 구조를 따라 이동하기 어렵다는 점에서 에어로젤은 환상적인 단열재이다.

에어로젤이 발명되고 어느 정도 시간이 흘렀지만, 과학자들은 최근 들어 에어로젤의 창의적 사용법을 탐구하기 시작했다. 건물 단열재를 예로 들면, 에어로젤은 성에가 끼는 유리창을 대체할 가능성이 있다. 에어로젤 유리창은 빛이 통과하지만, 열이 유리창 안으로 들어오거나 밖으로 나가지는 못할 것이다. 더욱 흥미로운 사실은 에어로젤이 문자 그대로 세상 밖에 배치되었다는 점이다. 1997년 미국항공우주국 과학자들은 낮에 섭씨 40도까지 올라갔다가 밤에 섭씨 -40도까지 떨어지며 큰 폭으로 기온이 변화하는 화성에서 패스파인더 탐사선의 운영 체계가 과열되거나 동결되지 않도록 에어로젤을 사용했다.

지구에서는 위수훙俞書宏 교수가 이끄는 중국 연구팀이 북극곰 털의 구조를 모방하여 기존보다 효과가 뛰어나고 새로운 단열용 에어로젤을 만들 수 있을지 고민했다. 그리고 내부에 비어 있는 방이 있는 북극곰의 보호 털을 모방하여, 공기로 가득 찬 방을 포함한 탄소 튜브 수백만 개를 만들었다. 각 탄소 튜브의 굵기는 인간 머리카락 한 올만큼 가늘었다. 중국 연구팀은 그러한 튜브를 한 덩어리로 묶어 에어로젤의 새로운 단위로 취급했다. 이 튜브 덩어리가 어떻게 생겼는지 궁금하다면 스파게티 한 움큼을 둥글게 묶은 모습을 떠올리면 된다. 비록 스파게티 묶음보다 에어로젤 묶음이 크기가 훨씬 작지만 말이다.

북극곰 털 에어로젤은 다른 에어로젤보다 가볍고 단열성이 우수한데다, 북극곰 털처럼 물을 막는 특성이 있다. 거기에다 예상하지 못한 유용한 특성이 추가로 발견되었다. 북극곰 털 에어로젤은 북극곰 털보다 훨씬 유연하고 신축성이 뛰어났다. 이는 기존의 부서지기 쉬운 에어로젤보다 다양한 용도로 쓰일 수 있다는 점에서 연구팀을 흥분시켰다. 현재 연구팀은 북극곰 털 에어로젤로 작은 블록을 만든 단계이지만, 앞으로 넓은 시트 형태로 생산할 수 있도록 제조 공정을 모색하고 있다. 만약 이러한 문제가 해결된다면, 또는 에어로젤이 부서지지 않게 된다면, 연구팀은 에어로젤이 항공우주 산업에 상당히 유용하게 쓰이리라 확신한다. 즉, 에어로젤은 우주에서 더욱 빈번하게 사용될 것이다.

　한편 과학자들은 화성 이주에 대한 해답으로 에어로젤을 고려하고 있다. 2~3센티미터 두께의 에어로젤층이면 화성 대기권에 온실을 완벽히 건설할 수도 있다. 이 에어로젤층은 정착에 필요한 농작물 재배가 가능하도록 빛을 투과하는 동시에, 극단적으로 변동하는 기온과 위험한 자외선으로부터 인간을 보호할 것이다. 가볍고, 온도 조절 능력이 뛰어나며, 새롭게 발견된 유연성까지 갖춘 나누크 왕의 망토가 화성 이주화라는 미래의 꿈을 현실로 구현하는 실마리가 될지 궁금하다.

6장

모기와
무통 바늘

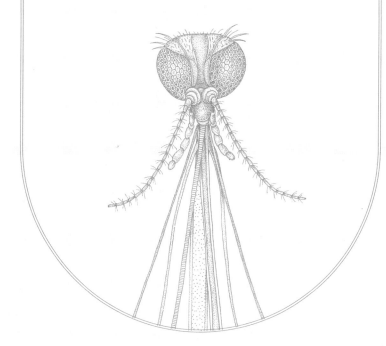

날카로운 바늘이 팔을 찌르는 느낌은 몹시 싫지만, 나도 정기적으로 헌혈을 하는 사람이 되고 싶다. 다른 사람들도 마찬가지일 거라고 생각한다. 여기서 의문점이 생긴다. 수많은 사람이 헌혈에 동참하고 싶어 하면서도 왜 실제로 헌혈을 하지 않을까? 우리는 무엇을 그토록 두려워하는 걸까? 긴 바늘을 보면 자연스레 얼굴이 잿빛으로 변하는 이유는 고통 때문이라고 생각한다. 세계보건기구에 따르면 매년 전 세계인이 맞는 '안전한' 접종 횟수는 160억 건이 넘으며, 이는 매일 약 4,400만 건씩 접종이 이루어지는 셈이다. 모든 주사기가 덜 고통스럽게 만들어진다면 어떨까? 그러한 주사기의 비결은 곤충의 구기口器(인간의 입에 해당하는 부위로, 먹이를 빨거나 씹을 때 사용하는 기관을 통틀어 이르는 용어-옮긴이)에 있으리라 예상되는데, 곤충은 바늘처럼 생긴 구기를 피부에 쿡 찌르고 피를 잔뜩 빨아 먹으며 우리를 귀찮게 한다. 그런 흡혈 과정을 가까이서 관찰하면 끔찍하긴 하지만, 연구원들이 흡혈 과정에 마음을 빼앗기는 이유는 충분히 이해가 간다. 무엇보다 흡혈 곤충이 다가오는 소리는 우리 귀에 잘 들려도, 그 곤충에게 물리는 감각은 거의 느껴지지 않기 때문이다.

모기는 스케이트장 위의 모닥불로 취급받는다. 야생동물 다큐멘터리 제작자가 필름에 담는 가장 아름답고 다채로운 생태계는 열대우림이다. 열대우림에는 지구상 널리 알려진 동물들, 예컨대 나무늘보, 원숭이, 벌새, 그리고 거대한 아나콘다가 서식한다. 비밀 하나를 고백하자면, 나는 정글에서 촬영하는 걸 좋아하지 않는다. 정글에는 살면서 접할 수 있는 최고로 공격적인 모기가 서식하며, 그러한 모기에게 다큐멘터리 제작진은 이상적인 이동식 먹이 공급소이기 때문이다. 무거운 카메라 세트를 들고 두꺼운 나뭇잎을 헤치면서 오지를 여행할 때면 이따금 옷에 짐 가방을 끈으로 단단히 연결해 끌고 다니는데, 그 짐 가방들이 하늘을 나는 바늘 부대에게 완벽한 낙하지점이다. 나는 개인적으로 모기 부대가 어딘가로 날아가 우리 촬영팀을 평화롭게 내버려 두었으면 좋겠다. 뭐, 꿈은 꿀 수 있지, 안 그런가?

이러한 내 생각은 16세기 탐험가들이 아메리카의 열대우림을 탐험하면서 느꼈을 감정과 같을 것이다. 실제로 모기Mosquito라는 단어는 크리스토퍼 콜럼버스가 아메리카 대륙에 상륙한 이후인 1580년대 북아메리카에서 유래했다고 추정된다. 스페인어로 '작은 파리'를 의미하는 이 단어는 파리목Diptera에 속하며 파리의 일종인 모기의 정체성을 정확하게 드러낸다. 많은 사람이 모기의 외형을 잘 안다. 모기는 파리와 마찬가지로 한 쌍의 날개와 가늘고 마디가 있는 몸, 깃털 같은 더듬이와 털 같은 세 쌍의 다리, 그리고 널리 알려진 길쭉한 구기를 지닌다.

모기 이야기가 나왔으니, 모기가 출연한 가장 위대한 작품을 언급하겠다. '쥐라기 공원'은 우리 시대에 널리 영향력을 미친 영화였으나 나는 늘 궁금했다. 우리가 본 영화 장면 중에서 실제 과학에 뿌리를 둔 장면이 있을까? 음. 정답은 그러한 장면도 있고 그렇지 않은 장면도 있다. 지금까지는 화석화된 동물의 잔해에서 공룡 DNA가 추출되기는커녕, 아직 발견된 적도 없다. 동물 잔해가 너무 오래되었기 때문이다. 하지만 오늘날의 모기와 비슷한 고대 모기가 7,900만 년 된 호박 속에서 발견된 것은 사실이다. 공룡이 약 2억 4,300만 년에서 6,600만 년 전 사이에 존재했다는 점은 호박에서 발견된 개체를 비롯한 고대 모기가 아마 공룡의 피를 먹고 살았으리라 암시하는 좋은 증거이다.

오늘날 모기는 3,000여 종이 있으며 남극 대륙, 아이슬란드, 인도-태평양 지역의 몇몇 섬을 제외한 전 세계 곳곳에서 발견된다. 모기가 서식하는 지역이라면 어디든 모기 매개 감염병이 발생하며, 몇 가지 예를 들자면 말라리아, 황열, 뎅기열, 웨스트나일바이러스 등이 있다. 이러한 병은 대부분 열대지방에서 관찰된다. 그런데 말라리아가 한때 영국 북부까지 만연했다는 사실을 알면 아마도 깜짝 놀랄 것이다. 해당 지역에서 말라리아는 집모기속_Culex_ 모기가 전염시켰으며 '간헐열' 또는 '학질'로 알려져 있었다(찰스 디킨스가 집필한 탁월한 글에도 학질이 등장한다). 그래서 사람들은 기후변화로 인해 그 지역에 다시 말라리아가 퍼질 수 있다고 우려한다.

이처럼 모기가 혈액 매개 감염병을 퍼뜨리긴 하지만, 모든 모기가 피를 빼는 것은 아니다. 확신하기는 어려우나 모기종 가운데 대략 14퍼센트 미만이 사람 피를 먹고 산다. 그런데도 '세계에서 가장 치명적인 동물'이라는 불명예스러운 칭호를 가진 동물은 상어도 사자도 심지어 독사도 아닌 모기로, 바이러스와 질병 유발 미생물을 퍼뜨리는 완벽한 매개체로서 전 세계 수백만 명의 목숨을 앗아 가기 때문이다. 세계보건기구는 학질모기속_Anopheles_ 모기가 전염시킨 말라리아만 따져도 2016년에 약 44만 5,000명의 사망자가 발생했다고 밝혔다. 뎅기열, 지카, 치쿤구니야열, 황열은 모두 이집트숲모기_Aedes aegypti_를 매개로 사람에게 전염된다. 전 세계 인구의 절반 이상은 이러한 모기들의 서식지에 살며, 그런 까닭에 이 작은 날것에는 중대한 문제를 일으킬 잠재력이 있다.

모기는 왜 인간의 피가 필요할까? 피를 빨아 먹는 모기는 암컷뿐이다. 수컷 모기는 식물의 꿀과 과일즙을 먹으며 편안한 삶을 사는 반면, 암컷 모기는 알을 낳기 전까지 열심히 일하고 섭취할 혈액을 구하러 다녀야 한다. 암컷이 노리는 대상은 난자 성숙에 필요한 혈액 속 단백질이다. 모든 성실한 어미와 마찬가지로, 암컷 모기는 어린 자손이 가장 좋은 출발점에서 인생을 시작하려면 자신이 무엇에 몰두해야 하는지 정확하게 안다. 암컷은 맨눈으로 볼 수 없는 징후, 이를테면 인간이 내쉬는 이산화탄소, 인체가 뿜어내는 열, 피부에서 배출되는 휘발성 지방산을 찾아낸다. 암컷 모기는 혈액을 찾기 위해 밤에 여러분의 방으로 몰래 들어와 윙윙거리는 고음으로 자신의 존재를 명백히 드러내다 전등을 켜면 윙윙 소리를 멈춘다. 그러나 전등을 끄면 그 거슬리는 소리가 다시 들린다. 끝없는 소모전처럼 느껴져 무척 약이 오르는 와중에, 갑자기 어둠 속에서 윙윙 소리가 멈춘다. 그러면 우리는 암컷 모기가 곧 피를 빨 거라 짐작한다.

피부 위에 착지한 암컷 모기는 피부 표면에서 혈관이 가까운 부위를 찾아 움직인다. 모기가 피부를 뚫어 피를 빨아 먹고 범죄 현장을 떠난 후에야, 여러분은 가려움을 느끼기 시작하고 모기에 물린 자국을 발견한다. 가려움은 모기가 무는 행위와는 관련이 없다. 여러분의 혈액이 응고되지 않도록 암컷 모기가 주입한 항응혈제가 가려움을 유발한다. 모기가 피부를 뚫고 피를 빨면서 최악의 행동을 하는 동안 여러분은 아무것도 느끼지 못하며, 이는 모기가 지닌 구기의 형태 때문이다.

모기의 구기는 믿기지 않을 만큼 복잡하며, 기다란 주둥이를 형성하는 접이식 덮개 안에 여러 개의 침이 들어 있다. 접이식 덮개인 아랫입술labium부터 시작하자, 암컷 모기는 착지하고 구기의 다른 부위로 피부를 찌르기 전에, 먼저 아랫입술로 피부 표면을 부드럽게 누른다. 다음은 실제로 피부를 뚫고 들어가는 큰턱mandible과 작은턱maxilla이다. 큰턱은 끝이 뾰족해 피부 깊숙이 들어가며 작은턱은 끝이 들쭉날쭉한 칼날 형태로 숙주, 즉 여러분의 피부를 뚫는 동안 꽉 움켜쥐는 역할을 한다. 모기는 구기가 쉽게 피부를 파고들 수 있도록 머리도 흔든다. 피부 안으로 들어온 구기가 점점 더 깊이 파고들어 가며, 이제 숙주 안에는 두 개의 관이 들어왔다. 하나는 침을 살 속에 퍼부어 피부를 마비시키고(그래서 우리는 구기가 뚫고 들어와도 아무런 감각을 느끼지 못한다), 다른 하나는 피를 빨아들인다. 어느 실험에서는 숙주가 아무 감각도 느끼지 못하는 3~4분 동안 모기가 피를 빼는 것이 관찰되었다. 따라서 과학자들은 모기의 완벽한 구기에서 착안해 통증 없는 수술용 바늘을 디자인하고 인류가 고통 없는 주사를 맞을 수 있는 방법을 탐색

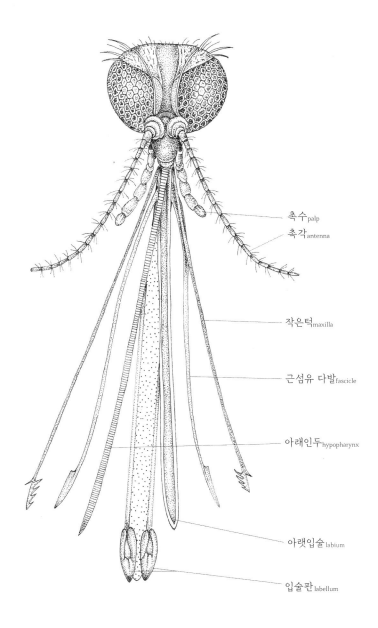

촉수palp
촉각antenna

작은턱maxilla

근섬유 다발fascicle

아래인두hypopharynx

아랫입술labium

입술판labellum

하고 있다.

일본 간사이대학교 소속 아오야기 세이지青柳誠司와 그의 동료들은 모기의 구기를 모방한 바늘을 개발했다. 이 바늘은 의사나 간호사가 일반적으로 사용하는 바늘과 어떻게 다를까? 기존 의료용 주삿바늘은 끝부분이 피부를 관통하도록 날카롭고, 피부와 그 밑의 살에 방해받지 않고 통과할 수 있도록 바늘 표면이 매끄럽다. 바늘이 피부를 뚫고 들어올 때 고통이 느껴지는 이유는 바늘 끝이 뾰족해서가 아니라, 긴 바늘이 피부 안으로 들어오는 동안 금속 표면이 피부에 직접 닿기 때문이다. 이러한 매끄러운 바늘과 대조적으로, 피부를 뚫는 모기의 침은 톱니처럼 울퉁불퉁하다.

울퉁불퉁한 표면이 고통을 가중한다고 생각할 수도 있다. 나도 그렇게 생각했었다. 그러나 결과는 정반대이다. 톱니는 피부에 거의 닿지 않아 통증을 수용하는 신경을 덜 자극하고, 결과적으로 통증을 줄인다. 연구팀은 고속 비디오 현미경을 사용하여 모기가 피를 빨 때 일어나는 현상을 차례차례 관찰한 다음 그 현상을 모방했다.

연구팀은 모기에서 착안하여 실리콘을 식각(약품을 써서 물질의 표면을 부식시켜 원하는 형태로 조각하는 기법-옮긴이)하고 길이 1밀리미터, 지름 0.1밀리미터로 사람 머리카락 굵기와 맞먹는 바늘을 제작했다. 이 바늘의 바깥쪽에는 작살과 형태가 비슷하고 모서리는 톱니처럼 뾰족뾰족한 보조 바늘이 두 개 달렸다. 보조 바늘이 먼저 피부를 뚫으면 약물을 주입하거나 피를 빨아 당기는 관이 두 보조 바늘 사이로 내려오므로, 환자 피부에는 관의 뾰족한 끝부분만 닿았다. 그리고 작은턱이 피부 조직을 뚫고 쉽게 내려갈 수 있도록 모기가 주둥이를 흔들듯이, 세이지가 개발한 바늘도 세 군데에 장착된 아주 작은 모터로 진동을 일으켰다.

그러나 이 바늘은 개발 초기에 쉽게 부러졌고, 내구성을 반드시 향상해야 했다. 바늘이 환자 몸 안에서 부러지면 심각한 문제를 일으킬 수 있기 때문이다. 연구팀은 빨간색 색소가 담긴 관으로 감은 실리콘 조각을 개발한 바늘로 찌르면서 바늘의 내구성을 시험했다. 그리고 바늘과 연결된 저장 용기가 색소로 서서히 채워지는 현상을 관찰하며, 바늘이 부러지지 않고 성공적으로 피부를 뚫는다는 것을 확인했다. 다음에는 인간을 대상으로 시험을 진행했다. 진심인 과학자가 그러하듯, 세이지는 자신의 몸과 수많은 자원봉사자를 대상으로 바늘을 시험했다. 연구팀은 기존 주삿바늘보다 개발한 주삿바늘이 주사 시간은 길지만, 고통은 예상보다 훨씬 적다는 것을 확인했다. 바늘에는 주사로 뽑은 혈액이나 액체를 저장하는 작은 저장 용기도 설치했다. 이저장 용기와 연결된 광케이블을 활용하면, 의사는 용기에 담긴 샘플을 분석할 수 있다.

연구팀은 인체에 영구적으로 부착해 쓰는 소형 무선 주사 장치나 채혈 장치가 활발히 연구되기를 기대한다. 그러한 장치를 활용하면 환자의 생명 유지에 꼭 필요한 약물을 하루에 여러 번 주입할 수 있고, 당뇨병 환자의 혈당 측정에 필요한 혈액을 채취할 수 있으며, 심부전 위험군의 혈중 콜레스테롤 추적 관찰에 필요한 혈액도 얻을 수 있다. 새로 개발된 바늘을 쓰면 모기에 물릴 때처럼 아무것도 느끼지 못할 것이다.

엉덩이에 달린 도구

암컷 모기는 몸 앞쪽에 침이 달렸지만, 암컷 기생말벌Parasitoid Wasp은 몸 뒤쪽에 날카로운 침이 달렸다. 우리에게는 야외에서 꽁무니에 달린 침으로 위협하며 공격하고, 노란색과 검은색 줄무늬를 지녔으며, 미국에서 땅벌Yellowjacket이라고 불리는 종이 친숙하지만, 그런 땅벌보다도 기생말벌이 훨씬 악랄하다. 몇몇 기생말벌은 다른 곤충의 몸속 깊숙이 알을 낳는다. 알에서 부화한 유충은 숙주의 몸을 먹으며 밖으로 나온다. 우웩! 이 이야기가 사람들 대부분에게는 악몽의 소재이겠지만 과학자들은 무척 열광한다. 숙주가 눈치채지 못하도록 신속히 산란관을 쿡 찔러 넣는 암컷 기생말벌의 기술을 활용하면 복강경 수술 기법을 혁신적으로 발전시켜 수많은 생명을 구할 수 있기 때문이다.

뉴질랜드와 북아메리카, 중앙아메리카에서 발견되는 내부기생말벌속Endoparasitoid Wasps 글립타판텔레스Glyptapanteles를 소개하겠다. 암컷 글립타판텔레스는 알을 낳을 준비가 되면 적당한 숙주를 찾는다. 암컷 모기가 그러듯이 이 암컷 말벌도 때때로 냄새로 숙주를 발견하며, 티린테이나 레우코케라이아Thyrinteina leucoceraea로 알려진 자나방Geometrid Moth의 애벌레를 희생양으로 선택한다.

암컷 말벌은 애벌레를 뒤쫓아 간 다음 산란관을 애벌레 살에 뚫어 넣는데, 산란관이란 말 그대로 '알 주입기'로 숙주를 쿡 찌르는 바늘 형태의 기관이다. 놀랍게도, 네덜란드 암스테르담대학교 소속 생태학자 아르너 얀선Arne Janssen은 "암컷 말벌은 애벌레에 알 80개를 주입할 수 있다"고 말한다. 알에서 부화한 말벌 유충은 자나방 애벌레의 체액을 먹이로 삼기 시작하고, 자나방의 생명 유지에 중요한 기관은 피해서 먹으려고 노력하며(말벌 유충은 다른 건 몰라도 식사 예절은 갖추었다) 허물을 몇 차례 벗는 탈피 과정을 거쳐 성장한다. 말벌 유충은 포식자에게 공격당하지 않으며 쉴 새 없이 먹이를 먹고 자란다.

마침내 탈출할 준비를 마친 말벌 유충은 다른 유충 형제와 함께 자나방 애벌레 밖으로 나온다. 정말 놀라운 사실은 말벌 유충이 탈출한 시점에도 자나방 애벌레가 여전히 살아 있다는 점이다. 말벌 유충은 마지막 탈피를 하는 동시에 애벌레의 껍질을 비집고 나오면서 남겨진 허물로 탈출 구멍을 막는다고 알려져 있다. 즉, 말벌 유충이 심각하게 몸을 다친 숙주에게 간단한 처치를 해 주는 것이다. 이 이야기가 더는 오싹해질 수 없다고 생각하겠지만, 아직 끝나지 않았다.

말벌 유충 모두가 자나방 애벌레를 떠나는 건 아니다. 몇몇 유충은 애벌레 안에 머무르면서 현재의 '좀비 애벌레'를 통제하고 탈출한 유충을 보호한다. 한편, 애벌레를 탈출한 유충은 연한 갈색을 띠는 작은 콩깍지 또는 식물의 씨방처럼 생긴 번데기로 탈바꿈하며 생애 주기의 다음 단계를 맞이한다. 자나방 애벌레는 말벌 번데기 근처에 자리 잡고 등을 동그랗게 구부린 다음 움직임을 멈추고 아무것도 먹지 않는다. 때때로 실을 생성해 말벌 번데기를 감아 보호해 주거나, 노린재 같은 잠재적 포식자가 나타나면 난폭하게 몸부림치면서 번데기를 보호하는 놀라운 행동을 보인다. 번데기에서 부화한 말벌이 날아가면, 자나방 애벌레는 결국 죽는다.

이 이야기를 전부 듣고 머리카락이 쭈뼛 선다면, 여러분 곁은 내가 지키겠다. 이제는 분위기를 바꿔 기생말벌의 공로를 조금이나마 인정하려 한다. 기생말벌의 산란관이 복강경 수술에 쓰이는 참신하고 흥미로운 도구에 영감을 주기 때문이다.

인체에서 조직을 떼어 내는 일은 수술에서 중요한 과정에 해당한다. 이 과정에서 의사는 인체 내부의 비정상적인 조직이나 병변 부위를 검사하고, 감염되거나 죽은 조직 또는 종양을 제거한다. 인체 표면이나 표면 근처에서 조직을 떼어 내는 시술은 대부분 간단하지만, 몸 안쪽 깊숙한 곳에서 조직을 떼어 내기는 상당히 어렵다. 현재까지 조직을 떼는 다양한 방법이 개발되었으며, 효과적인 몇 가지 방법에는 흡입aspirate 장치가 사용된다. '흡입'이라는 용어는 빨아들이거나 들이마시는 것을 의미한다. 즉, 흡입 장치는 무언가를 빨아들여서 신체 내부의 조직이나 다른 목표물을 떼어 낸다.

그런데 흡입법에는 문제가 있다. 이를테면 혈전과 같은 덩어리를 제거하는 동안 장치가 막힐 수 있고, 조직이 손상되어 추후 조직 검사에서 문제가 될 수 있다. 그뿐만 아니라 건강한 조직이 의도치 않게 튜브 안으로 빨려 들어갈 가능성도 존재한다. 과학적 진보를 토대로 오늘날 의료 기술은 놀랍게 향상했지만, 의료 기구가 비교적 큰 탓에 체내의 깊숙한 곳이나 좁은 공간 또는 미세한 구조, 예컨대 뇌 내부에 도달하기는 쉽지 않다. 현재는 흡입 장치가 유용한 선택지이지만 앞으로는 더욱 정교한 대안이 필요하다.

네덜란드 델프트공과대학교 연구팀은 기생말벌의 산란관에서 영감을 받아 새로운 장치를 개발했다. 아이메이 사커스Aimée Sakes가 이끄는 연구팀은 산란관이 아주 가늘어서 관 내부에 근육이 자리할 공간조차 없다는 것을 발견하고, 분명 기발한 메커니즘이 작용하리라 확신했다. 산란관의 메커니즘을 규명한다면, 연구팀은 그 메커니즘을 복강경 수술에 적용해 생명을 구할 것이다.

유연하고 속이 빈 바늘처럼 생긴 산란관의 내부는 세 개의 판으로 구성되고 제혀쪽매tongue and groove로 이어져 있다. 제혀쪽매란 판을 서로 연결하는 훌륭한 방식인데, 우선 납작한 나뭇조각 두 개가 있다고 상상하자. 한 조각의 가장자리에는 홈groove이라 불리는 틈이 파여 있고, 다른 조각의 가장자리에는 혀tongue라는 가늘고 길게 솟은 부분이 있다. 두 나무 조각은 혀를 홈에 끼우면 서로 연결되며, 이 같은 방식을 통해 산란관 내부의 판도 서로 맞물려 이어진다. 다소 복잡하긴 하지만, 포기하지 말고 다음으로 넘어가자.

산란관은 넓은 판 하나, 좁은 판 두 개로 구성된다. 이 판들이 서로 꼭 맞게 연결되는 방식을 이해하고 싶다면, 산란관을 길이 방향으로 큰 조각 하나와 작은 조각 둘로 자른다고 상상하자. 이 세 조각은 제혀쪽매로 서로 연결되며, 길이 방향을 따라 앞뒤로 미끄러져 움직인다. 산란관을 이루는 판들은 하나씩 독립적으로 미끄러져 움직이면서 마찰을 일으킨다. 기생말벌이 알을 낳을 때면 산란관의 작은 판 하나가 숙주의 몸 안으로 더욱 깊이 미끄러져 들어간다. 그런 다음 다른 작은 판이 앞으로 미끄러져 나오고, 이어서 큰 판이 앞으로 미끄러져 나온다. 즉, 한 판이 미끄러져 들어갈 때면 나머지 두 개의 판이 움직이는 판을 지탱한다. 이 같은 판의 움직임이 여러 번 반복되면서 생성된 마찰은 산란관을 숙주 몸속 깊숙이 넣는 데 사용된다. 판의 움직임은 산란관 내부를 따라 알을 이동시킨다고 알려져 있다.

델프트대학교 생체모방기술그룹은 산란관 형태에 착안하여 바늘을 개발하고 시제품을 제작했다. 바늘은 크기가 같고 개별 조절이 가능한 막대 네 개에서 여섯 개로 구성된다. 연구팀은 기생말벌과 같은 방식으로 마찰력을 써서 바늘을 젤리형 물질 속으로 밀어 넣는 실험을 했다. 그리고 이 실험 결과를 바탕으로, 산란관의 체계를 뒤집었다. 즉, 어떤 물질에 바늘을 찔러 넣으려고 마찰을 이용하는 게 아니라, 바늘을 통해 물질을 이송하려고 마찰을 이용하는 것이다.

연구팀이 개발한 물질 이송 장치는 여섯 개의 날과 날을 고정하는 외부 관으로 구성된다. 외부 관의 지름은 성냥개비와 비슷하다. 날은 반원 형태로 구부러졌으며 모두 크기와 모양이 같다. 외부 관과 날 여섯 개는 제각기 다른 부품과 연결되어서, 각각 독립적으로 미끄러져 움직인다. 이 장치가 암 조직 제거에 쓰인다고 상상해 보자. 날은 암세포가 있는 방향으로 한 번에 한 개씩 이동한다. 날 한 개가 앞으로 이동해 조직을 자르면, 나머지 날 다섯 개가 뒤로 미끄러져 움직이며 암세포를 제거한다. 하나의 날이 나머지 다섯 개의 날과 반대 방향으로 움직이며 생성된 마찰은 물질을 끌어당겨 관 위쪽으로 이송한다. 날의 움직임에 따라 물질은 위쪽 또는 아래쪽으로 이송될 수 있다.

연구팀은 시제품으로 임상 시험을 시작하기 전에 설계와 작동 면에서 개선해야 할 사항을 발견했다. 그러나 마찰 기반의 물질 이송 방식은 신뢰성이 높고, 실현 가능하며, 기존 기술을 대체할 수 있다는 것을 확인했다. 과학자들은 이 물질 이송 장치가 복강경 수술에 주로 쓰이는 흡입 장치보다 훨씬 정밀하므로, 아주 작은 절개 부위를 통해 인체 깊숙한 곳에 위치한 종양 조직을 제거할 수 있으리라 전망한다. 아이메이 사커스는 물질 이송 장치가 2025년부터 병원에서 쓰이기를 기대한다. 앞날은 아무도 모른다. 어쩌면 미래에 복강경 수술을 받게

되어, 알을 낳아 애벌레를 좀비로 만드는 기생말벌에 고마워하는 날이 올 수도 있다.

7장

흰개미와
자연 냉방, 환기 체계

흰개미Termite 언덕은 특별하다. 사방으로 채광 구멍이 뚫리고, 측면에 굴뚝이 달렸으며, 야트막한 휴화산과 닮은 모습이 무척 이국적이다. 흰개미는 흙이나 진흙으로 봉우리를 쌓은 다음, 그 밑에 둥지를 틀고 산다. 내가 흰개미와 처음 마주친 장소는 나미비아로, 이 지역에서는 박쥐귀여우Bat-eared Fox가 흰개미를 찾아다녔다. 사막에서 사는 작은 육식동물인 박쥐귀여우는 덩치에 어울리지 않게 귀가 박쥐처럼 커서 그런 이름이 붙었으며, 두 귀를 안테나처럼 사용해 소리를 듣고 먹이를 사냥한다. 박쥐귀여우가 좋아하는 간식 중 하나가 흰개미이다.

흰개미가 시끄러운 생물이 아니라고 생각하는 사람들이 있다. 나미비아에서 나는 박쥐귀여우가 그 쌀알만 한 먹이를 어떻게 사냥하는지 확인하기 위해 흰개미 언덕의 구멍에 작은 마이크를 내려놓았다. 헤드폰을 머리에 쓰자, 이상하고 기괴한 세계로부터 어떤 소리가 들려왔다. 마치 입에 넣으면 톡톡거리며 터지는 사탕 소리를 방송하는 라디오 채널에 주파수를 맞춘 듯했고, 바삭바삭한 쌀 시리얼이 담긴 그릇에 우유를 부을 때처럼 타닥, 토독, 톡! 소리가 들렸다. 흰개미들은 겉보기에 모두 차분히 언덕 안에 머무르는 것 같지만, 정말 바쁘게 일하고 있었다. 처음에는 내 존재를 눈치채지 못하다가, 마침내 언덕 밖으로 나와 정찰하더니 흙이 뒤섞인 신선한 침으로 내가 염탐하던 구멍을 막기 시작했다.

런던에 있는 집으로 돌아와 친구들과 시간을 보내는 동안, 나는 그 흰개미들을 떠올렸다. 무더운 여름날 우리가 머물던 매장의 내부 온도가 올라가기 시작했다. 어디에도 출구는 보이지 않았고, 군중에 둘러싸인 나는 매장에 갇힌 기분이 들었다. 그때 상황을 글로 쓰는 것만으로도 숨이 가빠진다. 여러분도 그 기분이 어떤지 잘 알 거다. 공기는 점차 탁해지고, 서서히 열이 오른다. 답답한 그곳에서 벗어날 수 없을 듯한 느낌이다. 창문도 열 수 없고, 에어컨도 제대로 가동되지 않는다. 이마에 땀방울이 맺히기 시작하고, 어서 빨리 매장에서 빠져나가 집에서 씻고 싶어진다. 환기가 잘되어 손님들이 쾌적하게 쇼핑센터에 머무르게 할 방법은 없을까? 지하에 서식하며 앞을 못 보는 곤충의 집짓기 습성에 해답이 있는 듯하다.

건물의 온도 조절과 환기 문제는 짐바브웨의 수도 하라레Harare에서 규모가 가장 큰 업무 및 상업용 건물인 이스트게이트 센터Eastgate Centre를 1991년 설계한 믹 피어스Mick Pearce 같은 건축가가 흔히 직면하는 과제이다. 더욱이 믹 피어스는 건물 냉방비라는 중대한 재정적 문제도 극복해야 했다. 운영비가 낮게 책정된 이스트게이트 센터를 위해, 기존 방식과 차별화된 효율적인 냉방 체계를 고안해야 했다.

피어스는 '미학, 자원, 자연'이라는 세 가지 요소를 다루는 건축가이기에, 그 도전 과제에 흥미를 느꼈다. 이번 장에서 핵심은 자연이다. 피어스는 지구가 하나의 생명체처럼 작용하고, 생물이 생명을 유지하는 자기 조절 체계의 일부로 주변과 상호작용한다고 설명하는 가이아 이론을 언급했다. 이는 기본적으로 지구와 조화를 이루며 사는 일로 귀결된다. 피어스에 따르면, 건축가는 도시를 모든 부분이 서로 연결되어 영향을 미치는 생태계로 여겨야 한다. 이를 바탕으로 그에게는 난방과 냉방 모두 스스로 조절하는 건물을 설계하는 일이 가능한지가 관심사였다. 그러던 어느 날, 흰개미가 등장하는 BBC 야생동물 다큐멘터리를 시청하던 중 해결책을 떠올렸다.

날씨가 몹시 더운 지역에서 서식하는 흰개미는 시원함을 유지하기 위해 모래, 점토, 진흙이 섞인 침으로 언덕을 높게 쌓은 다음 그 지하에 둥지를 틀고 산다. 흰개미들은 9미터 넘게 언덕을 쌓을 수 있으며, 이는 네 사람의 키를 합친 것보다 더 높다. 이처럼 거대한 서식지에 곤충 수백만 마리가 가까이 모여 함께 살다 보면 언덕 내부의 공기가 빠른 속도로 탁해지고 산소가 부족해질 위험이 있지만, 흰개미는 그 문제를 해결했다.

아프리카, 아시아, 남아메리카, 호주의 숲과 초원에는 탁월한 건축가 흰개미 군집이 곳곳에 흩어져 있다. 이들은 "큰 머리가 쌀알처럼, 주둥이가 산울타리를 다듬는 도구처럼" 생겼다고 묘사되는데, 이러한 특징이 흰개미를 믿음직한 도시 설계자로 만들어 주는 것은 아니다. 하지만 흰개미는 집을 설계할 때 무엇을 해야 하는지 정확하게 안다. 섭씨 31도를 기준으로 온도 변화가 1도 이내여야만 흰개미가 생존할 수 있기 때문이다. 일교차가 20도에 달하는 짐바브웨 같은 지역에서 흰개미는 어떻게 언덕 내부의 온도와 공기 흐름을 조절할까? 흰개미의 비결은 무엇일까? 알고 보니 각 흰개미 군집이 둥지 위로 높이 쌓는 흙무더기가 천연 환기 장치 겸 에어컨 역할을 했다.

수십 년 동안 과학자들은 우뚝 솟은 흰개미 언덕과 그 언덕이 주는 효과를 깨닫고 경탄했다. 언덕의 상부 구조가 둥지 내에서 통풍이 원활히 일어나도록 도움을 준다는 것은 널리 알려져 있었지만, 어떻게 그러한 현상이 가능한지는 여전히 수수께끼였다. 그러던 중 하버드대학교 소속 과학자 헌터 킹Hunter King과 그의 동료들은 서남아시아 열대지역에 서식하고 균류와 공생하는 흰개미종 오돈토테르메스 오베수스Odontotermes obesus가 쌓은 24개의 언덕에 공기 흐름을 감지하는 소형 센서와 열화상 카메라를 설치하여 수수께끼를 풀었다.

연구팀은 각 언덕이 낮과 밤의 온도 차를 이용해 내부 공기가 잘 흐르도록 유도하면서 '외부로 드러난 폐'처럼 작용한다는 사실을 밝혔다. 이는 뜨거운 공기는 상승하고 차가운 공기는 하강하는 원리에 바탕을 둔다. 즉, 흰개미는 인간의 폐처럼 산소와 이산화탄소를 적절히 뒤섞고 교환하도록 언덕을 쌓는다. 따라서 흰개미 언덕은 생물의 신진대사가 확장된 형태, 다시 말해 초유기체(군집을 이룬 개체들이 마치 하나의 생명체처럼 유기적으로 움직이는 집합체를 가리키는 용어-옮긴이)인 셈이다.

흰개미 언덕을 이루는 벽은 인간의 맨눈으로 보이지 않는 미세한 구멍들이 빽빽하게 뚫려 있어서 공기가 잘 통한다. 언덕 중심부에 뚫린 거대한 굴뚝은 언덕 측면에 솟은 가느다란 피리 형태의 관 구조물, 다른 말로 부벽buttress과 연결되어 있다. 낮에는 언덕 측면부의 가느다란 관 내부의 공기가 중심부의 단열된 굴뚝 내부의 공기보다 더욱 빠르게 따뜻해진다. 따라서 측면부의 관을 통해서는 뜨거운 공기가 상승하고 중심부의 굴뚝을 통해서는 차가운 공기가 하강하며, 여기서 발생하는 공기 순환을 통해 산소는 내부로 유입되고 이산화탄소는 밖으로 빠져나간다. 밤에는 공기 순환 과정이 반대로 일어난다. 언덕 외부와 부벽의 공기가 빠르게 냉각되면서 중심부 굴뚝의 공기보다 온도가 낮아진다. 그러면 공기는 낮과 반대 방향으로 흐르게 되며, 낮 동안 언덕 밑 둥지에서 생명체 수백만 마리가 호흡한 끝에 산소는 고갈되고 이산화탄소 농도가 높은 공기가 바깥으로 배출된다. 흰개미는 또한 끊임없이 언덕을 정비하는데, 어느 흰개미종은 언덕 내부의 열, 습도, 전반적인 공기 흐름을 적극적으로 조절하기 위해 굴을 새로 파거나 막는다. 이러한 습성을 통해 흰개미는 성가신 다큐멘터리 제작자가 마이크를 굴로 밀어 넣지 못하도록 방어한다!

텔레비전을 시청하던 믹 피어스는 본인이 디자인하고 있던 쇼핑센터의 환기 체계에 흰개미 언덕의 원리를 적용할 수 있음을 깨달았고, 그 결과물은 현재 확인 가능하다. 이스트게이트 센터는 유리 지붕으로 연결된 두 개의 건물로 이루어져 있다. 건물의 안마당 아래로는 보행로와 다리가 놓였고, 건물의 각 층과 공중 보행로는 승강기와 에스컬레이터가 연결한다. 두 건물은 콘크리트 블록과 벽돌로 지어졌으며, 이들 재료는 흰개미 언덕을 이루는 흙과 마찬가지로 열용량이 높아서 다량의 열에너지를 흡수해 온도가 큰 폭으로 변동하지 않도록 막는다. 그리고 건물 외관은 선인장처럼 뾰족해 표면적이 넓다. 이는 낮의 열 획득량은 낮추고, 밤의 열 손실량은 높이는 효과가 있다.

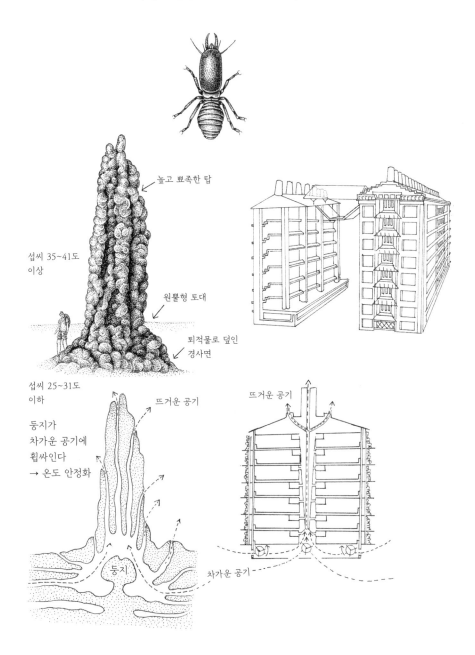

높고 뾰족한 탑

섭씨 35~41도
이상

원뿔형 토대

퇴적물로 덮인
경사면

섭씨 25~31도
이하

둥지가
차가운 공기에
휩싸인다
→ 온도 안정화

뜨거운 공기

뜨거운 공기

둥지

차가운 공기

건물 내부에 설치된 전기 환풍기가 바깥에서 시원한 밤공기를 빨아들여 바닥 아래의 공간을 통해 위층으로 전달하면, 각층에 도달한 공기는 환풍구를 거쳐 각 사무실로 유입된다. 공기는 상승하는 동안 48개의 둥근 벽돌 깔때기를 타고 빨려 올라간다. 선풍기는 시원한 여름밤에 한 시간당 7회씩 공기를 건물 내에서 순환시키며 바닥 아래의 공간을 시원하게 만든다. 낮에는 한 시간당 2회씩 건물 전체의 공기를 순환시킨다. 이러한 방식으로 공기는 시원하게 유지된다.

밤에는 콘크리트 블록이 냉각되어 순환하는 공기를 차갑게 식힌다. 아침에는 기온이 올라가면서 따뜻한 공기가 천장을 따라 위로 상승해 굴뚝을 타고 배출된다. 이 설계 덕분에 건물 온도는 쾌적하게 유지된다. 피어스의 설계에는 여전히 개선해야 할 부분이 남았지만, 에어컨으로 냉방하는 건물보다 에너지를 50퍼센트 적게 사용한다.

피어스는 한 걸음 더 나아가 호주의 건축팀과 함께 CH2로 알려진 맬버른 시의회 청사를 설계하고 건축했다. 건물의 앞쪽 벽은 유리로 이루어졌는데, 목재를 수직으로 배열한 창살이 그 유리 벽면을 완전히 덮는다. 이 창살들은 흔히 접하는 문처럼 여닫이로 만들어져서, 시간과 태양이 내리쬐는 각도에 따라 열리거나 닫힌다. 주위 조건에 반응하며 움직이는 창살을 보면, 마치 살아 움직이는 생명체처럼 느껴진다. 이러한 구조 덕분에 CH2는 내부 온도를 섭씨 21~23도로 유지하면서도, 같은 크기의 건물보다 에너지를 80퍼센트 적게 사용한다.

영국 노팅엄트렌트대학교 소속 공학자인 루퍼트 소어Rupert Soar도 오래전부터 흰개미 언덕과 언덕의 환기 체계에 매료되었다. 흰개미 언덕에서 교훈을 얻은 그는 공기가 잘 통하고 원활하게 흐르는 건물을 만들어야 한다고 말한다. 그리고 건물이 일반적으로 밀폐된 상자 형태로 설계되는 탓에 공기가 잘 흐르지 않으며, 따라서 벽이 얇은 막 membrane 처럼 바뀌어야 한다고 믿는다. '막' 아이디어를 토대로 자연스러운 공기 흐름을 활용하면, 에너지를 절약하고 습도 같은 문제도 해결할 수 있다. 물론, 건물을 설계하고 짓는 방식에는 근본적인 변화가 필요하다. 혹시 향후 몇 년 안에 전통적인 벽돌과 모르타르가 가벼운 통기성 자재로 대체된 건물을 보게 될지 누가 알겠는가? 무더운 사막에서도 평온하게 시원한 온도를 유지하는 흰개미 언덕처럼 말이다.

8장

대구와
결빙 방지 단백질

고백할 게 있다. 나는 일광욕을 조금 좋아한다. 오, 거짓말인 걸 들켰군. 좋다. 솔직히 말해서 나는 일광욕에 완전히 미쳤다! 왜 그런지는 여러분도 잘 알 것이다. 따스한 햇볕이 피부를 어루만질 때면 빛줄기 하나하나가 우리의 몸을 채워 주는 기분이다. 해가 뜨면 온 세상에 기쁨이 넘친다. 주위 사람들이 모두 웃음 짓는 까닭에, 특히 여름에는 삶이 긴 휴가처럼 느껴진다. 하지만 겨울이 다가오면서 낮부터 어둠이 밀려오고 기온이 떨어지기 시작하면, 내 몸 상태는 하향 곡선을 그린다. 눈 덮인 들판과 산의 풍경은 무척 아름답지만, 마을과 도시는 눈 녹은 물에 젖어 질퍽한 잿빛 진흙탕으로 변한다. 나는 어머니 자동차 앞 유리에 꽁꽁 얼어붙은 성에를 긁어내야 하는 이른 겨울 아침이 괴롭게 느껴지곤 했다. 신선한 바닷바람이 불고 평균기온이 섭씨 24도인 쾌적한 지중해 근처 어딘가에서 살고 싶었다. 그래서 나는 이가 딱딱 부딪히도록 떨릴 뿐만 아니라, 몸속의 혈액마저 얼리는 온도에서도 생존하는 식물과 동물을 존경한다. 예컨대 대구Cod 같은 물고기와 눈벼룩Snow Flea 같은 무척추동물은 영하의 기온에서도 얼지 않고 살아남는다. 이 같은 동물의 특성은 이식 장기의 보존 기간과 이송 가능한 범위를 늘리는 기술에 영감을 주며, 장기 이식 분야를 큰 폭으로 발전시킬 것이다.

온도가 극도로 낮은 환경에서 사는 생물은 추위가 아닌 몸 안에 존재하는 물과 관련된 문제에 부딪힌다. 기온이 영하로 떨어지면 식물과 동물의 세포 안에서는 작은 얼음 결정이 형성되기 시작한다. 이러한 문제는 스스로 체온을 조절할 수 없는 동물들, 소위 변온동물에서 더욱 분명하게 드러난다. 얼음 결정은 자라는 동안 주위 세포로부터 물을 끌어당겨 세포 구조를 파괴하며 결국 세포를 죽인다. 혹시 주스나 와인 병을 냉동실에 넣었다가 잊은 적이 있다면, 무슨 일이 생기는지 똑똑히 보았을 것이다. 병 안에 든 음료는 얼면서 팽창해 난장판을 만든다. 베리류 같은 과일도 세포가 얼면 터지기 때문에 해동한 뒤에는 흐물흐물하다.

그럼, 물이 얼면 실제로 어떤 현상이 일어날까? 물은 섭씨 4도에 도달할 때까지 밀도가 상승한다. 그런데 어는점에서 물이 얼음으로 변하면, 새로 형성된 얼음 결정이 물 분자보다 더 많은 공간을 차지하면서 밀도가 낮아진다. 이것이 물 위에 얼음이 뜨는 이유이다. 냉각에 따른 물의 팽창은 겨울철에 수도관이 터지는 것처럼 자재가 갈라지고 파열되는 원인이다. 또한 식물과 동물의 세포도 파괴한다. 물이 얼면서 팽창해 세포를 터뜨리기 때문이다.

일부 살아 있는 유기체는 '결빙 방지 단백질antifreeze protein, AFP'이라는 독특한 분자를 지닌다(이 단백질은 결빙을 반드시 막는 물질은 아니며, '얼음 결합 단백질ice-binding protein'로도 불린다). 결빙 방지 단백질은 극단적으로 추운 환경에서 세포 손상을 막는다. 이 단백질이 용액의 어는점을 낮추어 얼음 결정을 아주 작게 유지하는 덕분에, 결빙 방지 단백질을 지닌 유기체는 앞서 언급한 문제에 적절히 대응할 수 있다. 북극과 남극 바다에 사는 물고기는 결빙 방지 단백질의 능력을 입증하는 환상적인 사례이다. 이들은 혈액에 결빙 방지 단백질이 함유되어 있어서 대략 섭씨 −2도에서도 살아남는다. 결빙 방지 단백질이 몸 안에 존재하는 물의 어는점을 낮춰서, 혈청의 어는점인 섭씨 −0.7도보다 온도가 낮은 차가운 바다에서도 물고기가 살게 한다. 다른 물고기들은 이런 환경에 처하면 대부분 죽을 것이다.

북극과 남극의 물고기는 '흡착 억제adsorption inhibition'라는 메커니즘을 통해 결빙을 막는다. 결빙 방지 단백질은 얼음 결정과 결합하며 결정의 평평한 성장 면에 곡면을 형성한다. 물 분자는 곡면에 쉽게 결합할 수 없으므로, 고체인 얼음으로 얼지 않고 액체로 남는다. 온도를 아무리 낮추어도 물 분자는 곡면에 머물기만 하고, 그 결과 결빙 방지 단백질은 어는점을 낮추게 된다.

극지방 물고기만 영하의 온도에서 초능력을 발휘하는 것은 아니다. 세균, 균류, 갑각류, 미세조류micro-algae, 양서류 등 수많은 생물 또한 추운 환경에서 살아남기 위한 전략을 개발했다. 그러나 여기서는 물고기에만 집중하도록 하자.

남극해에서 발견되며 하위 분류군으로 남극빙어과Crocodile Icefish(혈액이 헤모글로빈을 함유하지 않아 흰색이다)를 포함하는 남극암치아목Notothe-

대서양대구Atlantic cod, *Gadus morhua*

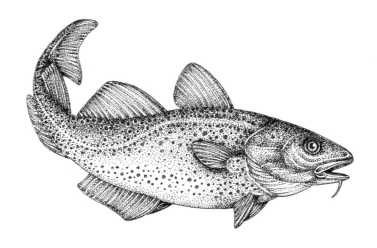

nioidei 물고기, 그리고 북극해에 서식하는 대서양대구Atlantic Cod 및 극지대구Arctic Cod를 살펴보자. 이들은 모두 차갑고 염분이 많은 바다에서 살며, 이처럼 추위와 염도라는 두 악조건이 결합한다는 점에서 남극해와 북극해는 생명체가 살기에 더없이 가혹한 장소이다.

그런데 이곳에서는 기이한 일이 벌어진다. 차가운 바닷물이 영하의 온도에도 얼지 않는다. 이는 바닷물이 담수처럼 섭씨 0도에서 얼지 않기 때문이다. 바닷물에 녹아 있는 소금 때문에 바닷물의 어는점은 섭씨 0도에서 -1.9도로 낮아진다. 이 차가운 바닷물(액체 상태)은 바닷물보다 염도가 낮은 물고기의 체액을 금세 얼릴 것 같지만 실제로는 그렇지 않다. 그럼, 물고기는 이 문제를 어떻게 해결하는 걸까?

일리노이대학교 생리학 교수 아서 드브리스Arthur DeVries는 당 성분이 결합된 단백질, 즉 당단백질glycoprotein이 남극해 물고기의 혈액 속 얼음 결정체와 결합해 얼음 결정의 성장을 막는다고 밝혔다. 이러한 당단백질의 효과가 체내에 기본적으로 존재하는 염분의 효과와 합쳐진 결과, 남극암치아목 물고기는 섭씨 –2.5도로 혈액 온도를 유지하면서도 얼지 않았다.

1960년대에 결빙 방지 단백질이 발견된 이후, 이 물질의 잠재적인 경제성에 관심이 쏟아졌다. 한 가지 흥미로운 발견은 결빙 방지 단백질이 추운 환경에서는 유기체가 얼지 않도록 막고, 따뜻한 환경에서는 얼음이 녹지 않도록 막는다는 점이었다. 이 새로운 발견이 알려진 이후 소비재 기업 유니레버는 '얼음 구조화 단백질ice-structuring protein, ISP'을 일부 아이스크림 제품에 사용하는 중이다. 얼음 구조화 단백질은 남극해 어류에서 발견되는 결빙 방지 단백질과 비슷한 방식으로 작용하지만, 개체 수가 점점 줄어드는 어류가 아닌 제빵용 유전자 변형 효모를 사용해 생산한다.

이 효모는 북서 대서양에서 서식하며, 혈액에 결빙 방지 단백질을 지닌 물고기 오션파우트Ocean Pout의 유전자를 포함한다. 얼음 구조화 단백질을 함유한 아이스크림은 온도가 상승해도 형태를 오랫동안 유지하며 기존 아이스크림보다 훨씬 느리게 녹는다. 이 제품의 수요가 많지 않으리라 생각하는 사람도 있겠지만, 2024년까지 전 세계 아이스크림 생산액은 740억 달러에 이를 것으로 전망된다. 그런데 결빙 방지 단백질의 유용성이 입증된 영역은 아이스크림뿐만이 아니다.

항공사는 추운 날씨에도 항공기에 서리가 내리지 않도록 방지해야 한다. 항공 화물이나 여객기에 서리가 내리면 기계 장치가 손상될 뿐만 아니라 이륙이 지연되어 비용이 발생한다. 이륙이 지연될수록 비용은 늘어난다. 독일의 프라운호퍼 생산공학 및 자동화 연구소는 결빙 방지 단백질을 바탕으로 결빙 방지 코팅을 개발하는 등 얼음 형성을 최소화하는 다양한 전략을 연구하고 있다. 결빙 방지 단백질은 비행기 표면이 얼음으로 뒤덮이지 않도록 보호하며 안정적인 운항을 도울 것이다. 이륙 지연의 감소는 항공사와 승객 모두에게 좋은 소식이다. 다만, 나는 이륙 지연으로 무료 좌석 업그레이드를 받는 것도 괜찮다.

송전선에도 결빙 방지 단백질이 쓰인다. 얼음은 무게를 가하여 송전선을 손상시키거나, 송전선에 절연체로 작용한다. 예상과 달리 송전선은 얼음으로 덮이면 온도가 상승한다. 그 결과 에너지 전달 효율은 훨씬 낮아진다. 따라서 송전선을 결빙 방지 단백질로 코팅하면, 유지 보수 및 수리 비용으로 대략 수백만 달러를 절감하는 동시에 에너지 효율을 개선할 수 있다.

결빙 방지 단백질은 의료 분야에서 가장 활발하게 연구되고 있으며, 이식 수술에 필요한 장기와 조직을 보존하는 데 쓰인다. 전 세계적으로 환자 수천 명이 이식 수술을 기다리는 상황에서, 장기를 더욱 먼 곳으로 이송하거나 오랜 기간 보관하게 된다면 무척 유용할 것이다. 이러한 기술은 과학자가 오늘날 새로운 합성 결빙 방지 단백질을 생산할 수 있기에 실현 가능하며, 모든 것은 작디작은 눈벼룩 덕분이다.

눈벼룩은 벼룩이 아닌 몇몇 절지동물에 붙이는 이름이다. 특히 결빙 방지 분야에서 주목하는 눈벼룩은 눈 위에 뿌린 후추처럼 보이며 검푸른색을 띠는 북아메리카눈벼룩North American Snow Flea이다.

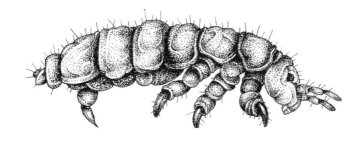

　눈벼룩은 톡토기Springtail로도 불리며 곤충과 밀접하게 관련된 원시 생물군이다. 눈벼룩은 날개가 없고 빛과 어둠만 감지하는 단순한 눈을 지니며, 특이하게도 머리 바깥쪽이 아닌 안쪽에 입이 있다. 그리고 곤충처럼 다리가 여섯 개이며, 걷거나 점프하면서 눈 위를 이동한다. 그런데 벼룩처럼 다리를 써서 점프하는 대신, 용수철처럼 작동하는 기관이자 복부 아래에 접혀 있는 도약기furcula를 뻗어 공중으로 튀어 오른다. 눈벼룩은 도약기를 써서 공중 30센티미터까지 날아오르는데, 몸길이가 3밀리미터도 되지 않는다는 점을 고려하면 무척 인상적이다. 이는 몸길이의 100배에 달하는 높이로, 인간으로 따지면 런던 세인트 폴 성당보다 60미터 더 높이 날아오르는 것과 같다. 눈벼룩은 주로 흙과 나뭇잎 더미에서 살며 부패한 균류, 조류, 세균 및 기타 유기물을 먹는다. 온도가 영하로 떨어지면 아늑한 장소에 숨는 대부분의 다른 곤충들(그리고 우리 어머니처럼 합리적인 인간들)과 다르게, 눈벼룩은 이름이 암시하듯 눈 위에서 점프한다.

캐나다 퀸스대학교의 로리 그레이엄Laurie Graham 교수는 크로스컨트리 스키를 타는 동안 눈벼룩을 처음 발견하고 여러 마리를 잡아 연구실로 가져갔다. 눈벼룩은 글리신이라는 아미노산(단백질을 구성하는 요소)을 풍부하게 함유한 결빙 방지 단백질 덕분에 얼지 않는다. 대구의 몸속에서와 마찬가지로 결빙 방지 단백질은 얼음 결정과 결합하여 결정이 자라는 것을 막으며, 따라서 눈벼룩 세포 속 체액은 얼지 않는다. 과학자들은 결빙 방지 단백질을 분리해 구조를 자세히 연구하고, 이식 수술용 장기를 이송하는 과정에 사용할 새로운 합성 결빙 방지 단백질을 개발했다.

이식용 장기는 아주 차갑게 유지되어야 하지만, 온도가 너무 낮아져 얼거나 손상되어서도 안 된다. 결빙 방지 단백질은 장기를 저온에 보관하는 동안 얼지 않도록 보호하며 장기 적출과 이식 수술 사이의 '유통기한'을 연장할 것이다. 생존을 위한 시간과의 싸움에서 결빙 방지 단백질은 놀라운 변화를 일으키고 사람들의 목숨을 구할 것이다. 또한 결빙 방지 단백질은 고온에서 구조가 깨지므로, 인간의 체온에 노출되면 자연스럽게 분해되며 환자 체내에서 빠르게 제거되는 덕분에 부작용 가능성이 낮다.

결빙 방지 단백질 연구는 아직 걸음마를 뗀 단계이지만, 과학자들은 이 단백질이 응용될 광범위한 잠재 분야를 이미 인식했다. 그러나 결빙 방지 단백질의 혜택을 누리는 수많은 생물종이 어떠한 식으로 기후변화에 영향을 받는지는 모른다. 인류가 지구에 등장하기 전 수백만 년 동안 그랬듯 유기체들이 결빙 방지 단백질을 생성하며 세계의 외딴 지역(이를테면 남극)에서 서식하고 번창해야만, 우리도 합성 결빙 방지 단백질 분야를 발전시킬 수 있다. 즉, 인류가 생물다양성을 탐구해 이익을 얻으려면 지구를 지키기 위해 투쟁해야 한다.

9장

코끼리와
유연한 로봇 팔

얼굴에 길고 굵은 국수 가닥을 붙이고 태어났다고 상상해 보자. 당연
하게도, 여러분은 그 국수 가닥을 어떻게 움직여야 하는지 전혀 알지
못한다. 오히려 국수 가닥이 자기만의 생각을 지닌 것처럼 보일 것이
다! 태어나고 몇 달간은 다소 어색하게 느껴지곤 하겠지만, 국수 가닥
이 없다면 여러분과 여러분의 가족은 틀림없이 불행한 운명을 맞이할
것이다. 국수 마니아가 쓴 회고록의 머리말처럼 들리는가? 아니다.
여러분은 지구를 활보하는 새끼 코끼리의 세계로 들어왔다.

　코끼리가 코를 정밀하게 사용하려면 섬세한 신체 조정 능력이 필
요하다. 코끼리는 육지 포유류 가운데 제일 큰 뇌를 갖도록 진화했으
므로, 성장하는 동안 뇌에서 신체의 다른 부분으로 이어지는 신경 경
로를 개발하고 강화하는 과정에 시간이 필요하다. 갓 태어난 새끼 코
끼리의 코는 삶을 변화시키는 신체 부속 기관이라기보다, 늘어져서
걸리적거리는 방해물로 보이기도 한다. 솔직히 코끼리가 코를 어떻게

사용하는지 배워야 한다는 사실이 좀처럼 믿기지 않았다. 그런데 1977년 대프니 셸드릭Daphne Sheldrick 경이 케냐에 설립한 셸드릭 야생동물 재단을 방문했을 때, 나는 그 사실을 믿을 수밖에 없었다. 재단은 케냐 야생동물보호국, 케냐 산림청, 지역 사회와 협력하여 야생동물이 살아갈 안전한 서식지를 마련한다.

재단이 추진하는 다양한 프로젝트 가운데 하나는 부모를 잃은 새끼 코끼리를 구조하여 재활을 도운 다음 가족 단위의 새로운 무리에 넣는 것이다. 이때 사육사들은 새끼 코끼리를 24시간 돌보고 지키며, 몇몇 사육사는 소중한 새끼 코끼리와 함께 사육장에서 하룻밤을 자기도 한다. 같이 잠을 자는 것뿐만 아니라, 먹이를 주는 것도 코끼리와 유대감을 형성하는 과정에 꼭 필요한 부분이다. 이때는 내가 코끼리에게 가까이 다가가 코끼리 코가 움직이는 모습을 관찰하는 완벽한 기회이기도 했다. 새끼 코끼리 20마리가 대프니 셸드릭 경이 최초로 개발한 코끼리 우유로 채워진 4리터 우유병을 지니고, 황금빛 아침 햇살을 받으며 '코끼리 기차'라는 표현에 꼭 맞게 한 줄로 나란히 서서 사육장을 향해 우렁차게 소리 내던 장면을 평생 잊지 못할 것이다.

나는 무엇보다 코끼리의 몸집을 보고 깜짝 놀랐다. 새끼 코끼리는 나이가 두 살이어도 키가 내 어깨높이만 해서 옆에 서 있기만 해도 상당히 위협적이었으며, 심지어 나와 사육사들 주위에서 자리다툼을 했다. 먹이를 주는 내 손길이 마음에 들지 않았는지 어린 코끼리 한 마리가 코로 천천히 우유병을 감더니 내 손에서 병을 빼앗았다. 어리지만 경험이 많은 코끼리와 아주 어린 새끼 코끼리 사이에는 먹이를 먹는 기술에 뚜렷한 차이가 있었다. 태어난 지 불과 몇 달밖에 되지 않은 고아 코끼리 한 마리는 몸집이 너무 작아서, 기온이 낮아지는 아침과 저녁이면 관리자들이 체온 유지를 위해 등에 담요를 둘러 주었다. 이 코끼리는 다른 코끼리보다 훨씬 느린 속도로 먹이를 먹었고, 코를 사용할 때면 머뭇거리며 때로는 굉장히 어색하게 움직여서 마치 다른 누군가가 코를 조종하는 듯 보였다.

코끼리는 생존에 필요한 기술과 지식을 전부 배우고 성체로 성장하기까지 야생에서 대략 10년이 걸린다. 코끼리 코를 완벽하게 사용하기까지는 적어도 1년이 소요되며, 이는 분명 새끼 코끼리가 익혀야 하는 가장 중요한 기술이다. 일단 사용법을 터득하면, 코끼리 코는 가장 강하고, 노련하며, 생명 유지에 필수적인 도구가 된다. 과학자들이 그 힘과 솜씨를 모방해 유연하고 조종이 쉬운 로봇 팔을 개발하여 로봇공학계에 혁신을 일으키려 하는 것은 그리 놀라운 일이 아니다.

이 특별한 이야기는 팟캐스트 '우리를 영리하게 만드는 30가지 동물들30 Animals That Made Us Smarter'의 청취자 덕분에 접할 수 있었다. 벵갈루루에 사는 일곱 살 청취자 프라나브 사니바라푸Pranav Sanivarapu는 인도에서 우리에게 편지를 보내 코끼리 코가 새로운 로봇 팔에 어떠한 영감을 주었는지 살펴보자고 제안했다. 사니바라푸에게 "편지를 보내 줘서 고맙고, 이번 장은 널 위한 거야!"라고 전하게 되어 기쁘다.

코끼리 코는 정말 놀랍다. 촉감은 부드러우나 구조는 인간 관절과 성분이 같은 물렁뼈가 보강하여 코끼리 코를 더욱 강하고, 단단하고, 튼튼하게 만든다. 코끼리 코의 피부 결은 벨벳과 아주 고운 사포의 중간에 해당한다. 코끼리 코를 가까이에서 살펴보면 마치 진공청소기의 주름진 호스 같다. 코끼리 코의 윗면은 짧고 뻣뻣한 털 수백 가닥으로

아프리카코끼리 African Elephant, *Loxodonta africana*

손가락 역할을 하는 돌출부를
움직여 손처럼 사용한다

○ 가로근 다발이 한데 묶여 있다
○ 코끼리 코끝은 손가락처럼 섬세하게 움직인다
○ 근육을 움직여 코를 늘였다가 줄이거나, 각도를 조절한다
  (코끼리 코는 10만 개가 넘는 근육으로 이루어졌다)

뒤덮었고, 아랫면은 작은 돌기가 코의 길이 방향을 따라 줄지어 돋았
으며, 윗면과 비교해 납작하다. 코끼리 코의 울룩불룩한 주름은 작은
산과 계곡을 연상시키지만, 코를 쭉 뻗으면 주름이 팽팽하게 펴져 아
프리카코끼리 African Elephant 가 거니는 사바나평원과 비슷해진다. 나는 여
기에 경이롭고 시적인 무언가가 내재한다고 생각했다. 코끼리 코 말
단의 돌출부는 손가락 역할을 하면서 주위 환경을 탐색한다. 이 돌출
부는 움직이는 방식이 대기에서 숙주의 온기를 감지하는 거머리를 떠
올리게 하지만, 거머리처럼 소름 끼치게 숙주의 피를 빨지는 않는다!

107

사실 코끼리는 거머리보다 훨씬 귀여우며, 나는 오늘날 지구 위를 걷는 가장 거대한 동물인 코끼리가 진심으로 얼마나 멋진지 알리기 위해 몇 가지 큰 숫자를 제시하려 한다.

코끼리 코는 무려 4만 개의 근육으로 이루어져 있다. 덕분에 나무를 밀어 넘어뜨리고 무게 300킬로그램을 너끈히 들어 올릴 만큼 힘이 세며, 한편으로는 감각도 예민하다. 코끼리 코 끝에는 '손가락'이 있어서(아프리카코끼리는 손가락이 두 개, 아시아코끼리는 한 개이다), 풀잎 한 장 집어 들기처럼 섬세한 동작도 할 수 있다. 코끼리 코에 뚫려 있는 기다란 콧구멍 두 개는 동물계에서 가장 뛰어난 후각 신경중추로 냄새를 전달한다. 코끼리는 후각이 무척 뛰어나서 멀리 떨어져 있는 물(우리가 아는 그 물이다!)의 냄새도 맡을 수 있다.

코끼리 코는 후각이 사냥개 블러드하운드보다 네 배 더 뛰어날 정도로 냄새를 잘 맡을 뿐만 아니라, 진동에도 민감하다. 코끼리는 먼 곳에 코끼리 무리가 있는지, 또는 폭우가 내리고 천둥과 번개가 치는지 탐지할 때 코를 사용한다. 코를 땅바닥에 늘어뜨리거나 공중으로 뻗어 올리는 행동만으로도, 멀리서 전해져 오는 초저주파음을 감지한다. 또한 코끼리의 발에는 파치니 소체Pacinian corpuscle라는 진동 감응 세포가 있으며, 이 세포들이 낮게 웅웅거리는 소리를 감지하도록 돕는다. 다시 코끼리 코로 돌아가자. 코끼리 코는 다량의 물도 저장할 수 있다. 코끼리는 콧구멍을 넓히고 코를 64퍼센트 확장해 한 번에 물을 9리터 넘게 저장하는 공간을 확보하고, 1초당 물을 3리터 빨아들일 수 있다. 이처럼 물을 흡입하려면 코끼리는 시속 531킬로미터로 공기를 들이마셔야 하며, 이 속도는 사람의 재채기보다 30배 빠르다. 이러한 코를 사용해 코끼리는 나무를 조각내고, 음식 더미를 진공청소기처럼 빨아들이며, 식탁에서 토르티야 칩을 부수지 않고 섬세하게 집는다.

일반적인 생각과 다르게, 코끼리는 물을 마실 때 코를 빨대처럼 쓰지 않고 코에 물을 담아 입으로 옮겨 마신다. 코끼리가 열을 식히거나 몸에 붙은 기생충을 퇴치하기 위해 물과 마른 진흙을 등과 귀에 뿌릴 때에도, 코는 유용하게 쓰인다. 깊은 물을 건널 때는 스노클snorkel 역할도 한다. 코끼리 코는 환상적인 다용도 근육질 도구이다.

코끼리 코는 애정을 표현하고 상대를 위로하는 도구로도 쓰인다. 어미 코끼리는 새끼 코끼리의 다리와 배에 코를 감고 웅웅 소리를 내며 달랜다. 코끼리는 심지어 기분을 전환하려고 자신의 몸을 코로 쓰다듬거나 껴안는다고 알려져 있다!

독일의 자동화 전문 기업 훼스토와 대학교, 연구소, 개발사가 설립한 컨소시엄이 추진하는 연구 프로젝트인 '생체공학적 학습 네트워크Bionic Learning Network'에서 공학자들은 강하고, 유연하고, 능숙하게 물체를 움켜쥐고, 섬세하게 움직이는 코끼리 코의 다재다능함에 주목했다. 공학자가 코끼리 코에 관심을 보이는 이유는 무엇일까? 자동차 조립 공장 등 제조 현장에 쓰이는 거대한 로봇 때문이다. 여러분은 그러한 로봇이 놀라운 정확도로 작업을 수행하는 장면을 본 적이 있을 것이다. 로봇은 강력하고, 정밀하며, 움직임이 발레리나처럼 우아하다. 시간을 정확하게 맞추어 정밀한 작업을 수행하는 데에는 분명 탁월하지만, 날카로운 금속 날을 움직이다 사람을 다치게 할 수도 있다. 그래서 로봇은 사람과 거리를 두고 떨어져 있어야 한다. 하지만 이 해결책은 인간이 로봇에 접근해야 할 때도 있다는 점에서 실용성이 떨어진다.

2010년 독일 연구팀은 기존 로봇보다 덜 위험하지만 강하고 유연한 로봇을 개발하기 위해 코끼리 코의 특성을 전부 조사하기 시작했다. 공학자들은 코끼리 코의 유연함을 모방해 로봇 팔을 만들고 싶었기 때문에 강철이나 철 같은 단단한 금속은 사용하지 않기로 했다. 그 대신 폴리아미드polyamide라는 가벼운 플라스틱을 썼다. 로봇 팔을 제조할 때는 당시는 물론 지금까지도 혁명적인 기술인 3D 프린팅을 활용했다. 3D 프린팅이란 컴퓨터를 제어하여 3차원 형태로 재료를 적층하고 굳히는 제작 방식이다. 공학자들은 로봇 팔을 단단한 플라스틱 덩어리로 만드는 대신, 팔의 한쪽 끝에서 다른 쪽 끝까지 여러 빈 공간이 층층이 쌓이도록 설계했다. 연구팀이 밝혔듯, 그러한 형태는 무게를 가볍게 해 로봇이 실수로 사람을 세게 치더라도 그 사람을 다치게 할 확률은 극히 낮다. 이로써 '생체공학적 로봇 팔Bionic Handling Assistant'이 탄생했다.

공학자들은 로봇 팔을 가볍게 만드는 과제를 해결한 다음, 코끼리 코처럼 강하고 유연하게 만드는 방법도 고안해야 했다. 로봇 팔이 딱딱하거나 사람을 다치게 하면 안 된다는 목표 아래, 한 가지 결론이 나왔다. 공기만으로 로봇 팔을 작동해야 한다는 것이다. 일상생활에서 공기는 별다른 특징이 느껴지지 않지만, 공기에 압력을 가하면(다른 말로 공기를 압축하면) 무거운 짐을 들거나 물체를 움직이는 강력한 도구가된다. 연구팀은 일련의 밸브와 제어장치를 만들어 로봇 팔의 밑부분에 안전하게 설치한 다음, 공기를 압축하도록 작동시켰다. 압축된 공기는 밸브를 거쳐 로봇 팔 안쪽의 비어 있는 공간으로 전달되었다.

로봇 팔 속의 빈 공간이 어떻게 생겼는지 궁금하다면, 팔 안에 크

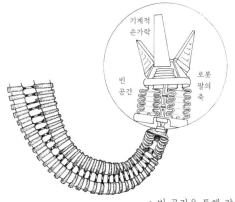

손가락 역할을 하는
돌출부를 움직여
손처럼 사용한다

○ 빈 공간을 통해 각 구획 간의 각도가 조절된다
○ 빈 공간의 팽창과 수축이 로봇 팔을 뻗게 한다

기가 작고 비어 있는 풍선이 수없이 많이 있다고 상상하자. 밸브는 풍선에 다량의 공기를 넣거나 빼면서 로봇 팔을 움직이는 데 쓰인다. 예를 들어 밸브가 로봇 팔 왼쪽에 있는 풍선들을 부풀리면, 풍선이 팽창하듯이 해당 팔 부위가 길게 늘어난다. 그러면 로봇 팔은 늘어난 부위의 반대 방향, 이 경우 오른쪽으로 뻗는다. 이렇게 해서 가볍고, 어느 방향으로든 움직이며, 무거운 짐을 들 수 있을 만큼 강력한 로봇 팔이 탄생했다. 그런데 생체공학적 로봇 팔이 모방한 코끼리 코의 특성은 여기서 끝나지 않는다.

연구팀은 코끼리 코끝에 있는 손가락을 본떠서, 부드러운 로봇 팔의 끝에도 손가락을 설치했다. 로봇 팔 손가락도 내부에 압축 공기를 주입하거나 빼면 움직이는데, 손가락은 쉽게 깨지는 물체도 감쌀 수 있을 만큼 부드러운 물질로 만들어졌다. 그래서 코끼리 코와 마찬가지로 로봇 팔도 달걀처럼 깨지기 쉽거나 풀잎처럼 얇은 물체를 문제 없이 집을 수 있다.

2010년 개발 당시 생체공학적 로봇 팔의 부드럽고 유연한 특성은 대단히 혁신적이었다. 이후 로봇 팔은 다른 수많은 로봇에도 영감을 주었다. 지난 몇 년 동안 소프트로봇공학soft robotics(로봇공학의 하위 분야로 딱딱한 금속이 아닌 유연한 소재로 로봇을 설계, 제조하는 학문 분야-옮긴이)은 비약적으로 발전했고, 현재 수백 가지의 다양한 모델이 개발되고 있다. 소프트로봇이란 이전에는 로봇을 쓸 수 없었던 다양한 상황에서도 사용 가능한 인간 친화적인 로봇을 의미한다. 미래에는 다소 지루하거나 위험하다고 여겨지는 일상적인 일을 인간 대신 수행하는 소프트로봇 팔에 익숙해질 것이다. 소프트로봇이 자동으로 창문을 닦거나 세차한다면 어떨까? 설계팀 소속 공학자는 심지어 로봇 팔을 프로그래밍해서 자녀의 놀이방에 놓인 장난감을 주웠다. 시작은 코끼리 얼굴 한가운데에 매달린 국수 가닥으로 보잘것없었지만, 결말은 아주 근사하다. 코끼리 코는 정말 끝내주는 기관이다!

10장

앨버트로스와
로봇 글라이더

탁 트인 바다에서 생존자의 흔적을 찾기란 거의 불가능하다. 배와 비행기로는 한 번에 비교적 좁은 구역만 수색할 수 있다. 수색 구역은 대부분 긴급 조난 신호가 마지막으로 발신된 좌표로 결정되며, 그러한 좌표가 남아 있지 않으면 먼 지역까지 방대하게 조사하게 되어 수색 효율이 낮아진다. 이때 파도 위를 미끄러지듯 날아다니며 에너지를 절약해 먼 곳까지 수색하는 로봇팀을 보낸다고 상상해 보자. 미래에 가능할지도 모르는 이 기술은 자연이 하늘에서 빚어낸 가장 놀라운 동물에서 영감을 받았다. 바로 나그네앨버트로스Wandering Albatross이다.

하늘의 진정한 지배자가 누구인지 순위를 매긴다면, 강력한 우승 후보는 나그네앨버트로스이다. 나그네앨버트로스는 날개폭이 3.5미터로 가장 넓은 바닷새이며, 이 수치는 소형차 길이와 거의 비슷하다. 게다가 나그네앨버트로스의 날개는 힘을 가능한 한 적게 들이고도 수천 킬로미터를 날 수 있도록 환경에 적응했다.

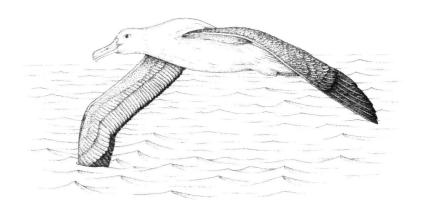

나그네앨버트로스Wandering Albatross, *Diomedea exulans*

　　앨버트로스는 성체가 되면 외딴섬에 둥지를 틀고 수년간 바다에서 생활하기 때문에 사람들 대부분은 실제로 이 새를 보기 어렵지만, 큰 분홍색 부리와 분홍색 발에 덩치가 지나치게 큰 갈매기를 상상한다면 그 새가 바로 앨버트로스이다. 수백 년 동안 앨버트로스는 예술가와 시인, 작가 들의 상상력을 자극했다. 나는 BBC 다큐멘터리 시리즈 '프로즌 플래닛Frozen Planet'을 제작하면서 이 새들과 더욱 친숙해졌지만, 난 생처음 앨버트로스를 알게 된 경로는 유년 시절 즐겨 보았던 만화영화 '코디와 생쥐 구조대The Rescuers Down Under'였다. 만화영화에 등장하는 캐릭터 윌버Wilbur는 주인공들을 태우고 뉴욕에서 호주에 이르는 머나먼 거리를 쉬지 않고 날아가는 능력으로 유명했다. 영화관 스크린 밖에서는, 이 우아한 새들이 항공 로봇 디자이너의 눈길을 사로잡으며, 바람과 물의 힘을 활용하는 새로운 비행 기계를 개발하는 데 아이디어를 주었다.

나그네앨버트로스는 불가사의한 새다. 이 새는 삶 대부분을 육지가 아닌 파도 위를 미끄러지듯 날아다니며 보내다가 오로지 번식할 때만 단단한 땅으로 돌아온다. 나그네앨버트로스의 서식지는 남극해부터 아열대 해역에 이르기까지 광범위하다. 앨버트로스가 먼 거리를 이동한다는 사실은 오래전부터 알려져 있었지만, 얼마나 멀리 이동하는지는 이들에게 꼬리표를 부착한 다음 위성 장치로 추적하고 나서 밝혀졌다. 이와 관련한 놀라운 관측 결과는 1989년에 나왔다. 인도양 남부 아남극subantarctic(남위 60도 북쪽과 남극수렴대 사이에 속하는 바다-옮긴이) 지역의 크로제제도Crozet Islands에서 번식하는 수컷 나그네앨버트로스는 포란 교대incubation shift(알을 감싸서 부화할 때까지 따뜻하게 해 주는 행동을 암컷과 수컷이 교대로 하는 것-옮긴이)를 하고 멀게는 1만 5,000킬로미터까지 날아가 먹이를 잡았으며, 이는 뉴욕부터 남극점까지 비행하는 거리와 같았다(내가 어렸을 적 만화영화에서 보았던 내용과 거의 일치한다). 몇몇 앨버트로스는 1년 동안 남극해를 세 번 일주하며, 이는 지구에서 달까지 거리의 3분의 1이 넘는 12만여 킬로미터에 해당한다.

다른 종의 새가 앨버트로스만큼 이동하려면 막대한 에너지가 필요하며 그만큼 먹이도 많이 먹어야 한다는 점을 고려하면, 앨버트로스의 능력은 한층 더 인상적이다. 그런데 앨버트로스는 날갯짓을 거의 하지 않고 하늘 높이 머물며 공중을 미끄러지듯 비행한다. 이러한 앨버트로스의 능력은 과학자들을 매료시켰다. 상상해 보자. 우리가 앨버트로스와 유사한 방식으로 비행하는 기계를 설계한다면 어떻게 될지.

역사를 되짚어 보면, 이미 17세기에 무역상이자 여행가 겸 작가로 활동한 피터 먼디_{Peter Mundy}가 탁월풍(일정 기간 한 지역에서 특정 방향으로 빈번하게 부는 바람-옮긴이)을 타고 이동하는 앨버트로스의 비행술에 관심을 보였다. 그는 앨버트로스가 날개를 퍼덕이지 않고 수면 위에 바짝 붙어서 쉽게 미끄러지듯 비행하는 방식에 매료되었다. 그래서 비슷한 방식으로 선박을 운항한다면 어떠한 형태의 배가 더욱 유리할지 고민했다. 앨버트로스 날개에서 바람을 강하게 받는 약간 구부러진 밑면, 선박으로 따지면 돛에 형성된 구부러진 면에 답이 있을지도 모른다고 생각했다.

세월이 흐르고, 19세기 초 프랑스 선장 장마리 르 브리_{Jean-Marie Le Bris}는 항해 도중 목격한 앨버트로스의 비행술에 마음을 빼앗겼다. 그래서 앨버트로스를 포획해 보호하며 세심히 관찰했다. 앨버트로스를 비행 모델의 기초로 삼은 그는 경량 글라이더 두 대를 제작해 하늘에 띄우고 알바트로스 아티피시엘_{L'Albatros artificiel}이라 이름 붙였으며, 눈치챘겠지만 이 이름은 '인공 앨버트로스'를 의미하는 프랑스어이다. 이후 20세기 초 미국의 조류학자 로버트 쿠시먼 머피_{Robert Cushman Murphy}도 같은 생각을 떠올렸다. 남대서양에서 강풍을 타고 날아가는 앨버트로스를 목격한 그는 다음과 같은 글을 남겼다. "앨버트로스의 완벽한 균형에 얽힌 비밀이 알려져 비행기에 적용되면, 인간은 하늘을 날 것이다."

앨버트로스 비행술의 비밀은 동적 활공_{dynamic soaring}, 즉 바람 에너지를 활용하여 날개를 퍼덕이지 않고 공중에서 긴 거리를 비행하는 방식에 있다. 앨버트로스는 그러한 비행술을 구사하면서 다음과 같이 적응했다. 첫째, 특수한 힘줄이 날개를 펼친 상태로 고정하기 때문에 날개를 계속 펴고 있어도 에너지가 들지 않는다. 둘째, 바다 위를 지그재그로 나아가는 동적 활공을 통해 남극해에 주로 부는 강풍을 탄다. 앨버트로스는 바람 방향에 직각으로 활공하며 양력(비행체를 위로 떠우는 힘-옮긴이)을 얻어 높이 15미터까지 상승했다가, 방향을 살짝 틀어 바람을 타고 해수면에 가까워질 때까지 손쉽게 하강한다. 그런 다음 다시 하늘 위로 날아오르며 비행 패턴을 반복한다.

매사추세츠공과대학교 기계공학과 대학원생이었던 가브리엘 부스케Gabriel Bousquet와 그의 동료들은 컴퓨터 모델을 기반으로 앨버트로스의 비행 패턴을 분석했다. 그 결과, 앨버트로스는 위아래로 오르내릴 때 부드럽게 지그재그로 움직이는 덕분에 항력(물체가 유체 내에서 움직이는 동안 그 움직임에 저항하는 힘-옮긴이)이 큰 폭으로 낮아져 효율적으로 날 수 있다고 밝혀졌다. 이와 함께 알려진 놀라운 사실은 새의 깃털 색이 고유의 역할을 한다는 점이다. 다른 바닷새와 마찬가지로 앨버트로스는 몸통의 윗면이 검은색이고 아랫면이 흰색이다. 최근 밝혀진 바에 따르면, 검은색 깃털은 태양에너지를 더 많이 흡수한다. 따라서 햇볕을 받아 온도가 올라갈수록 날개의 윗면과 아랫면 사이에 온도 차가 발생하며, 이는 날개 윗면의 공기압을 낮추고 양력을 추가로 발생시킨다.

부스케와 연구팀은 앨버트로스에 착안하여 수면을 스치듯 비행하는 동시에 돛단배처럼 파도를 타는 로봇 글라이더를 연구했다. 부스케는 다음과 같이 밝혔다. "바람이 불 때는 앨버트로스처럼 날다가 바람이 불지 않을 때는 선박처럼 용골keel(선박 바닥을 가로지르는 중심축으로 선체를 떠받친다-옮긴이)을 이용해 항해할 수 있다면, 로봇 글라이더가 여러분을 데려갈 수 있는 지역은 극적으로 넓어질 것이다."

부스케는 하늘과 바다 양쪽에서 운행할 수 있고, 앨버트로스와 돛단배의 에너지 효율 및 고속 주행 성능을 두루 갖춘 운송 수단을 설계할 수 있을지 궁금했다. 연구팀은 하이브리드 운송 수단의 설계도를 그렸다. 이 운송 수단은 날개폭이 3미터인 글라이더를 닮았으며 날개 형태는 앨버트로스의 날개와 비슷했다. 또한 꼬리 날개, 삼각형 방향타, 가느다란 날개 형태의 용골을 갖추었다. 연구팀의 계산에 따르면 로봇 글라이더는 바람이 시속 9.65킬로미터(약 5노트)로 잔잔하게 불기만 하면 시속 37킬로미터(약 20노트)로 물 위를 질주할 수 있으며, 이는 속력 및 효율 측면에서 칭찬할 만한 성과이다.

연구팀은 시제품을 만들고 로봇 글라이더의 놀라운 잠재력을 직감했다. 작고 빠른 로봇 글라이더는 바다를 폭넓게 조사할 수 있으며, 특히 전자 기기에 전력을 공급하려면 비싼 비용을 지불하고 배터리를 충전해야 하는 남극해 같은 지역에서 특히 유용하다. 이처럼 접근성이 낮은 지역에서도 인공 앨버트로스는 이산화탄소 교환량부터 각종 대기 정보에 이르는 데이터를 전부 수집할 수 있다. 수집된 데이터는 기후변화를 이해하고 허리케인과 강력한 폭풍의 경로를 더욱 정밀하게 예측하는 데 도움이 될 것이다.

그렇다고 앨버트로스의 특성이 여객기에까지 반영되리라고 기대해서는 안 된다. 앨버트로스처럼 하늘을 활공하는 비행은 끔찍할 것이다. 부스케는 여덟 시간 동안 줄곧 지그재그 비행 패턴을 반복하는 여객기에 탑승하고 싶지 않을 것이라 지적했다. 그렇지만 상상해 보자. 앨버트로스 글라이더로 구성된 대규모 편대가 하늘과 바다를 넘나들며 상승과 하강을 반복하다가 조용히 과학 정보를 수집해 인류의 시야를 넓혀 주는 모습을 말이다. 이는 바다를 탐구하는 우아하고 환경친화적인 방식이며, 앨버트로스 글라이더는 진짜 앨버트로스의 동료가 될 것이다!

올빼미와 난기류

기존의 드론에는 두 가지 유형이 있다. 첫째는 헬리콥터처럼 회전 날개를 지닌 드론, 둘째는 일반 항공기처럼 고정 날개를 지닌 드론이다. 드론은 비교적 크기가 작기 때문에 첫 번째 유형은 바람에 쉽게 흔들리고, 두 번째 유형은 난기류에 쉽게 뒤집힌다. 이 이야기를 들은 여러분은 아마 몸을 덜덜 떨 것이다. 많은 사람이 비행기에서 불안정하고 불규칙하게 흐르는 난기류를 통과하며 진동을 경험한다. 이는 상당히 무서운 경험이 될 수 있으며, 나 또한 식은땀이 날 만큼 두려운 순간을 여러 번 겪었다. 여객기 안이었지만 문자 그대로 롤러코스터를 탄 기분이었다. 항공기 또는 드론이 작을수록 난기류를 만나면 쉽게 진동한다는 점에서, 영국왕립수의대학 소속 전문가들과 영국 브리스톨대학교 항공우주공학과 소속 공학자들은 드론과 소형 항공기가 난기류나 갑작스러운 돌풍을 만나도 안정하게 비행할 수 있는 해결책을 새에서 찾으려 했다.

연구팀은 웨스트컨트리 지역의 매 훈련사 로이드 벅Lloyd Buck과 로즈 벅Rose Buck 부부가 길들인 매Hawk, 큰까마귀Raven, 황갈색독수리Tawny Eagle, 원숭이올빼미Barn Owl 등을 연구하기로 했다. 여기서 알아야 할 사항이 있다. 연구에 활용된 올빼미는 평범한 원숭이올빼미가 아니었다! 다수의 BBC 자연사 영상에 출연해 돌풍을 일으켰던 원숭이올빼미 릴리

Lily는 연구팀에게 일관된 비행술로 특히 깊은 인상을 남겼다.

연구팀은 이 새들을 연구하기 위하여 길이 14미터 통로를 만들었다. 통로에서 넉넉한 공간을 확보한 새들은 날개를 퍼덕여 알맞은 속력에 도달한 다음 부드럽게 활공했다. 이때 연구팀은 선풍기를 이용해 새가 위쪽으로 밀려 올라갈 만큼 강한 돌풍을 일으켰다. 이와 동시에 1초당 1,000프레임으로 녹화하는 고속 카메라 열 대로 돌풍이 새를 덮치는 순간을 포착했다. 그 덕분에 전문가들은 릴리가 돌풍에 어떻게 반응했는지 정확하게 관찰하고 확인할 수 있었다.

릴리가 통로를 지나가는 동안 연구팀은 깜짝 놀랐다. 릴리의 비행이 분석되기도 전에, 릴리의 머리와 몸통이 강한 상승 돌풍에도 안정되어 있음이 드러났기 때문이다. 연구팀이 촬영 영상을 분석하자 그 이유가 분명해졌다. 돌풍이 릴리의 몸통을 강타한 순간, 릴리의 날개는 곧장 어깨관절을 중심으로 위쪽으로 회전했다. 이 같은 날개 회전은 의식적 행동이 아닌 순간적인 반응에 가까워서, 릴리가 날개를 제어하지 않아도 일어났다. 이는 생물학자가 프리플렉스preflex라고 부르는 기계적 반응으로, 자극에 빠르게 반응하기 위해 신경계를 완전히 우회하고 근육의 탄성을 이용하는 반사 유형이다. 여기서 연구팀은 기발한 아이디어를 떠올렸다.

연구팀은 릴리의 날개에서 일어나는 현상과 공을 완벽히 쳤을 때 일어나는 현상에 유사점이 있는지 조사했다. 여러분이 야구, 테니스, 크리켓 등을 해 본 적이 있거나 혹은 운동선수라면, 내가 무슨 말을 하는지 이해하리라 확신한다. 방망이로 공을 세게 치지 않았는데도, 경이로운 속력으로 공이 튕겨 나가는 신기한 순간이 있다. 바로 이때,

여러분은 마법처럼 쉽게 공을 튕기는 지점을 발견한다. 공학에서는 이 지점을 타격 중심centre of percussion이라고 부른다.

연구팀이 발견한 몇몇 놀라운 증거에 따르면, 상승하는 돌풍은 릴리 날개의 타격 중심을 강타해 프리플렉스 반응을 자극하고 날개를 위쪽으로 회전시켰다. 이러한 방법으로 릴리는 돌풍에 부딪히지 않고 돌풍의 영향을 흡수했다. 이것이 릴리의 머리와 몸통을 안정시키는 비결이며, 모든 반응은 무의식적으로 일어났다. 프리플렉스로 여유 시간 몇 분을 확보한 덕분에, 릴리의 중추신경계는 상황을 감지하고 근육을 적절히 자극하며 비행을 제어할 수 있었다.

공학자들은 릴리의 프리플렉스 반응을 항공기 설계에 반영할 갖가지 방법을 모색하는 중이다. 아마도 미래의 드론과 소형 항공기는 날개와 동체가 접하는 지점에 일종의 경첩이 설치되어 돌풍이나 난기류를 만나면 능숙하게 대응할 것이다. 이를 통해 획기적으로 발전한 드론과 소형 항공기는 강한 바람에도 끄떡없을 것이다. 그리고 언젠가는 대형 항공기에도 경첩이 장착되어 승객을 편안하고 부드럽게 실어 나를 것이다. 이 모든 것은 슈퍼스타 원숭이올빼미 릴리의 안정감 넘치는 비행에서 영감을 얻은 결과이다.

박쥐처럼 날기

지진은 우리가 접하는 가장 후유증이 심각한 자연재해일 것이다. 집은 쓰러져 납작해지고, 아름드리나무는 고속도로 곳곳에 흩어지고, 자동차는 마치 장난감처럼 뒤집힌다. 완전한 혼돈이다. 엎친 데 덮친 격으로 가스관이 새거나 전선에서 누전이 발생하는 등 또 다른 위험이 발생할 수 있다. 이러한 상황이면 여러분은 걸어서 돌아다니고 싶지 않을 것이다. 그런데 공중에서 손쉽고 안전하게 이동할 수 있는 기계가 있다면 어떨까? 그러한 공중 부양 기계는 어떻게 생겼을까?

공중 부양 기계는 좁은 공간이나 모퉁이를 오갈 수 있도록 몸체가 작고 움직임은 유연하며 날렵해야 한다. 그러려면 새와 비슷하거나 새보다도 훨씬 민첩해야 한다. 박쥐는 어떨까? 일리노이대학교 소속 연구팀은 날개가 달린 포유류인 박쥐에 주목했다. 그리고 박쥐에서 아이디어를 얻어 박쥐와 닮은 비행 로봇, 본질적으로는 드론을 설계했다.

지난 몇 년 동안 박쥐는 언론에서 좋은 평가를 받지 못했다. 그래서 우리는 박쥐를 곧잘 마법, 악마, 어둠, 흡혈귀, 심지어 죽음과 연결한다. 하지만 그러한 통념은 사실과 거리가 멀며, 이와 관련해 나의 개인적인 경험을 말하겠다. 내가 박쥐와 실제로 처음 만난 시기는 2014년으로 거슬러 올라간다. 당시 나는 박쥐가 밤에 어떻게 길을 찾는지 조사하고 있었다. 촬영팀은 완전한 어둠에서 몸의 열을 시각화하는 적외선 카메라로 촬영하고 있었다. 카메라를 설치하고 캄캄한 방으로 들어간 나는 칠흑 같은 어둠에 빠졌다. 그러자 이집트과일박쥐Egyptian Fruit Bat 열 마리가 내 머리를 덮치기 시작했다.

이집트과일박쥐는 흔히 '큰박쥐Megabat'로 알려진 박쥐과의 일종이다. 큰박쥐라는 이름과 달리, 이집트과일박쥐는 몸길이가 약 15센티미터로 몸집이 비교적 작지만 날개 길이는 60센티미터에 달한다. 거의 부드러운 과일만을 먹기 때문에 과일박쥐라는 이름이 붙었다. 이들의 서식지는 사하라 지역을 제외한 아프리카 전역과 파키스탄에서

이집트과일박쥐|Egyptian Fruit Bat, *Rousettus aegyptiacus*

인도 북부에 이르는 중동 전역이다.

어느 때보다 앞을 보고 싶지만 앞이 보이지 않는 기분은 내가 느꼈던 가장 기묘한 감정이었다. 박쥐가 내는 소리가 들릴 뿐만 아니라 박쥐가 언제 다가오는지도 느껴졌으며, 퍼덕이는 날갯짓이 뿜는 세찬 바람이 사방에서 밀려왔다. 처음에는 조금 불안했다. 아무것도 보이지 않는 방에 서 있는 동안 한 마리도, 두 마리도 아닌 열 마리의 박쥐가 얼굴을 휙 스쳐 지나가는 일은 매일 일어나지 않는다. 나는 본능적으로 박쥐를 피하려 했으나 시간이 흐를수록 점차 마음이 편안해졌고, 그러한 박쥐의 특성은 박쥐가 번성하기 위해 진화하고 획득한 능력임을 분명히 깨달았다.

박쥐는 반향정위라는 능력을 활용해 어둠 속에서도 길을 찾는다. 이들은 음파를 생성하고 메아리를 들어 주변 환경을 3차원 이미지로 그린다. 곤충을 잡아먹는 '작은박쥐Microbat'는 후두에서 딸깍거리는 고주파 소리를 내고, 이집트과일박쥐를 포함한 다수의 큰박쥐는 혀에서 딸깍 소리를 낸다. 심지어 날개로 소리를 내는 종도 있다. 어둠 속에서 길을 찾는 능력 덕분에, 박쥐는 좁은 촬영지에서 내 주위를 정교하게 움직일 수 있었다. 그리고 나와 단 한 번도 부딪히지 않았다. 과학자들이 오랫동안 고민한 것처럼, 이러한 박쥐의 능력은 시각장애인이나 약시인 사람에게 다시 세상을 볼 수 있는 단초가 될 수 있을까?

박쥐를 제외하고, 주머니하늘다람쥐Gliding Possum나 날다람쥐Flying Squirrel 같은 포유류의 '비행'이란 실제로 공중에서의 '활공'을 의미한다. 그러나 박쥐는 익수목chiroptera에 속하고, 익수목 동물들은 피부막이 앞다리와 손가락, 발가락을 감싸며 물갈퀴 형태의 날개를 형성하도록 진화했다. 이 늘어난 피부막을 이용해 박쥐는 동력 비행을 한다. 먹이를 잡고, 포식자에게서 달아나고, 먼 거리를 이동한다. 그리고 이제 박쥐는 위험한 재난 지역에서 인류를 돕는 비행 로봇을 설계하는 데 도움을 준다.

날아다니는 박쥐를 관찰하면 박쥐의 움직임이 매우 불규칙하며 어색해 보이지만, 실제로 박쥐는 새보다 훨씬 효율적인 비행사이다. 브라운대학교 생명공학과 교수 샤론 스워츠Sharon Swartz는 박쥐가 효율적으로 비행하는 비결로 유연한 피부막과 관절 여러 개로 구성된 날개를 꼽았다. 이러한 두 가지 특성을 지닌 박쥐 날개는 형태 변환이 가능하므로, 새의 날개와 비교해 양력은 많이 얻고, 항력은 적게 받으며, 방향을 쉽게 조절한다. 상대적으로 날개가 뻣뻣해서 움직이는 방향이 제한적인 곤충이나 새와는 다르게, 박쥐는 날개가 서로 다른 관절 20여 개로 이루어졌다. 이러한 관절 구조가 얇고 탄성이 좋은 막으로 덮인 덕분에, 박쥐 날개는 다양한 방식으로 양력을 일으킬 수 있다. 요컨대 박쥐는 비행술이 뛰어나며 특히 비행 중에 날개의 3차원 형태를 능숙하게 조절한다. 스워츠 교수의 주장에 따르면, 곤충은 인간의 어깨에 해당하는 관절을 움직여 날아다니며 그 관절을 통해서만 힘을 가하고 움직임을 조절할 수 있다. 새는 곤충보다 날개에 관절이 더 많아 비행에 도움이 되긴 하지만, 박쥐에 비하면 아무것도 아니다.

박쥐는 여러 면에서 인간과 뼈대가 비슷하며, 같은 포유류라는 점에서 크게 놀랍지는 않다. 진정 놀라운 사실은 인간 손의 모든 관절이 박쥐 날개에서 발견된다는 점이다. 여기에 놀라운 사실이 몇 가지 더 있다. 이 사실을 알면 박쥐 날개의 유연성을 상상하기가 훨씬 수월해진다. 자, 이제 한쪽 손을 옆으로 쭉 뻗고 팔꿈치를 엉덩이에 붙이자. 그리고 손가락을 앞뒤로 천천히 움직여 보자. 손가락을 꼭 쥐었다가 쫙 펴 보자. 그런 다음 다양한 각도와 속력으로 손가락을 움직여 보자. 이러한 여러분의 팔과 손을 박쥐와 날개라고 생각하면, 박쥐가 비행 도중 손을 어떻게 움직이며 섬세하게 조정하는지 상상할 수 있다.

얇고 유연한 날개 막에 관한 연구 결과에 따르면, 박쥐가 앞으로 곧장 날아가며 아래쪽으로 날갯짓을 할 때 날개가 최대로 펼쳐진다. 이때 박쥐 날개가 새 날개보다 강하게 휘거나 뻗는 까닭에 적은 에너지를 들여 더 큰 양력을 발생시킬 수 있다. 스워츠 교수는 독성이 없는 연기와 고속 카메라를 활용하여, 박쥐가 날개를 퍼덕이면 공기가 날개 주위를 어떻게 흐르는지 관찰했다. 박쥐가 아래쪽으로 날갯짓을 하면 공기는 날개 끝부분 가까이에서 소용돌이치고(그로 인해 강한 양력이 발생한다), 위쪽으로 날갯짓을 하면 공기는 완전히 다른 지점에서 소용돌이치는 것처럼 보였다.

조지아공과대학교 로봇공학부 교수 세스 허친슨Seth Hutchinson은 박쥐 날개에서 일어나는 현상을 다음과 같이 설명한다. "박쥐 날개는 얇은 고무 막에 비유할 수 있다. 공기압을 받으면 팽팽해지며 형태가 변형된다. 그런데 아래쪽 날갯짓이 끝나는 순간, 변형되었던 날개가 본래의 형태로 돌아오면서 공기를 밀어낸다. 그 결과, 박쥐는 날개를 구성하는 유연한 막에서 강하게 증폭된 힘을 얻는다."

날개 막은 또한 수많은 근육으로 구성되어 있으며, 박쥐는 그 근육을 써서 날개 피부의 경직도를 변화시켜 비행을 섬세하게 조정한다. 박쥐 날개에는 또한 날개를 구부리고, 움츠리고, 펼칠 뿐만 아니라 몸을 거꾸로 뒤집어 착지할 수 있는 비결이 있다. 이를테면 박쥐는 나뭇가지에 다가가면서 속력을 늦추다가 몸을 거꾸로 뒤집고 착륙한 다음 목표물에 매달린다. 다이빙과 비슷하긴 하지만, 방향이 반대이다.

박쥐는 앞서 언급한 바와 같이 날개를 통제할 수 있어서, 갑작스럽게 돌풍을 맞아도 빠르게 회복할 수 있다. 스워츠 교수는 이를 테스트하기 위해 레이저와 공기 분사기로 정교한 장치를 제작했다. 박쥐가 레이저 빔 사이로 날아가면, 장치는 박쥐를 직접 겨냥해 공기를 분사했다. 연구팀은 박쥐가 강한 돌풍을 만났을 때도 날갯짓 한 번으로 안정을 되찾는다는 사실을 발견했다. 박쥐는 피부가 감각신경으로 뒤덮여서, 날아가는 동안 피부 위의 공기 흐름을 실시간으로 탐지하리라 예상된다.

박쥐의 특성을 전부 드론에 반영하는 일이 여러분에게는 어려운 도전처럼 느껴지겠지만, 일리노이대학교 연구팀과 캘리포니아공과대학교, 일명 칼텍Caltech 연구팀에게는 너무도 매력적이었다. 이들이 개발한 배트봇Bat Bot은 날개가 유연하며, 비행하는 박쥐의 주요 움직임을 모방하도록 관절이 연결되어 있다. 로봇의 비행 영상은 정말 놀랍다. 멀리서 보면 몸집이 크고 색이 하얀 미발견 박쥐종처럼 보인다. 무척 인상적이다.

실제 박쥐처럼 퍼덕이는 배트봇의 날개는 대자연이 설계한 형태를 훨씬 단순하게 변형한 결과이다. 연구팀은 박쥐 날개가 비행하는 동안 관절 40여 개를 사용한다는 문제에 부딪혔다. 로봇이 그처럼 많은 관절을 지니면 너무 무겁고 다루기 힘들어지므로, 로봇의 날개는 탄소섬유로 이루어진 관절 아홉 개로 제작되었다. 그 덕분에 날개는 가볍고 튼튼하며 매우 유연했다.

다음 도전은 날개 막 재료를 선택하는 것이었다. 날개 막은 가볍고, 내구성이 강하고, 유연해서 형태가 쉽게 바뀌어야 했다. 연구팀은 신축성이 있는 초박형 실리콘 막을 선택했다. 로봇 내부에서는 척추뼈에 장착된 작은 모터가 로봇을 조종하고, 관절 각도를 측정하는 센서가 비행할 때 날개 위치를 조정한다. 연구팀이 테스트하는 동안 배트봇은 실제 박쥐가 먹이를 쫓을 때 구사하는 동작인 뱅킹 턴banking turn(안쪽 방향으로 기울어져서 회전하는 형태-옮긴이)과 급강하를 구현했다. 연구팀 소속 정순조 교수는 박쥐에서 착안해 제작한 배트봇이 기존의 비행 로봇보다 에너지 효율이 높고 안정적으로 비행한다고 설명한다. 회전 날개가 네 개인 드론은 바람이 약하더라도 공중에서 정지하기 힘들다.

배트봇은 무너진 광산이나 건물 또는 버려진 원자로처럼 인간이 가기에 위험한 장소를 조사하는 비행 로봇이다. 아직은 시제품 단계이지만, 방향 전환이 쉽고 내구성이 높을 뿐만 아니라 방사선 검출기, 3차원 카메라 체계, 온도와 습도 센서가 탑재되어 광범위한 분야에서 쓰이리라 전망된다. 앞으로 낮에 하늘을 보다가 날아다니는 박쥐 때문에 놀란다면, 다시 확인하도록. 하늘 아래 풍경을 조사하는 배트봇일지 모르니까.

● 11장 ●

딱정벌레와
안개 수집기

물은 지구상 모든 생명체에 꼭 필요하다. 그런데 강수량이 많거나 운 좋게도 강, 호수가 가까워 물을 쉽게 얻을 수 있는 일부 지역을 제외하면, 특히 사막 국가는 물 접근성이 극도로 낮다. 2025년에는 인구 18억 명이 물 기근 국가에서 살게 될 것이라는 국제연합UN의 전망은 충격적이다. 여러분 중 누군가는 '사막 국가에서 살지 않아 다행이다'라고 남몰래 생각하고 있을 것이다. 음, 그렇게 생각한 거 나는 다 안다! 머지않아 세계 인구의 3분의 2가 물이 부족한 환경에서 살게 된다고 예상되는 가운데, 나머지 사람들도 방심할 수 없다. 물 부족은 '그들'의 문제가 아니라 '우리'의 문제이며, 기후변화는 상황을 더욱 극단적으로 만들 뿐이다.

물이 부족한 지역의 주민에게 물을 줄 수 있다면 어떨까? 여기서 잘 알려지지 않은 나미브사막딱정벌레Namibian Beetle에 관한 이야기가 시작된다. 나미브사막딱정벌레는 공기 중에서 물을 추출하는 방법을 가르쳐 줄 뿐 아니라 물 부족이라는 전 세계적으로 절박한 문제를 극복할 해결책을 제시한다. 크기는 블루베리만 하고, 다리가 긴 나미브사막딱정벌레의 학명은 스테노카라 그라킬리페스Stenocara gracilipes로, 아프리카 남서부 나미브사막에 서식하는 토착 곤충인 거저릿과Darkling Beetle의 일종이다. 나미브사막은 강우량이 적으며 예측 불가능한 데다 세계에서 손꼽히는 건조한 생태계 중 하나다.

나미브사막은 차가운 벵겔라 해류와 이른 아침 바람에 떠밀려 오는 바다 안개에서 부족한 비를 보충한다. 바다 안개는 내륙 100킬로미터 안쪽까지 도달하며, 이 안개의 사용법을 잘 아는 생물 덕분에 매우 귀중한 자원으로 입증되었다. 나미브사막은 비가 거의 내리지 않아 사람이 살기 힘든 지역이지만, 나미브사막딱정벌레는 사막 안개에서 직접 물을 추출해 생존하는 전략을 구사한다. 우리의 영웅 나미브사막딱정벌레는 '안개에서 헤엄치는 자'이다.

나미브사막딱정벌레는 자신의 몸을 써서 물을 모은다. 모래 언덕에 올라가 몸을 45도 각도로 기울이고 바람이 불어오는 쪽에 머리를 둔 채 바람을 맞는다. 이를 통해 안개에서 유래한 작은 물방울이 딱정벌레의 단단한 딱지날개, 다른 말로 겉날개elytron에 모인다. 물방울은 지름이 15~20마이크로미터 정도로 작다. 사실 이 물방울은 너무 작아서 인간의 눈에 보이지 않는다. 딱정벌레가 안개를 모으는 비결은 등에 돋아난 독특한 돌기와 마디에 있으며, 이러한 구조는 물을 얻는 과정에 무엇보다 중요하다.

미국 오하이오 애크런대학교 물리학자인 헌터 킹Hunter King은 딱정벌레 등의 표면 구조를 더욱 자세히 관찰하고 싶었다. 풍동wind tunnel(공기

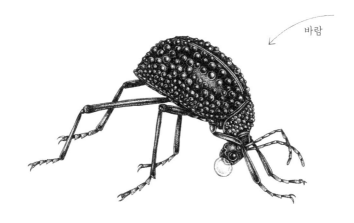

나미브사막딱정벌레Namibian Beetle, *Stenocara gracilipes*

바람

흐름의 영향을 시험할 때 쓰는 터널 모양의 장치-옮긴이)에서 3D 프린팅 기술로 제작한 표면 구조 몇 가지를 테스트한 끝에, 헌터는 어느 표면이 안개를 가장 효율적으로 모으는지 알아냈다. 그리고 구sphere를 가져다가 표면을 딱정벌레 등처럼 울퉁불퉁하게 만들면 '안개 자석'이 된다는 사실을 발견했다. 안개 자석은 표면이 매끄러운 구보다 2.5배 높은 효율로 안개에서 물방울을 모았다. 돌기 몇 개를 더했을 뿐인데 물 수집량이 2.5배 늘었다! 물을 수천에서 수백만 리터 모으는 규모로 확장하면 얼마나 큰 차이가 발생할까?

딱정벌레 겉날개 표면에는 다른 흥미로운 특성도 있었다. 각 돌기의 최상단은 친수성親水性이어서 물 분자를 끌어당긴다. 돌기와 돌기 사이에 자리한 도랑은 밀랍과 같은 소수성疏水性이어서 물을 밀어낸다. 물

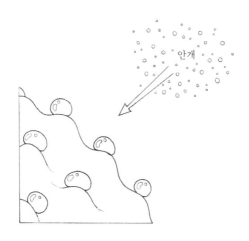

안개

방울은 소수성 표면에서 공처럼 뭉치는 반면 친수성 표면에는 납작하게 달라붙는 경향이 있으며, 딱정벌레 등의 친수성 돌기와 접촉한 물 또한 표면에 달라붙는다. 이는 물방울이 바람에 날리지 않도록 막는다. 돌기 표면에 달라붙은 물방울의 표면에는 다른 물방울이 달라붙는다. 물방울은 직경 5밀리미터만큼 커지면 돌기 표면에서 '분리'되고, 중력의 영향을 받아 딱정벌레의 등 아래로 굴러떨어진다. 도랑 표면을 따라 물방울이 이동해 입으로 전달되면, 딱정벌레는 원하던 물을 마실 수 있다. 이것이 이른 아침 안개에서 물을 모으는 간단한 방법이자, 영리한 딱정벌레가 혹독한 사막에서 살아남는 비결이다.

인류 역시 안정적인 물 공급 방식을 찾아야 한다는 과제를 안고, 상당히 오래전부터 대기에서 물을 모았다. 첫 번째 사례는 약 2,000년 전으로 거슬러 올라간다. 로마의 박물학자이자 철학자인 가이우스 플리니우스 세쿤두스Gaius Plinius Secundus에 따르면, 카나리아제도의 주민들은 나무를 이용해 안개에서 물방울을 얻었으며 특히 물이 뚝뚝 떨어지는 나뭇가지 아래에 돌 더미를 쌓아 두었다. 모로코 사람들도 그물로 안개에서 물방울을 모은 다음 파이프를 통해 원하는 지역으로 옮겼다. 이와 비슷하게, 1992년부터 1997년까지 칠레 춘근고Chungungo 마을의 엘 토포El Tofo 산등성이 근처에는 물방울을 모으는 용도로 거대한 그물 94개가 설치되었다. 춘근고 마을 주민들은 바다 안개 수집에 익숙해지자 하루에 물 1만 5,000리터를 모았으며, 최고 기록은 하루에 물 10만 리터를 얻은 것이다. 이렇게 거두어들인 물은 산에서 7킬로미터 아래로 수송되어 700명이 거주하는 건조지역에 공급되었다. 춘근고 마을의 그물은 환경 분야에서 성공 사례로 꼽혔음에도 더는 운영되지 않고 있지만, 안개 수집의 가능성과 실용성을 부각하는 데 성공했으며 미래의 프로젝트에 끊임없이 영감을 준다.

안개를 모으는 가장 실용적인 도구는 플라스틱 그물 수집기로, 저렴하고 효율적이며 내구성이 뛰어나다. 그럼 플라스틱 그물은 앞으로 어떻게 개선해야 할까? 여기에는 나미브사막딱정벌레를 주의 깊게 관찰하고 얻은 지식이 유용할 것이다. 딱정벌레에서 착안하여 새로운 소재를 디자인하는 것은 어떨까? 새로운 소재가 기존 플라스틱 그물보다 안개나 이슬을 수집하기에 더 효과적일까?

전자현미경으로 살펴보면, 딱정벌레의 미세한 돌기와 도랑은 거대한 산맥과 깊은 계곡으로 보인다. 현미경으로 관찰한 형태를 사출 프린팅 기술(원하는 형태로 틀을 만든 다음 틀 내부를 3D 프린팅으로 채우는 기술-옮긴이)로 제작하면, 그러한 미세구조를 얇은 판에 재현할 수 있다. 옥스퍼드대학교 소속 앤드루 파커Andrew Parker와 보안 및 방산업체 키네틱 소속 크리스 로런스Chris Lawrence가 이 분야를 연구하는 중이다. 이들은 딱정벌레 미세구조를 재현한 소재를 다양한 장치에 적용하고 활용 가능성을 조사한다. 개발한 소재는 건물 지붕에서 물을 받든, 빗물 관으로 물을 모으든, 물을 얻는 기존 방식을 개선하는 데 유용할 것이다.

매사추세츠공과대학교 소속 연구원들은 물을 얻는 딱정벌레의 능력을 모방하기 위해 표면에서 친수성 물질과 소수성 물질이 교차하는 독특한 소재를 고안했다. 이 소재는 물이 부족한 지역에서 안개를 수집할 때 가장 적합하다고 알려져 있다. 기업에서도 물 수집 마술에 눈독을 들이고 있다. 특히 미국의 스타트업 NBD 나노가 이 분야에 큰 관심을 보인다. 이 기업은 환경 조건에 따라 시간당 3리터까지 물을 모을 수 있는 자가 충전 물병에 대한 개념을 제시했다. 딱정벌레에서 아이디어를 얻어 제작되는 이 물병은 표면이 친수성과 소수성 물질로 덮여 있다. 그리고 물병에 설치된 팬fan은 주위 안개가 물병 표면을 따라 흐르도록 유도한다. 안개가 필요한 만큼 모이면, 물은 그 지역에서 바로 사용되거나 훗날 쓰일 수 있도록 저장된다.

도깨비도마뱀

나미브사막딱정벌레는 우리에게 효율적인 물 수집 방법을 가르쳐주는 유일한 생물이 아니다. 호주 오지 건조지역은 생김새가 무시무시한 도마뱀인 가시악마Thorny Devil의 고향이다. 험악한 이름으로 불리는 이 도깨비도마뱀은 개미만 먹고, 다소 느긋하고 부드럽게 움직이며, 포식자를 방어하기 위해 온몸이 비늘로 덮였다. 호주 중부는 환경이 매우 척박한 지역으로, 연간 강수량이 대부분 250밀리미터 미만인

도깨비도마뱀Thorny Devil, *Moloch horridus*

관목지와 사막이다. 그런 혹독한 환경에서 살고 있음에도 도깨비도마
뱀은 물웅덩이가 마르면 어떻게 해서든지 생존에 필요한 물을 구한다.

도깨비도마뱀이 물을 구하는 비결은 피부에 파인 홈에 있다. 위협
적인 가시 사이에는 미세한 홈이 서로 연결된 그물망이 있다. 피부의
홈은 습한 모래에서 물을 흡수한 다음 중력을 거스르고 도깨비도마뱀
의 몸을 가로질러 입으로 물을 보낸다. 올바른 자세로 서 있기만 하
면, 도깨비도마뱀은 탁월한 물 수집기인 피부를 이용해 물을 마실 수
있다. 믿기지 않겠지만, 이 사실은 거의 100년 전에 발견되었다.

1923년 생물학자 패트릭 앨프리드 벅스턴Patrick Alfred Buxton은 저서《사
막의 동물Animal Life in Deserts》에서 도깨비도마뱀이 "비 내린 후 피부로 물
을 흡수하는 능력"을 지녔다고 언급했다. 멋진 능력이지만 곰곰이 따

져 보면 말이 되지 않는 것 같다. 도깨비도마뱀은 투과성 피부를 지닌 사막의 파충류인 걸까? 그럼, 날씨가 더울 때는 투과성 피부가 반대로 작용하면서 도깨비도마뱀을 말라 죽게 할까? 이후 1962년에 웨스턴오스트레일리아대학교 소속 두 과학자가 도깨비도마뱀에게 실제로 무슨 일이 일어나는지 발견했다. 이들은 도깨비도마뱀 한 마리를 얕은 물웅덩이에 넣은 다음 '물에 젖은 영역'이 피부를 따라 입으로 이동하는 과정, 그리고 도깨비도마뱀이 입을 벌리고 닫는 모습을 관찰했다.

물은 도깨비도마뱀 피부에 직접 흡수되지 않고, 모세관현상을 통해 피부를 가로질러 이동했다. 물 분자와 피부에 파인 홈의 표면이 자연적으로 서로를 끌어당기므로, 물은 다른 도움 없이도 홈을 따라 흐른다. 스펀지나 키친타월을 물에 담그면 이 원리를 직접 확인할 수 있다. 물에 잠긴 부분은 예상대로 물에 젖고, 물에 젖은 영역의 가장자리는 모세관현상에 의해 이동하면서 물로부터 멀어진다. 도깨비도마뱀의 몸은 키친타월처럼 작용한다. 도깨비도마뱀의 가시 비늘 사이에 있는 홈 연결망은 얕은 웅덩이의 물을 피부로 끌어당긴다.

1993년 웨스턴오스트레일리아대학교 동물학 교수 필립 위더스Philip Withers는 도깨비도마뱀이 이른 아침 모래 위에 맺히는 이슬을 이용한다고 주장했다. 그리고 독일 아헨라인베스트팔렌공과대학교의 필리프 코만스Philipp Comanns와 공동 연구하여 23년 뒤인 2016년에 도깨비도마뱀이 이슬을 얻는 과정을 자세히 분석한 논문을 발표했다. 도깨비도마뱀은 물웅덩이에 놓이고 나서 10초 이내에 물을 마시기 시작해 한 시간 안에 갈증을 해소했다. 물을 마시는 동안 도깨비도마뱀은 입을 2,500번 벌렸다가 닫았고, 이 행동은 다량의 물을 마시는 데 도움이 되었으며, 그 물의 양은… 1.28그램에 달했다. 별것 아닌 듯 느껴지겠지만 사막에서는 물 한 방울이 귀중하다. 흥미롭게도 습도 22퍼센트인 축축한 모래 위에 놓였을 때 도깨비도마뱀은 피부 홈의 59퍼센트만을 물로 채울 수 있었고, 이는 물이 입까지 전달되기에 충분하지 않은 양이다. 이러한 한계를 극복하기 위해 도깨비도마뱀은 축축한 모래를 퍼서 등 위에 올리는 행동을 하는데, 이 행동은 소나기가 내린 뒤에 특히 눈에 띈다. 이를 통해 도깨비도마뱀은 물 흡수에 쓰이는 피부 표면적을 넓혀 피부 홈의 비율을 늘리고, 비로소 갈증을 해소하게 된다.

코만스는 미국 콜로라도부터 멕시코 북부까지 북미 전역에서 발견되는 또 다른 가시 돋친 파충류 텍사스뿔도마뱀Texan Horned Lizard으로부터 유사한 현상을 연구했다. 코만스는 도마뱀이 모래에서 물을 흡수할 때 모세관현상이 작용하는 것은 피부에 빨대를 부착한 것과 같다고 설명한다. 축축한 모래만 있으면 도마뱀은 탈수증을 피할 수 있다. 연구팀은 피부와 피부의 모세관 특성을 반영해 플라스틱 시트를 설계했으며, 이 장치는 특정 방향으로의 유체 흐름을 늦추거나 다른 방향으로의 흐름을 촉진할 수 있다. 이 기술은 전자 잉크 디스플레이, 음식 및 음료 제조, 의료 기기에 활용될 전망이다. 그러나 더욱 시급한 문제가 여전히 남았다. 미래가 아닌 지금 당장 물이 필요한 사람들 수십억 명을 위해, 대자연과 비슷한 방식으로 물을 모으고 분배할 방법이 있을까? 가시 돋친 악마와 안개 수집가 딱정벌레로 이 골치 아픈 문제를 해결할 수 있을까? 물의 세계에 관한 연구는 계속될 것이다.

12장

상어와
세균 방지 표면

상어와 함께 잠수한 첫 경험을 나는 절대 잊지 못할 것이다. 남아프리카공화국 사이먼스타운 해안 마을에서의 일이다. 목적? 세계에서 가장 크고 강력한 포식성 상어인 백상아리Great White Shark에 최대한 가까이 다가가는 것이다. 백상아리는 길이가 7미터에 달해 몬스터 트럭(픽업 트럭에 거대한 바퀴를 장착한 개조 차량-옮긴이)보다 길지만, 물 밖에서 길이를 인식하기는 어렵다. 그러나 바닷속에 들어가 백상아리에게 다가가면 그 크기를 완벽하게 확인할 수 있을 것이다. 나는 백상아리의 거대한 몸집을 온몸으로 느끼고, 그들이 어떻게 속력과 은밀함을 기반으로 그런 무시무시한 포식자가 되는지 직접 관찰하고 싶었다.

몇몇 상어 애호가는 넓은 바다에서 백상아리와 함께 잠수할 만큼 대담하지만, 나는 그렇지 못하다. 위험을 무릅쓰고 싶지 않았다. 그래서 케이지 안에 안전하게 머무르는 전통적인 접근 방식을 고수해야겠다고 마음먹었다. 그런데 물에 뛰어들기도 전부터 가슴이 요동쳤다.

내 정신이 며칠 전 본 영상에 쏠려 있었기 때문이다. 멕시코 해안 과달루페섬에서 잠수부 무리가 잠수하던 중, 잠수부 한 명이 백상아리가 있는 케이지 안에 갇히게 되었다. 이후 눈앞에서 펼쳐지는 영상은 정말 놀라웠다. 조금 전 상어 유인에 쓰였던 참치 미끼를 향해 백상아리가 돌진했다. 백상아리가 케이지에 충돌하면서, 잠수부와 백상아리를 같은 공간에 가두었던 쇠창살이 느슨해졌다. 긴 시간 쇠창살을 향해 돌진하던 백상아리(이들은 직진밖에 할 수 없음을 기억하라)가 마침내 가벼운 상처만 몇 군데 입은 채 케이지에서 탈출했다. 케이지에 있던 잠수부는 어떻게 되었을까? 놀랍게도 그는 무사했고, 불가사의할 만큼 당황하지 않았다. 이러한 결말에도 불구하고, 여러분은 내가 상어에게 접근하면서 왜 케이지에 들어가기로 했는지 이해할 수 있을 것이다.

나는 모든 점검을 마치고 케이지 안으로 들어갔다. 수면 아래로 내려가자, 얼음처럼 차가운 남대서양 바닷물에 충격을 받아 맥박이 급상승할 위기에 처했다. 내 몸을 완벽히 통제해야만 했다. 마스크로 산소가 공급될 때 숨을 깊이 들이마시면서 잠시 시간을 가졌다. 나는 이제 안락한 공간에서 벗어나, 세상에서 가장 큰 포식성 물고기의 영역에 들어왔다. 바닷물은 시야를 답답하게 가리는 플랑크톤 구름으로 가득했고, 그 상황을 표현하는 가장 적절한 단어는 '최악'이었다! 케이지 너머로 겨우 몇 미터만 보였다. 내가 할 수 있는 일은 케이지 안을 둥둥 떠다니며 푸르고 탁한 물속에서 '심해 스텔스 잠수함'의 징후가 나타나기를 조심스럽게 기다리는 것뿐이었다. 그때 헤드셋에서 목소리가 들려왔다. "지금이야, 패트릭! 준비해, 상어가 오고 있어! 상어 가까이에 있는 기분이 어때?"

나는 침묵으로 답했다. 여전히 아무것도 보이지 않았다. 상어들이 때아닌 장난을 치고 있는 것인지, 문자 그대로 나를 공격하고 있는 것인지 궁금했다. 상어는 안 보이는데, 거대한 무언가가 케이지에 부딪치는 느낌이 들었다. 뒤돌아보니 그곳에 상어가 있었다. 커다란 백상아리가 쇠창살을 밀치며 내가 머무는 케이지를 거칠게 밀어 올렸다. 백상아리의 힘은 상상한 그대로였다. 백상아리가 꼬리를 한 번 흔들 때마다 케이지는 보트 옆면에 잇달아 충돌했다. 하지만 상황에 압도당할 때가 아니었다. 내게는 해야 할 일이 있었다. 마음을 가라앉혔다. 그러자 이 최상위 포식자에 대한 정보가 수중카메라에 쏟아졌다. 이를테면 거대항온성gigantothermy(거대한 몸집 덕에 체온을 유지하는 현상-옮긴이)이 체열 유지에 어떻게 도움이 되는지, 가장 좋아하는 간식인 바다표범을 사냥할 때는 새벽과 해 질 녘 중 언제를 선호하는지 등이다. 나는 흥분의 도가니에 빠졌다. 길고도 짧게 느껴지는 시간이 흘러 백상아리가 천천히 모습을 감추고 케이지의 진동이 약해지자, 나는 안도의 한숨을 내쉬었다.

백상아리는 바다와 주요 강에 서식하는 상어 500여 종 가운데 한 종일 뿐이다. 지구에서 현존하는 가장 큰 물고기로 길이가 12미터에 이르는 고래상어Whale Shark부터 여러분 손바닥 크기를 넘지 않는 심해난쟁이랜턴상어Dwarf Lantern Shark까지 상어는 크기가 상당히 다양하다. 오늘날 관찰되는 다양한 상어는 모두 4억 년 전에 존재했던 공통의 조상으로부터 진화했다. 이는 공룡이 지구를 거닐던 시절보다 훨씬 앞선 이야기이다. 그런데 그 거대한 공룡은 전부 화석으로 남았지만, 상어는 최소 다섯 번에 걸쳐 발생한 주요 대멸종 사건에서 살아남아 전 세계 바다에서 발견된다. 백상아리는 선사시대의 살아 있는 증거이다.

고래상어와 고래상어 다음으로 크기가 큰 돌묵상어Basking Shark 는 온순한 여과 섭식자(물을 여과하여 물속 물질을 걸러 먹는 포식자-옮긴이)이지만, 다른 수많은 거대한 상어들은 먹이사슬 꼭대기에 있는 최상위 포식자이다. 그런데도 상어의 안전은 보장되지 않는다. 일부 상어는 다른 상어를 먹이로 삼기 때문이다. 범고래Orca 는 백상아리를 공격해 잡아먹는다고 알려진 유일한 동물로, 백상아리는 범고래 떼를 발견하기만 하면 범고래의 영역에서 완전히 벗어난다고 한다. 범고래를 제외하면, 백상아리의 사냥 솜씨는 누구에게도 뒤지지 않는다. 어쨌든 백상아리의 몸은 수백만 년간 진화하면서 미세 조정되었으며, 놀랍게도 전자기를 감지하는 여섯 번째 감각까지 획득했다. 이는 대단한 감각이다. 백상아리는 지구자기장을 기준 삼아 자신의 이동 경로를 탐지하기 위해, 그리고 먹잇감의 근육에서 발생하는 미세한 전류를 공격 직전에 감지하기 위해 전자기 감각을 활용한다. 공격의 마지막 순간 상어는 앞이 보이지 않는 상태로 헤엄친다. 백상아리는 안와(두개골에서 움푹 들어간 부분으로 안구 등을 수용한다-옮긴이) 내부로 눈알을 굴려 넣고, 뱀상어Tiger Shark 와 황소상어Bull Shark 는 독특한 막으로 덮는 식으로 눈을 다치지 않도록 보호한다. 상어는 특히 예민한 후각을 지녔다고 알려진 해양 동물군이다. 이 모든 특성과 어뢰 형태의 날렵한 몸이 합쳐져 상어는 뛰어난 사냥꾼이 된다.

상어는 물속에서 힘들이지 않고 미끄러지듯 헤엄치는 것으로 보이며, 몇몇 상어종에게는 번식과 먹이 사냥을 위한 장거리 이동이 그리 문제가 되지 않는다. 내가 남아프리카공화국에서 만났던 백상아리 암컷은 인도양을 가로질러 웨스턴오스트레일리아주까지 갔다가 돌아오는 경로를 추적당했다. 나는 그 광활한 공간에서 길을 찾는다는 것이 어떤 느낌일지 궁금하다. 게다가 일부 상어는 깊고 얕은 수심을 오가며 매일 먼 거리를 이동한다. 이는 수직 이동으로 알려져 있으며, 상어 종에 따라 해수면 아래 수백 미터까지 도달할 수 있다. 예를 들어 청새리상어Blue Shark는 바다 표면 근처에서 밤을 보내다가, 낮이면 수심 400미터 너머까지 잠수하면서 수직 이동하는 물고기나 오징어를 쫓는다. 이로써 상어는 몇 가지 경이롭고 유용한 특성을 지닌 멋진 동물임이 확인되었다! 그런데 우리가 여기저기서 빈번하게 접하긴 하지만, 아직 명확하게 밝혀지지 않은 특성이 하나 더 있다.

잠수용 케이지에서 나는 백상아리의 피부가 티끌 한 점 없이 깨끗하다는 사실을 알아차렸다. 조류, 따개비 등 아무것도 없었다. 비단처럼 매끄러워 보여서 누군가는 손을 갖다 댈 수도 있다. 그러나 말할 필요도 없이, 나는 상어를 쓰다듬지 않았다. 내 손은 케이지 안에만 얌전히 머물렀으나, 혹시 손을 뻗어 백상아리를 만졌다면 정말 짜릿했을 것이다. 백상아리는 머리에서 꼬리 방향으로 만지면 감촉이 매끄럽지만, 그 반대 방향으로 쓰다듬으면 사포처럼 거칠거칠하다. 상어 피부는 '피치皮齒, dermal denticle'라는 미세한 V자 형태 비늘 수백만 개로 이루어졌기 때문이다. 피치는 작고 유연한 삼각형 비늘로 형태가 이빨과 닮았으며, 피치 표면에는 상어의 몸 위로 흐르는 물의 흐름에 맞게 홈이 파여 있다. 이러한 홈은 와류(유체 흐름 일부가 교란받아 본래 흐름과 반대 방향으로 소용돌이치는 현상—옮긴이)가 형성되지 않도록 막는다. 와류는 상어의 움직임에 브레이크를 걸어 속력을 늦춘다. 피치의 홈은 상어 피부 위로 물이 부드럽게 흐르게 한다. 피치의 작용으로 마찰이 줄어드는 덕분에 상어는 효율적으로 헤엄칠 수 있다. 그러므로 상어 피부가 인간 수영선수들 사이에서 큰 성공을 거두었다는 사실은 그리 놀랄 일이 아니다.

자, 이번 이야기는 2000년대로 거슬러 올라가야 한다. 국제적인 수영복 회사 스피도는 2000년에 피치의 효과를 모방한 제품을 선보였다. 인조 피치의 효과가 무척 좋았기 때문에, 8년 후인 2008년 베이징 올림픽에서 상어 피부 기술이 섬세하게 적용된 수영복을 착용한 선수들이 전체 메달 가운데 98퍼센트를 획득했다. 이후 상어 피부 수영복은 올림픽 경기에서 착용이 금지되었다. 해당 수영복 착용에 반대하는 의견이 많았기 때문이다. 돌연 착용을 금지당할 만큼 상어 피부 수영복은 기능이 우수했으며, 피치의 이점은 수영 속력 및 효율 향상이 전부가 아니었다.

상어는 짝짓기나 영역 다툼 도중에 얻은 흉터를 제외하면 일반적으로 피부에 홈 하나 없다. 이에 비해 다른 대형 해양 동물에는 따개비부터 미세조류에 이르는 무임승차자들이 기생하며, 무임승차자에게서 영향을 받는 숙주는 동물뿐만이 아니다. 2002년 미국 해군은 오염 문제로 골머리를 앓고 있었다. 미 해군의 배, 특히 잠수함은 조류로 두껍게 덮여 있었다. 찰싹 달라붙은 오염물을 제거하는 일은 국가 안보 문제였다. 뭔가 조치를 취해야 했다.

플로리다대학교 앤서니 브레넌Anthony Brennan 교수는 재료공학 전문가로, 생물로 인한 오염 문제를 다루는 해군 연구 프로젝트에 참여하고 있었다. 브레넌과 연구팀은 조류 문제를 해결할 방안을 찾아야 했다.

구체적으로 오염 방지용 유독성 페인트에 대한 의존도를 줄이며 물속에서 선박이 조류에 오염되지 않도록 막아, 비용이 많이 드는 드라이 도킹(선박을 건조한 땅으로 옮겨 물에 잠겼던 선체 일부분을 청소하거나 검사하는 작업-옮긴이) 횟수를 줄인다는 상당히 어려운 과제를 맡았다.

첫 번째 단계는 선박 밑바닥에 오염 물질이 부착되기 시작하는 과정을 이해하는 것이었다. 세균은 먹이를 찾다가 자연스럽게 선체 표면에 달라붙으며, 그 과정에서 다양한 물질을 배출한다. 세균이 붙은 영역에는 다른 유기체들도 마찬가지로 접근해 달라붙기 시작하며, 세균이 증식하면 다른 유기체 개체 수도 빠르게 증가하기 시작한다. 여기에 따개비와 조류를 포함한 다른 유기체들도 들러붙어 산다. 이들 또한 먹이 활동을 하면서 개체 수를 늘린다. 이는 작은 어촌이 고도로 발달한 거대 해안 도시로 변화하는 것과 같다. 유기체가 성장할수록 다른 유기체가 부착할 수 있는 공간이 늘어나고, 생물로 오염된 면적이 넓어진다. 이를 방치해 선박이 해양 미생물에 덮이면 운항 효율은 현저히 저하되며, 그러한 미생물을 제거하는 데 드는 비용은 상당히 크다.

앤서니 브레넌은 연구팀과 함께 조류로 덮인 잠수함이 항구로 돌아오는 과정을 관찰하면서 "고래, 육중한 몸으로 느릿느릿 항구에 진입하다"라는 기록을 남겼다. 이를 계기로 그는 실제 해양 동물은 어떠할지 생각했다. 바다에서 느릿느릿 헤엄치지만 피부에 미생물이 쌓이지 않는 해양 동물이 있을까? 대답은 '그렇다'이며, 아마 여러분도 지금쯤 그 동물을 떠올렸을 것이다. 상어! 브레넌은 무엇이 상어 피부 표면에서 미생물 성장이 일어나지 않도록 막는지 알고 싶었다. 전자

현미경으로 관찰하고 분석한 끝에, 피치가 또렷한 형태를 그리며 피부에 배열되어 있고 그 배열 형태가 마름모 패턴임을 알아냈다. 또한 피치가 줄지어 늘어서서 볼록 솟은 이랑 수백만 개를 형성한다는 것을 밝혔다. 이전에는 본 적 없는 구조였다. 브레넌은 상어가 지닌 독특한 피치가 세균과 조류 성장을 억제하는 열쇠라고 확신했다. 이로써 그는 오염 해결 방안을 찾았다.

피치는 미생물이 피부에 정착하지 않도록 막는다. 여기서 세균은 피치와 같은 표면에 들러붙기 어렵다는 사실이 드러난다. 피치 표면

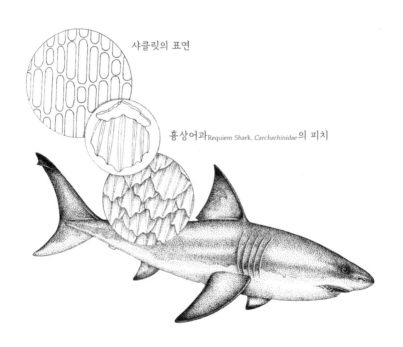

백상아리|Great White Shark, *Carcharodon carcharias*

샤클릿의 표면

흉상어과|Requiem Shark, *Carcharhinidae*의 피치

에서는 여러 개의 이랑 위에 걸쳐 있거나, 이랑 사이의 틈을 파고들어야 한다. 울퉁불퉁한 표면은 평평한 표면보다 세균의 접촉 면적이 좁으며 세균의 세포막을 긴장하게 만든다. 울퉁불퉁한 표면에 달라붙기위한 에너지 요구량이 너무 크면, 세균은 다른 장소에 정착한다. 브레넌은 이랑의 너비 대 높이 비율을 측정하여 미생물 정착을 막는 정확한 수치를 알아내고, 그 수치를 토대로 합성 재료의 표면을 설계했다. 그리고 개발한 제품에 '샤클릿Sharklet'이라는 이름을 붙였다. 이 새로운 상어 기술로 무장한 브레넌과 그가 설립한 기업은 선박을 비롯한 다양한 물체에 세균이 달라붙지 않도록 방지하는 제품을 개발할 계획이다.

세균 방지 표면이 응용된 제품은 세균 관리가 관건인 병원에서 열렬히 환영받을 것이다. 이전부터 과학자들은 세균 없는 표면을 어떻게 유지할 수 있는지 연구해 왔으며, 한 가지 방안은 세균 확산을 막는 물질을 사용하는 것이다. 이를테면 구리 합금은 세균 세포에 독성이 있다. 이러한 물질은 세포의 생명 활동을 방해하므로 직접 닿으면 세포가 죽게 된다. 상어 피부를 본떠서 만든 개발품은 조금 다르게 작용하는데, 세균을 죽이는 대신 세균의 부착을 막는다. 이러한 제품은 문손잡이, 벽, 전등 스위치, 탁자 등 여러 사람이 빈번하게 접촉하는 표면에 상당히 유용할 것이다. 이들 표면은 온종일 수많은 사람이 만지는 일상적인 접촉점으로, 세균에게 환영받지만 인간에게는 이롭지 않다. 이러한 표면을 세균에 강한 재료로 만들면 메티실린내성황색포도알균MRSA과 같은 치명적인 슈퍼박테리아의 확산과 그에 따른 감염을 낮출 것이다.

이야기가 시작된 바다로 돌아가면, 상어 피부 기술은 선박과 수중 연구선, 심해 로봇의 선체에 쓰일 수 있다. 이를 통해 선체 표면은 게으른 무임승차자 따개비로부터 마침내 벗어날 것이다. 우리는 이따금 상어를 살인마로 여기지만, 머지않은 미래에 상어 피부 기술은 병원에서 수백만 명의 생명을 구할 열쇠가 되리라.

13장

폭탄먼지벌레와
고효율 내연기관

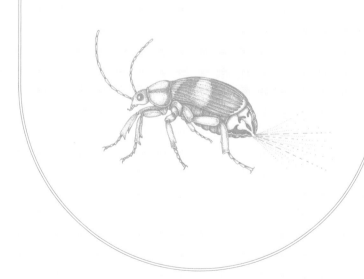

영국의 위대한 박물학자 찰스 다윈은 진화 연구의 창시자로 널리 인정받는다. 다윈은 다양한 분야, 이를테면 생명의 기원과 동물의 행동에 관심이 있었고 동물의 고기 맛에도 호기심이 많았다. 케임브리지 대학교에 다니던 시절, 그는 탐식 클럽Glutton Club이라는 소모임의 회원이었다. 이 소모임에는 특정 학생들의 마음을 사로잡는 뚜렷한 목적이 있었는데, 매주 모여서 '생소한 동물의 고기'를 즐기는 것이었다. 회원들은 매(먹을 만함)부터 갈색 올빼미(역해서 삼키기조차 힘듦)에 이르는 온갖 동물을 먹어 보았다. 이 이야기가 다소 충격적으로 느껴진다면, 그것은 혼자만의 감정이 아니다. 이러한 일화는 널리 알려진 다윈의 업적과 거리가 멀기 때문이다. 아무튼, 다윈은 성인이 되고 나서 비글호를 타고 항해할 때까지 색다른 동물을 맛보는 기행을 멈추지 않았다. 실제로 오늘날 수많은 자연 애호가를 깜짝 놀라게 할 이색적인 동물들, 예를 들자면 아르마딜로와 퓨마부터 버터의 풍미가 느껴진다고들 하는 코끼리거북까지 먹어 보았다. 최근 들어서 갈라파고스에 서식하는 코끼리거북 가운데 적게 잡아 세 가지 종이 멸종 위기에 처하며 보호 대상으로 지정되었으므로, 코끼리거북을 먹었다가는 좋은 평판을 얻지 못할 것이다.

다윈은 또한 열정 넘치는 딱정벌레 수집가로, 의심의 여지 없이 당대에 딱정벌레를 맛본 인물이었다. 그러한 기행의 대가를 마침내 톡톡히 치른 그는 경험담을 편지에 담아 가까운 친구에게 보냈다. 편지에는 다윈이 들판에서 폭탄먼지벌레Bombardier Beetle를 한 마리 더 채집하기 위해 손을 뻗으면서 다른 한 마리를 입에 물었던 상황이 묘사되어 있다. 그 가엾은 곤충의 다음 행동을 그가 예상이나 했겠는가? 다윈이 확실히 내다보지 못한 미래는 폭탄먼지벌레가 그의 입 안 깊숙이 '산성 물질'을 내뿜은 일이었다. "작고 인정머리 없는 망나니"였다고 다윈은 설명했다. 이 이야기를 들은 뒤, 나는 음식을 한입 넣었다가 맛이 없어 뱉어 내는 친구의 얼굴을 보면 앞으로 '다윈 표정!'이라고 부르기로 했다. 명망 높은 박물학자 찰스 다윈은 그러한 사건을 겪고 수년이 흘러서도 그 지독한 구강 청결제가 훗날 현대적인 연료 분사 기술 및 연료 체계에 상당히 유용하게 쓰이리라고는 조금도 예측하지 못했다.

폭탄 장비를 다루는 군인에서 명칭이 유래한 폭탄먼지벌레(앞서 등장한 영문명을 직역하면 폭격수 딱정벌레이다 -옮긴이)는 적들의 공격을 막기 위해 매캐한 증기를 뿜어 대는 이동식 초소형 생체 대포이다. 이들이 증기를 뿜으면 개미나 거미, 심지어 새도 몸을 피한다. 그런데 폭탄먼지벌레의 작은 몸은 어떻게 증기를 분사할 수 있으며, 어째서 증기를 뿜으면서도 자신은 새카맣게 타 버려 재가 되지 않는 걸까?

과학자들은 폭탄먼지벌레 몸속에서 일어나는 반응의 정확한 조건을 연구하여, 이 곤충이 엉덩이를 홀랑 태우지 않고도 폭발성 증기를 생산할 수 있도록 도와주는 장치가 무엇인지 밝히려 했다.

폭탄먼지벌레는 전 세계에 500여 종이 서식한다. 유럽에서는 희소한 곤충이지만 아프리카와 아시아, 북아메리카의 온난 지역에서는 흔히 발견된다. 서식지는 숲, 초원, 사막 등 다양하다. 유충과 성충 모두 육식성으로 보통 밤에 다른 곤충을 사냥한다. 폭탄먼지벌레는 부패한 식물이나 죽은 동물의 잔해에 알을 낳고, 알에서 부화한 유충은 여러 탈피 단계를 거쳐 마침내 성충이 된다. 일부 유충은 다른 딱정벌레 유충의 몸에서 기생하기도 한다.

폭탄먼지벌레에게서 발견되는 가장 놀라운 점은 그들이 갖춘 화학적 방어 수단이다. 수많은 딱정벌레종이 자기방어를 위해 독한 화학물질을 활용하지만, 폭탄먼지벌레는 그러한 화학 전쟁의 수준을 한 차원 끌어올린다. 폭탄먼지벌레 중에서 일부는 분비 물질을 물줄기, 안개, 거품 형태로 연속 분사하고, 다른 일부는 고속으로 맥동 분사pulsed jet(짧게 끊어서 일정한 속도로 분사하는 방식–옮긴이)하며, 그 온도가 물의 끓는점인 섭씨 100도에 육박할 정도로 높아서 뜨거운 증기 형태로 분무된다. 그렇다면 이 모든 현상은 어떻게 일어나는 것일까?

폭탄먼지벌레의 엉덩이 내부, 즉 복부 말단 근처에는 방어 물질을 분비하는 분비샘이 두 개 있으며 각 분비샘은 두 개의 방이 연결된 구조이다. 몸의 중심부에는 분비 물질이 저장되는 저장실, 말단부에는 물질의 반응이 일어나는 반응실이 있다. 이러한 분비샘의 구조에 초점을 맞춘 몇몇 흥미로운 연구가 있다. 미국 브룩헤이븐 국립연구소와 매사추세츠공과대학교, 애리조나대학교 연구팀은 고속 엑스선 촬영 기술을 활용해 폭탄먼지벌레 몸속에서 어떠한 일이 일어나는지 관찰했다.

연구팀은 반응성 화학물질, 구체적으로 과산화수소와 하이드로퀴논이 담긴 몸 중심부의 저장실이 입구 밸브를 기준으로 몸 말단부의 반응실과 분리되어 있음을 밝혔다. 폭탄먼지벌레가 위험을 감지하면 저장실의 벽을 구성하는 근육에서 반응성 화학물질이 생산되고, 이때 폭탄먼지벌레가 입구 밸브를 열면 화학물질은 촉매 역할을 하는 효소가 담긴 반응실로 유입된다. 효소가 과산화수소와 하이드로퀴논과 섞여서 격렬하고 폭발적인 반응을 촉진하면 산소와 수증기와 자극성 물질인 퀴논, 그리고 예상할 수 있듯 다량의 열이 발생한다. 뜨거운 김이 폭폭 올라오는 유독성 혼합물이 출구 밸브를 거쳐 몸 밖으로 스프레이처럼 뿜어져 나오고, 폭탄먼지벌레는 그 혼합물을 적에게 조준한다. 유독성 증기는 엉덩이로부터 최대 20센티미터까지 뿜어져 나오며, 몸길이가 2센티미터도 채 되지 않는 폭탄먼지벌레치고 꽤 괜찮은 능력이다.

아직 의문 하나가 남았다. 그렇다면 폭탄먼지벌레는 유독성 증기를 뿜어 대는 도중에 왜 산 채로 구워지지 않는 것일까? 이는 폭탄먼지벌레가 그러한 위험을 피하는 방법을 개발한 덕분이다. 반응실에는 목숨과 다름없는 '방폭벽'이 줄지어 배열되어 있고, 이 방폭벽이 증기가 몸 안으로 새어 들어가 폭탄먼지벌레를 태워 버리는 대신에 적합한 출구를 거쳐 몸 밖으로 수월하게 배출되도록 돕는다.

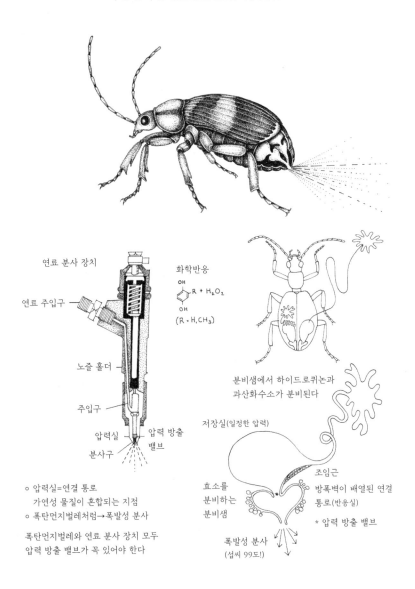

연료 분사 장치

화학반응

연료 주입구

$$\underset{OH}{\overset{OH}{\bigcirc}} R + H_2O_2$$

$(R \cdot H, CH_3)$

노즐 홀더

주입구

압력실   압력 방출
분사구   밸브

분비샘에서 하이드로퀴논과
과산화수소가 분비된다

저장실(일정한 압력)

○ 압력실=연결 통로
  가연성 물질이 혼합되는 지점
○ 폭탄먼지벌레처럼→폭발성 분사

폭탄먼지벌레와 연료 분사 장치 모두
압력 방출 밸브가 꼭 있어야 한다

효소를
분비하는
분비샘

조임근
방폭벽이 배열된 연결
통로(반응실)

* 압력 방출 밸브

폭발성 분사
(섭씨 99도!)

미국 아곤 국립연구소에서 촬영한 엑스선 사진에 따르면, 저장실과 반응실을 분리하는 입구 밸브의 개폐는 수동으로 작동한다. 폭발 반응이 일어나 압력이 상승하여 방폭벽이 확장되면 입구 밸브가 닫히고 출구 밸브가 열린다. 이로써 유독성 혼합물이 배출되어 압력이 감소하면, 방폭벽은 이완되면서 본래 위치로 돌아온다. 출구 밸브가 닫히고 입구 밸브가 또 열리면, 압력은 다시 상승하게 된다. 화학반응이 일어나면서 액체 물질이 끓는점까지 가열되기 때문이다. 그러면 압력이 재상승하고, 출구 밸브는 다시 열린다. 이러한 체내 구조 덕에 폭발 반응은 초당 400~500회라는 믿기 어려운 속도로 잇달아 발생할 수 있다. 경이로울 만큼 빠른 속도다.

폭탄먼지벌레가 맥동 분사하는 뜨거운 증기는 같은 부식성 화학물질을 쓰는 다른 곤충의 증기보다 온도가 높을 뿐만 아니라, 화상을 입힐 정도로 뜨겁다. 열역학적 관점에서, 증기가 고온이라는 점이 특히 주목할 만하다. 질량이 같다면 수증기는 물보다 부피가 1,600배 크며, 그런 까닭에 이 물은 폭발적 팽창을 앞둔 상태로 간주될 수 있다. 고온의 기체는 제트기가 얻는 어마어마한 추진력의 근원이기도 하다. 폭탄먼지벌레의 입장에서 뜨겁고 빠르게 분사되는 물질은 포식자에 맞서는 효과적인 무기이다.

과학자들이 폭탄먼지벌레에 이토록 관심을 보이는 이유는 한마디로 말해 폭탄먼지벌레가 자동차의 내연기관과 같기 때문이다. 보편적인 내연기관에서는 작동하는 동안 연료가 미립화되어야 한다. 미립화란 액체를 미세한 안개 입자로 만드는 과정이다. 미립화된 연료는 신속하게 실린더로 곧장 분사되어야 한다. 여기서 연료 안개 입자는 크기가 균일하며 고르게 분포되는 것이 중요하다. 그래야만 연료의 효율적인 연소가 보장되기 때문이다. 연료를 미립화하려면 일반적으로 높은 압력이 필요하므로, 폭탄먼지벌레에서 힌트를 얻는다면 아주 낮은 압력에서 연료를 미세한 입자로 생성할 수 있지 않을까? 이것이 가능하다면, 발전소에서 화석 연료를 적게 태우고도 이전과 같은 에너지 생산량에 도달할 수 있으며, 자동차에 주유하는 기름도 절약할 수 있을 것이다.

폭탄먼지벌레가 구사하는 방식은 '맥동 연소pulse combustion(연료가 주기적인 압력 변동을 받으면서 연소하는 현상-옮긴이)'라고 부른다. 폭탄먼지벌레 내부에서 일어나는 현상이 규명되기도 전에, 공학자들은 이미 다양한 맥동 연소 기관을 개발했었다. 예컨대 '개미귀신'이라는 별칭으로 알려진 악명 높은 V-1 비행 폭탄에는 일종의 맥동 연소 기관이 쓰였다. 과학자들이 폭탄먼지벌레의 독특한 분사 방식을 정확히 모방하게 된다면, 액체 입자의 크기를 완벽하게 조절할 수 있는 분무기가 탄생할 것이다. 그런데 폭탄먼지벌레가 구사하는 수동 방식과 다르게, 영국 리즈대학교의 앤디 매킨토시Andy McIntosh가 이끄는 연구팀은 생명과학기업 스웨디시바이오미메틱스3000과 공동 연구해 액티브 시스템을 제시했다.

기존 연료 분사 기술은 매우 높은 압력 조건에서 연료를 체sieve에 통과시켜 분사하며, 그처럼 높은 압력을 조성하다 보면 많은 에너지를 소모하게 된다. 반면 폭탄먼지벌레를 토대로 고안한 기술은 기존보다 훨씬 낮은 압력에서 연료를 미립화할 수 있으므로 소모되는 에너지가 적다.

자동차 내연기관은 또한 대기에 내뿜는 배기가스로 환경을 오염시킨다. 폭탄먼지벌레를 응용한 연료 분사 장치는 기존 장치보다 연료 입자를 더 작게 생성한다. 연료의 입자가 작아져 표면적이 증가할수록, 내연기관의 연소 효율과 성능은 향상되고 연료 소비량과 온실가스 배출량은 감소한다. 향후 10년 이내에 많은 나라가 내연기관 자동차를 전기 자동차로 전환하겠지만, 폭탄먼지벌레 덕분에 내연기관이 개선될 가능성은 여전히 크다.

관련 연구를 지속적으로 진행해 온 리즈대학교 연구팀은 현재 폭탄먼지벌레에 착안하여 최대 30미터라는 먼 거리까지 화재 지연제를 내뿜는 소화기를 개발하는 중이다. 이러한 소화기는 화재 진압을 위해 현장에 가까이 다가갈 필요가 없다는 점에서 소방관은 물론 다른 이들에게 큰 도움이 된다. 갈수록 빈번하게 발생하는 산불과 싸우려면, 원거리에서 사용 가능한 화재 진압용 소화기가 반드시 필요할 것이다.

우리의 입맛은 확실히 다윈의 독특한 음식 취향과 거리가 멀지만, 그의 일화는 좋지 않은 맛도 과학계에서는 좋은 소식이 될 수 있음을 알려 준다. 아, 그리고 경고 하나 하겠다. 혹시 폭탄먼지벌레와 우연히 마주친다 해도 본인의 안전을 위해 다윈처럼 행동하지 말자.

14장

혹등고래와
최첨단 풍력발전기

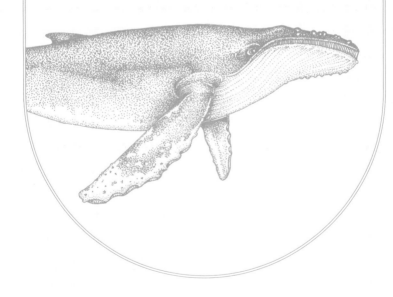

혹등고래Humpback Whale와 처음 만난 순간은 평생 잊지 못할 소중한 기억으로 남아 있다. 2017년 호주 서부 해안에서 출발한 나는 그토록 많은 고래를 한 지역에서 본 것이 처음이었다. 내가 탄 배의 곁을 줄지어 지나가던 고래들이 호흡을 위해 잠시 수면으로 올라와 분수공으로 바닷물 안개를 내뿜으며 우리를 맞이했다. 가장 놀라운 장면은 고래가 깊이 잠수하는 모습이었다. 수면으로 올라왔던 고래가 등을 동그랗게 구부리고 파도 속으로 내려가면, 고래의 두 갈래로 갈라진 커다란 꼬리는 하늘을 향해 솟았다가 천천히 가라앉아 시야에서 사라졌다. 궁금증을 일으키는 이름 '혹등humpback'은 이 고래가 등을 동그랗게 구부리는 동안 등지느러미 앞의 혹이 도드라지는 것에서 유래한다.

우리가 머무른 장소는 생명체로 가득 찬 생태계인 닝갈루 리프로, 이 이름은 '심해'를 의미하는 호주 원주민 언어에서 나왔다. 나는 닝갈루 해안이 그레이트 베리어 리프(호주 북동부에 있는 세계 최대 산호초 지대-옮긴이) 못지않게 생물다양성이 풍부한 지역이라는 점에서, 그레이트 베리어 리프의 동생이라 생각하고 싶다. 닝갈루 해안은 남극해에서 따뜻한 동남아시아 해역까지 오가는 혹등고래의 바닷길로, 이동 도중 고래들은 고속도로를 달리는 트럭처럼 연료를 가득 채우고는 좀처럼 멈추지 않는다.

배의 뒤편에서 잠수 장비를 세척하는 동안, 수증기를 머금은 공기가 분수공에서 뿜어져 나오는 소리가 들렸다. 선원들이 말을 잃고 모든 승객이 한쪽으로 시선을 돌린 순간, 혹등고래 세 마리가 해수면에 누워 사람들을 맞이했다. 우리는 순식간에 현실로 돌아왔다. 모두 신속하게 움직이기 시작했다. 혼돈과 흥분이 주변을 가득 채우고, 아드레날린이 혈관으로 뿜어져 나왔다. 선장마저 깜짝 놀란 것처럼 보였으며, 그때 나는 우리가 무척 특별한 장면을 목격하고 있음을 깨달았다.

선원들은 해수면에 떠다니는 고래를 가까이서 본 적이 없었다. 고래가 수면 위에 드러눕는 행동은 그 모습이 물에 떠 있는 거대한 통나무처럼 보이는 까닭에 '로깅logging ('log'는 통나무를 의미한다-옮긴이)'이라고 불린다. 고래가 로깅을 하는 이유는 완벽히 밝혀지지 않았으나, 이동하는 도중 잠시 멈추고 휴식을 취한다고 생각하면 이치에 맞는다. 즉, 다시 바닷길에 들어서고 장거리 여행을 시작하기 전에 잠시 낮잠을 자고 재충전하는 것이다.

혹등고래 세 마리는 약 10분 동안 우리와 함께 머물렀으며, 이는 잠수복에 몸을 구겨 넣고 물속으로 뛰어들기에 넉넉한 시간이었다. 나는 혹등고래 몸 양쪽에 돋은 가슴지느러미를 보고 깜짝 놀랐다. 가슴지느러미는 몸 전체 길이의 대략 3분의 1에 해당할 만큼 길고, 가장자리가 울퉁불퉁했다. 내 눈에는 그 울퉁불퉁한 가장자리가 물에서 빠르게 움직이는 데 방해가 될 것 같아 보였다. 여러분 또한 유선형으로 가장자리가 매끄러운 지느러미가 낫다고 생각하겠지만, 울퉁불퉁한 지느러미는 제 역할을 잘 해낸다. 실제로 우리는 최첨단 풍력발전기를 설계하며 혹등고래로부터 몇 가지 아이디어를 얻을 것이다. 혹등고래는 에너지 수요가 증가하고 환경친화적인 재생에너지가 절실해지는 상황에서 인류를 돕는다.

혹등고래는 몸집이 거대하긴 하지만 지구에서 가장 큰 고래는 아니다. 가장 큰 고래는 최대 길이 30미터로 역사상 가장 거대한 동물인 대왕고래Blue Whale이다. 그런데도 혹등고래는 위축되지 않고 쑥쑥 자라서 시내버스 길이(약 12미터-옮긴이)에 쉽게 도달하며, 일부 개체는 길이 16미터에 무게 36톤까지 성장한다. 그런데 이런 육중한 몸집으로 날렵하게 방향 전환을 하거나 급할 때 시속 24킬로미터로 속력을 내는 등 혹등고래는 물속에서 참으로 우아하게 헤엄친다. 크기는 버스만 하지만 몸놀림은 발레리나 같다.

이번 이야기는 펜실베이니아 웨스트체스터대학교 소속 프랭크 피시Frank Fish 교수가 선물을 사려고 외출했다가 혹등고래 조각상을 발견한 일에서 출발한다. 피시는 혹등고래 지느러미에서 울퉁불퉁하게 조각된 위치가 잘못되었다고 지적했다. 상점 관리인은 피시의 지적이 틀렸다고 단번에 답했다. 관리인은 그 조각가가 실수를 하지 않는 사람이라는 걸 잘 알았다. 피시는 당황했다. 조각가가 옳다면, 유체역학은 분명 틀렸다. 날개 같은 에어로포일aerofoil(공기에서 양력을 얻도록 설계된 물체-옮긴이)이나 지느러미 같은 하이드로포일hydrofoil(물속에서 양력을 얻도록 설계된 물체-옮긴이)을 연구한 사람이라면 지느러미의 앞쪽 가장자리가 매끄러우며 유선형이어야 한다고 주장할 것이다. 그렇다면, 혹등고래는 왜 지느러미 앞쪽이 울퉁불퉁할까?

프랭크 피시는 뉴저지 해변으로 떠내려온 고래를 수년간 연구한 끝에 비밀을 밝혔다. 혹등고래 지느러미의 울퉁불퉁한 혹은 지느러미 위로 물이 부드럽게 흐르도록 도와서, 그 거대한 포유동물이 급히 방향 전환을 하며 원을 그리고 헤엄치게 한다. 혹등고래가 먹이를 잡을 때 민첩성을 발휘하려면 꼭 필요한 능력이다.

혹등고래는 수염고래류Baleen Whales에 속하므로 주둥이 윗부분에 이빨이 아닌 짧고 뻣뻣한 털과 같은 구조가 수백 개 있다. 그 구조가 수염판baleen plate이다. 혹등고래는 먹이 쪽으로 헤엄쳐 가면서 엄청난 양의 바닷물을 먹이와 함께 들이마신다. 이때 수염판을 활용하면 먹이인 새우, 물고기, 크릴새우를 바닷물에서 쉽게 걸러 낼 수 있다. 혹등고래가 먹이를 잡을 때 보이는 민첩함, 그리고 몸을 한쪽으로 기울이고 방향을 바꿀 때 활발하게 움직이는 지느러미 또한 매력적이다. 과학자들은 혹등고래가 가슴지느러미를 써서 살아 있는 수중 비행기처럼 헤엄치는 방법을 탐구했고, 그러한 행동을 '인사이드 루프inside loop'라고 명명했다. 인사이드 루프란 지느러미를 뻗은 채 물고기 떼를 앞질러 빠르게 헤엄쳐 나아가다 방향을 급격히 180도 전환하는 것으로, 조심성 없는 먹이 수백 마리를 삼킬 수 있다. 혹등고래는 깊이 잠수했다가 나선형을 그리며 헤엄쳐 올라가면서 분수공에서 끊임없이 거품을 배출하는 '거품 그물bubble netting'이라는 행동도 하는데, 내가 가장 좋아하는 사냥 기술이다. 거품이 올라가면서 형성된 벽이 먹이, 즉 방대한 물고기 떼를 포위한다. 그러면 혹등고래는 지느러미를 회전시켜 나아가는 방향을 전환하고 거품 그물을 따라 헤엄쳐 올라가면서 그물 안에 갇힌 물고기를 삼킨다. 혹등고래가 이처럼 정밀한 동작을 수행하는 비결은 지느러미의 혹, 정확히는 결절tubercle 덕분이다.

고래가 헤엄칠 때 지느러미를 어떻게 움직이는지 이해하기 위해 따뜻한 바람이 부는 날에 주행 중인 자동차를 타고 있다고 상상해 보자. 손을 창문 밖으로 내밀고 다양한 각도로 기울이기 시작한다. 손을 위쪽으로 기울이면, 바람도 손을 위로 밀어 올린다. 이것이 양력으로, 비행기를 이륙시키거나 풍차 날개를 회전시키는 양력과 같다. 그런데 손을 너무 많이 기울이면 위로 밀어 올리던 힘이 사라진다. 이것이 실속stall(날개 위로 공기가 더는 원활히 흐를 수 없는 상태가 되면서 비행체가 양력을 잃고 추락하는 현상-옮긴이)이다. 실속 상태에서는 손이 위로 밀려 올라가지 않으며, 오히려 항력 때문에 손이 뒤로 밀려나게 된다. 고래 지느러미도 같은 방식으로 움직인다. 비행기 날개처럼, 지느러미 각도를 물의 흐름에 따라 조절하면서 받음각angle of attack(날개 절단면의 기준선과 공기 흐름이 이루는 각도-옮긴이)을 정하고 양력을 얻는다. 고래는 비스듬히 날아가는 항공기처럼 방향을 바꿀 때 양력이 필요하다. 이때 항공기는 받음각이 너무 크면 날개가 양력을 잃고 추락하지만, 고래는 지느러미에 결절이 있어서 급격히 방향을 전환해도 지느러미 위로 물이 흐르며 실속이 발생하지 않는다.

피시 교수와 연구팀은 인공 지느러미를 제작한 다음 일부 지느러미에는 결절 구조를 적용하고 다른 일부에는 결절 구조를 적용하지 않았다. 그리고 풍동에서 인공 지느러미로 실험한 끝에, 결절이 있는

혹등고래Humpback Whale, *Megaptera novaeangliae*

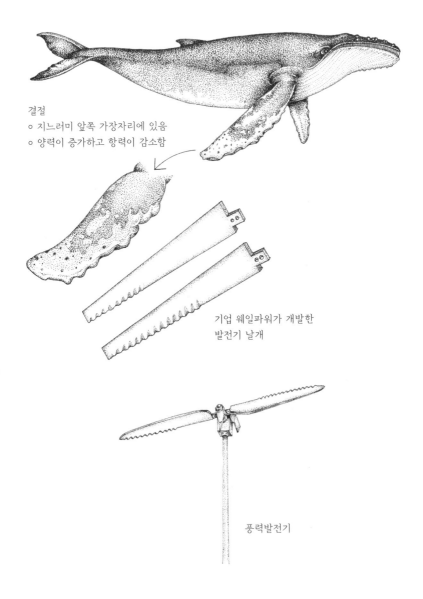

결절
o 지느러미 앞쪽 가장자리에 있음
o 양력이 증가하고 항력이 감소함

기업 웨일파워가 개발한
발전기 날개

풍력발전기

지느러미가 양력은 많이 얻고 항력은 적게 받으며 '실속'이 일어나기 까지의 받음각은 40퍼센트 더 크다는 것을 밝혔다.

작은 결절이 있으면 지느러미 전체가 아닌 몇몇 지점에서만 실속 현상이 일어나게 된다. 따라서 결절이 있는 지느러미는 실속이 최대로 발생하는 상황을 손쉽게 막을 수 있다. 또 최대 양력은 늘리고 항력은 낮추어서, 고래가 물속에서 효율적으로 방향을 틀고 이동하도록 돕는다. 결절이 돋은 지느러미가 36톤짜리 고래를 움직이게 한다면, 풍력발전기에서는 어떤 효과를 낼지 생각해 보자. 같은 양의 바람으로 더 많은 전기를 생산할 것이다.

피시는 웨일파워코퍼레이션과 함께 결절이 있는 지느러미의 상업적 활용 방안을 줄곧 모색해 왔다. 캐나다 토론토에 본사를 둔 이 기업은 지느러미 결절이라는 최신 기술을 소형 발전기와 대용량 저속 팬에 활용하기로 했다.《MIT 테크놀로지 리뷰》는 결절이 도입된 풍력발전기 날개의 시제품을 다음과 같이 설명했다. "기존 풍력발전기가 시속 27킬로미터의 바람에서 발전하는 전력량과 시제품이 시속 16킬로미터의 바람에서 발전하는 전력량이 같다. 결절은 소용돌이를 일으켜 양력을 증가시키고 날개를 가로지르는 공기 흐름을 원활하게 한다."

연구팀은 수년간 수학적 모델링을 진행하는 대신 자연이 문제를 어떻게 극복하는지 관찰하고, 육지 위 인류를 도울 해결책을 물속에서 발견했다. 바닷속 거인들 덕분에 미래의 풍력발전기 날개는 울퉁불퉁해질 것이며, 장담하건대 그 울퉁불퉁한 날개는 놀랄 만큼 유용할 것이다.

무리로 돌아가다

몸집이 작은 몇몇 해양 생물도 풍력발전에 기여하고 있으니, 이번에는 떼shoal와 무리school를 이루어 살아가는 물고기에 돋보기를 대 보자. 바닷속에서 반짝이는 물고기들이 일제히 헤엄치는 모습은 정신이 혼미해질 만큼 매혹적이다. 때에 따라 수백 수천 마리가 군집을 이루지만, 물고기들은 빽빽하게 모여 마치 한 마리인 듯이 움직인다. 방향을 바꾸며 이리저리 헤엄치는 동안 물고기 군집은 조밀해졌다가 느슨해지고, 여러 그룹으로 쪼개졌다가 다시 합쳐지는 등 분열하고 결합한다. 그런데 물고기 군집의 어느 요소가 풍력발전소 설계와 관련이 있을까?

물고기 군집은 떼와 무리로 구분한다. 물고기 떼는 함께 어울리긴 하지만 조직화되어 있지 않은 군집을 뜻한다. 반면 물고기 무리는 함께 움직이게끔 고도로 조직화되어 있어서, 모든 물고기가 한꺼번에 같은 방향으로 이동한다. 물고기 군집은 상대를 혼란시키기 위해 떼에서 무리로 전환했다가 원 상태로 돌아오기도 한다.

물고기가 군집을 이루는 행동은 먹잇감이 되는 상황을 피하는 방어 메커니즘으로 발전한 듯하다. 물고기 무리에서 발견되는 놀라운 사실은 리더가 없다는 점이다. 그 대신 물고기들은 두 가지 간단한 규칙을 따른다. 첫째, 주위에 동료 물고기가 있다면 접근하되 너무 가까이 다가가지 않고 계속 헤엄친다. 둘째, 물고기 한 마리가 방향을 틀면 이웃 물고기가 방향을 틀고, 그러면 다음 이웃 물고기가 방향을 튼다. 물고기들이 3차원으로 진행하는 파도타기 응원을 떠올리면 된다. 왼쪽과 오른쪽, 앞쪽과 뒤쪽, 위쪽과 아래쪽으로 물고기들이 몸짓을 맞추어 움직인다. 이를 통해 물고기 무리는 하나의 움직이는 유기체처럼 보이게 된다. 그럼, 이러한 물고기 군집은 어떻게 조직화될까?

모든 물고기에게는 '반발 구역zone of repulsion'이 있다. 적당히 선을 긋고 싶은 친구가 생겼을 때 방문하는 장소처럼 들리겠지만, 사실은 물고기가 충돌을 방지하기 위해 자동적으로 이웃 물고기를 피하게 되는 구역을 의미한다. 반발 구역 밖에는 '지향 구역zone of orientation'이 있으며, 각 물고기가 이웃 물고기와 움직임을 맞추려 노력하는 구역이다. 물고기 무리가 움직일 때, 물고기들은 이웃 물고기와 움직임이 일치하도록 제각기 방향을 잡아야 한다. 반면 물고기 무리가 정지했을 때는 각 개체 사이의 좁은 거리를 유지하는 것이 중요하다. 군집을 이루는 물고기 수는 많을수록 안전하며, 이는 미끼 공bait ball이라고 알려진 바닷속 현상에서 분명하게 드러난다.

나는 야생동물 다큐멘터리 '남태평양South Pacific'을 보면서 미끼 공을 처음 알았다. 과거에 한 번도 본 적 없는 장면이었기에 깜짝 놀랐다. 빛나는 물고기로 이루어진 거대한 기둥이 바닷속에서 토네이도처럼 소용돌이치고 있었고, 모든 물고기가 살기 위해 헤엄치고 있었다. 물고기들의 목표는 비늘을 반짝이면서 빠르게 움직여 포식자를 혼란스럽게 만드는 것이다. 수많은 개체로 이루어진 군집에 속하면, 포식자에게 붙잡힐 확률은 낮아진다. 하지만 몇몇 상황에서는 이러한 회피기술이 물고기에 불리하게 작용할 수도 있다. 바다사자와 같은 일부 포식자들은 물고기 군집을 더 작은 미끼 공으로 분열시키기 위해 협력한다. 바다사자 여러 마리가 교대로 미끼 공 안으로 헤엄쳐 들어가면서 거대 군집으로부터 떨어져 나온 힘없는 물고기를 잡아먹는다.

무리 짓기는 에너지를 절약하는 좋은 방법이기도 하다. 물고기가 혼자서 헤엄칠 때는 물을 밀어내는 에너지가 주변으로 흩어지지만, 여러 물고기가 서로 바짝 붙어서 헤엄칠 때는 앞쪽 물고기가 소모한 에너지를 그대로 활용하여 뒤쪽 물고기가 쉽게 앞으로 나아간다. 후류slipstream(고속 주행하는 자동차 뒤에 공기 압력이 낮아진 공간을 의미하는 용어로, 이 공간에 진입한 다른 자동차는 공기저항을 덜 받는다-옮긴이)와 다소 비슷하다. 결과적으로 무리 뒤쪽의 물고기는 혼자 헤엄치는 물고기에 비해 꼬리를 느리게 움직일 뿐만 아니라 산소를 적게 소모한다.

테크니온-이스라엘공과대학교 소속 대니얼 바이스Daniel Weihs는 물고기 무리가 가장 효율적으로 배열된 형태는 납작한 마름모라고 제안하며, 물고기 두 마리가 소용돌이를 일으키면 두 물고기 뒤로 대각선상에 놓인 어느 물고기라도 그 소용돌이를 이용할 수 있다고 설명했다. 이처럼 마름모 형태로 배열되어 있으면, 물고기들은 헤엄치는 데 필요한 에너지를 80퍼센트까지 절약할 수 있다. 과학자들은 놀랍게도 이러한 바닷속 물고기들의 행동을 연구해 풍력발전소의 효율 저하를 해결하고 궁극적으로 발전소 설계를 개선하려 했다.

오늘날 대부분 풍력발전소에는 수직으로 세운 흰색 기둥의 상단에 프로펠러가 회전하는 풍력발전기가 줄을 맞춰 배열되어 있다. 아마 여러분은 멀리 세워진 풍력발전기를 본 적이 있을 텐데, 가까이 다가가면 풍력발전기가 얼마나 거대한지 깨닫게 된다. 바로 밑에서 보면 마치 하늘을 향해 팔을 뻗은 것 같다. 풍력발전기는 무척 크기 때문에, 한 발전기에서 발생한 난류가 다른 발전기의 효율을 낮추지 않도록 서로 먼 거리를 두고 세워야 한다. 이는 풍력발전기의 날개 크기를 키우고 기둥을 높이면 부분적으로 해결되지만, 그러면 날개에서 발생하는 소음이 강해지고 높은 기둥이 새와 박쥐를 위험하게 할 확률이 증가한다.

패서디나에 설립된 칼텍 소속 연구팀은 새로운 방식으로 이 문제에 접근하기로 했다. 이들은 지상에서 발생하는 현상에 초점을 맞추어 풍력발전소 설계 자체를 검토했다. 연구팀이 설정한 과제는 지면 가까이서, 즉 현재 목표 높이인 30미터가 아닌 9미터에서 에너지 수집 효율을 극대화하는 것이었다. 전 세계 9미터 높이에서 생산 가능한 풍력의 이론값은 전 세계 전기 사용량보다 몇 배 더 많다. 따라서 발전소가 효율적으로 설계되어 기존보다 작은 발전기들이 서로 간섭하지 않도록 배열된다면 에너지는 풍족하게 생산될 것이다.

스탠퍼드대학교에서 첨단 풍력발전기 연구팀을 이끄는 존 다비리 John Dabiri는 캘리포니아사막에 풍력발전기를 설치했으며, 이 발전기는 일반적인 프로펠러식 발전기처럼 수평축이 아니라 수직축으로 설계되었다. 다비리와 연구팀은 연구 현장에 '높이 10미터, 폭 1.2미터의 수직축 풍력발전기' 20여 대를 설치했다. 현장을 점령한 수직축 풍력발전기는 땅에서 싹튼 거대한 달걀 거품기처럼 보인다고 한다. 이 풍력발전기의 진정한 차별점은 발전기 간의 관계와 위치이다. 발전기가 배열된 패턴은 헤엄치는 물고기 무리의 행동과 유체역학을 토대로 정해졌다.

풍력발전기들이 서로 아주 가까이 위치하면, 탁월풍의 에너지를 전부 수확할 뿐만 아니라 발전소 위에서도 풍력 에너지를 얻을 기회가 생긴다. 각 발전기가 이웃 발전기와 서로 반대 방향으로 회전하면,

발전기의 효율이 향상한다. 한 발전기 날개가 반대 방향으로 회전하면 공기가 풍력발전기 사이를 자유롭게 흐르며 각 발전기의 항력을 낮추므로, 다른 날개는 더욱 빠르고 자유롭게 회전할 수 있다. 이를 통해 각 발전기는 난기류로 인한 손실 없이 이웃 발전기로 공기를 전달하게 된다.

2010년 여름, 존 다비리는 현장 테스트를 수행하면서 풍력발전기 여섯 대를 다양한 패턴으로 배열하고 날개의 회전 속력과 생성된 전력을 측정했다. 테스트 결과, 풍력발전기 직경의 네 배만큼 거리(대략 5미터)를 두고 발전기들을 배치하자 이웃 발전기가 공기 흐름을 변화시키며 발생하는 간섭이 완전히 사라졌다. 프로펠러식 발전기로 같은 결과를 내려면, 해당 발전기 직경의 20배만큼 간격을 두어야 한다. 현재 사용되는 가장 큰 풍력발전기를 기준으로 계산하면, 각 발전기는 1,600미터라는 먼 거리를 두고 떨어져야 한다. 그러한 측면에서 수직축 풍력발전기에는 몇 가지 장점이 있다. 수직축 발전기는 기존 발전기보다 서로 훨씬 가까이 배치될 수 있고, 여러 방향에서 불어오는 바람으로부터 풍력 에너지를 수확한다.

칼텍은 역회전 수직축 풍력발전기 여섯 대가 1제곱미터당 21~47와트의 전력을 생산했고, 이 생산량은 기존 풍력발전소의 10배에 달하며, 난기류가 감소한 덕분에 발전소 뒤쪽에 설치된 발전기의 전력 생산량은 앞쪽에 설치된 발전기 기준으로 95퍼센트에 달했다고 발표했다. 흥미로운 연구 결과이지만 아직 해결해야 할 문제가 많이 남아 있다. 물고기 무리의 움직임이 미래의 풍력발전소를 '수직형'으로 바꿀 수 있을까?

● 15장 ●

고슴도치와
스포츠 헬멧

고습도치_Hedgehog_를 사랑하지 않기는 어렵다. 손바닥만 한 작은 포유동물로 날카로운 가시가 돋았지만 원뿔 형태의 귀여운 얼굴과 부드러운 배로 사람들의 마음을 사로잡는다. 고습도치는 17종으로 구분되며 아시아, 아프리카, 유럽에서 발견된다. 북아메리카에 한 종이 서식했으나 현재는 멸종했다. 호주와 뉴질랜드는 어떨까? 아쉽게도 호주에는 고습도치 토착종이 없고, 뉴질랜드에는 1870년대에 유럽종이 들어왔으나 유해 동물로 취급되어 그리 귀여움을 받지 못한다.

　고습도치라는 이름은 먹이를 찾는 행동에서 유래했다. '헤지_hedge_'는 고습도치가 달팽이와 지렁이, 곤충과 뱀을 사냥하려고 산울타리_hedgerow_와 덤불을 헤치면서 나아가는 습성에서 왔다. 그리고 '호그_hog_'는 이리저리 돌아다니면서 돼지_Hog_처럼 쿵쿵거리는 소리를 낸다는 점에서 유래했다. 영국에서 유년 시절을 보낸 나는 영국의 인기 스타 고습도치를 늘 찾아다녔다. 고습도치는 정원에서 자주 발견되며 좁은 구덩이나 낙엽 밑에 둥지를 틀었다. 나는 먹이를 찾는 고슴도치나 자기방어를 위해 뾰족한 공처럼 몸을 말고 굴러가는 고슴도치를 보고 싶었지만, 원래 고슴도치는 낮에 자고 밤에만 활동한다는 것을 뒤늦게 알게 되었다. 사실 수면은 고슴도치의 특기이다. 영국의 고슴도치는 겨우내 잠을 자다가 기온이 상승하기 시작하면 모습을 드러낸다. 아프리카와 중동 토착종인 사막고슴도치Desert Hedgehog는 날씨가 추워지면 겨울잠을 자는 것은 물론이고, 날이 더워지면 여름잠도 잔다.

날카로운 가시를 지닌 고슴도치는 이따금 호저과Porcupine에 속한다고 오해받지만, 호저는 설치류이다. 고슴도치는 땃쥐과Shrew에 더 가깝다. 중요한 차이점을 꼽자면, 여러분이 호저 가시에 찔리면 그 가시는 호저의 몸에서 떨어지지만, 같은 상황에서 고슴도치 가시는 고슴도치의 몸에 붙어 있다. 뾰족한 가시를 지닌 세 번째 포유동물은 단공류Monotreme에 속하며 호주와 뉴기니에 서식하는 가시두더쥐Echidna이다. 언급한 세 동물은 수렴 진화(계통적으로 서로 관련 없는 둘 이상의 생물이 적응의 결과 유사한 형태를 지니게 된 현상-옮긴이)의 훌륭한 사례로, 대자연은 세 동물이 마주한 '방어' 문제를 '가시'라는 동일한 해결책으로 극복한다.

역사에 걸쳐 사람들을 매료시킨 고슴도치는 수많은 나라의 전설과 민속 문화의 일부가 되었다. 그래서 긴 세월 동안 고슴도치에 관한 이야기는 다소 과장되어 전해져 내려왔다. 중세 영국 사람들은 고슴도치가 어둠을 틈타 젖소의 젖꼭지에서 우유를 빨아 먹는다고 믿었고, 그로 인해 무수한 고슴도치가 사냥당해 목숨을 잃었다. 실제로 고슴도치는 우유에 함유된 당분조차 소화하지 못한다. 고슴도치는 달걀을 훔친다고도 비난받았지만, 날달걀을 먹을 수는 있어도 달걀 껍데기를 뚫을 만큼 입을 크게 벌릴 수는 없다. 또한 고슴도치가 가시를 써서 먹이를 운반한다는 기이하고도 오래된 믿음이 존재했다. 이에 관한 이야기는 기원후 1세기에 등장했으며, 로마의 박물학자이자 철학자인 플리니우스는 고슴도치가 사과나무에 올라가 사과를 땅에 떨어뜨리고는 그 위로 굴러서 가시에 사과를 꽂은 다음 운반하여 겨우내 보관한다고 썼다. 이 이야기가 이상하다고 느껴질 수 있겠지만, 유명 박물학자 찰스 다윈조차 스페인의 고슴도치는 가시 끝에 딸기를 적어도 십수 개 꽂은 채 빠르게 이동한다고 썼다. 분명히 말해 두자면, 그러한 일은 일어나지 않는다!

딸기 운반에는 쓸 수 없지만, 고슴도치 가시는 대자연이 남긴 놀라운 공학적 업적이다. 고슴도치는 위협을 느끼면 순간 몸을 둥글게 말아서 가시 돋친 공이 되는데, 그 뾰족한 가시는 포식자에게 고통을 안겨 주며 입맛이 떨어지게 만든다. 이보다 더 놀라운 사실은, 가시가 실제로 고슴도치를 다치지 않도록 보호한다는 것이다. 플리니우스의 이야기에서 고슴도치가 가시로 사과를 운반한다는 내용은 잘못된 정보이지만, 고슴도치가 나무를 제법 능숙하게 탄다는 내용은 사실이다. 나는 이 사실을 알지 못했다. 다만 고슴도치는 나무에서 다시 내려오는 일에 서투르며, 이때 가시가 유용하다. 고슴도치는 나무 위에서 오도 가도 못하게 되면 몸을 공처럼 말고 땅바닥으로 떨어진다. 가시는 떨어질 때 충격을 완화하여 고슴도치가 다치지 않도록 막는다. 이 이야기를 처음 듣고 나는 정말 깜짝 놀랐다. 심지어 고슴도치는 6미터 높이에서 떨어져도 괜찮다고 알려져 있다.

이 뾰족뾰족한 쿠션은 어떻게 작동할까? 고슴도치는 등에 최대

7,000개의 가시를 지닌다. 과학적으로 따지면 변형된 털이라고 설명할 수 있지만, 이 가시는 인간의 털보다 구조가 훨씬 복잡하다. 가시의 내부는 비어 있어 그 공간을 공기가 채운다. 이러한 구조는 가시를 가볍고 튼튼하게 만들 뿐만 아니라, 압력이 가해졌을 때 휘어지거나 부러지지 않게 한다. 가시의 위쪽 끝부분은 날카롭고 자유롭게 움직이며, 이 가시가 어떻게 효과를 발휘하는지 확인하려면 가시의 아랫부분을 관찰해야 한다. 피부밑에서 가시는 형태가 공처럼 둥글고 세포와 조직을 고정하는 닻 역할을 하는 모낭에 의해 제자리에 단단히 자리 잡는다. 모낭은 고슴도치의 등과 옆구리를 따라 근육 깊숙이 위치한다. 고슴도치가 공격을 받으면 근육이 수축하면서 공 형태의 모낭을 쥐어짜 가시를 꼿꼿이 세운다. 여러 근육이 저마다 다른 방향으로 잡아당긴 결과 사방으로 엇갈려 솟은 가시 장벽이 형성되면, 고슴도치를 노리던 포식자는 그 장벽을 뚫을 수 없다.

고슴도치의 방어 메커니즘은 또한 나무에서 떨어질 만큼 운 나쁜 고슴도치의 생명을 구한다. (나는 아직도 고슴도치가 나무 위로 올라간다는 게 믿기지 않는다. 정말 귀엽다!) 엇갈려 솟은 가시들이 천연 쿠션을 형성하면, 고슴도치가 땅에 부딪히는 순간 가시의 가느다란 줄기 아랫부분이 충격을 흡수한다. 그 결과 고슴도치는 공처럼 굴러 위험에서 달아나며 행복을 되찾는다. 이 같은 고슴도치의 보호 능력은 새롭고 기발한 스포츠 헬멧 디자인에 영감을 주었다.

충격을 흡수하는 고슴도치의 놀라운 능력은 격렬한 충돌로 인해 뇌진탕 위험이 큰 스포츠 종목에 특히 필요하다. 뇌진탕은 머리나 몸이 강한 충격을 받아 두개골 내부에서 뇌가 흔들리고 뒤틀려, 뇌 속의

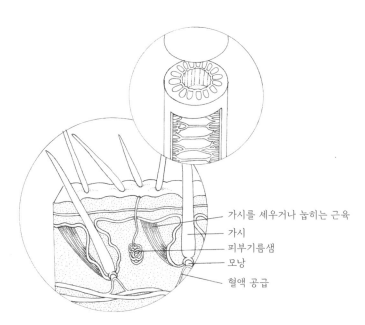

가시를 세우거나 눕히는 근육
가시
피부기름샘
모낭
혈액 공급

섬세한 세포와 구조가 손상되어 발생한다. 일반적으로 뇌진탕은 두통, 정신착란, 현기증, 메스꺼움, 기억력 문제를 일으키지만, 우울증부터 성격 변화에 이르는 장기적인 문제를 불러올 수 있다. 심지어 처음 뇌진탕을 당하고 30년 뒤에 치매에 걸릴 위험성이 증가할 수 있다. 매우 심각한 뇌진탕은 사망으로도 이어진다.

최근 몇 년간 뇌진탕의 위험성에 관심이 집중되었고, 특히 뇌가 발달하는 중인 젊은 운동선수들이 이 문제에 주목했다. 그런 이유로 애크런대학교에서 생체모방을 연구하는 대학원생 연구팀은 뇌진탕 문제를 해결하기 위해 자연을 탐구하기로 했다.

연구팀은 연구 초기에 양의 뿔과 딱따구리 부리의 단단한 표면에 주목했다. 우리는 앞서 딱따구리 부리에 착안해 개발한 새로운 유형의 자전거 헬멧을 살펴보았다. 애크런대학교 연구팀은 딱따구리와 로키산에 서식하는 양의 뿔 모두 정면에서 직접적으로 가해지는 타격의 충격을 가장 잘 흡수한다는 것을 발견했다. 그런데 이러한 효과가 스포츠 헬멧에서는 제대로 발휘되지 않을 것이다. 애크런 연구팀은 비틀림, 비껴 맞았을 때의 충격, 그리고 가장 큰 부상을 유발하는 측면 충격에서 선수를 보호하는 헬멧을 개발하고 싶었다. 연구팀은 온몸으로 충격을 노련하게 흡수하는 다른 동물을 찾기 위해 과학 논문들을 훑어보았고, 우연히 고슴도치를 발견했다.

스포츠 헬멧은 보통 강한 충격으로 인한 부상에서 착용자를 보호하기 위해 제작된다. 헬멧에서 딱딱한 외피는 머리 표피가 베이거나 긁히지 않도록 보호하는 부분으로, 실제 뇌진탕 예방에 도움이 되는 부분은 헬멧의 부드러운 내피이다. 헬멧의 내피는 대개 공기로 가득 찬 공간이 있는 스티로폼이나 유사한 재료로 제작되어 충격을 완화한다. 스티로폼 헬멧도 제 역할은 하지만, 애크런 연구팀이 몇 가지 단점을 발견했다. 첫째, 스티로폼 헬멧은 반복적으로 타격을 받으면 효과가 떨어진다. 스티로폼 내피가 본래 형태로 다시 돌아오는 성질을 잃으면서 공기로 가득 차 있던 공간이 무너지기 때문이다. 둘째, 스티로폼 내피는 뇌에 심각한 부상을 유발하는 측면 충격과 비껴 들어오는 충격을 제대로 막지 못한다.

지역 동물원에서 고슴도치를 꼼꼼히 분석한 애크런 연구팀은 새로운 헬멧의 내피를 고슴도치 형태로 제작하기로 했다! 사각형 바닥에 유연한 인공 가시가 돋은 형태의 재료를 3D 프린터로 제작하고 헬멧 내피에 부착했다. 인공 가시는 실제 고슴도치 가시와 동일한 내구성과 유연성을 지니도록 속이 빈 공기 주머니를 포함하는 구조로 만들어졌다. 제작된 가시는 고슴도치 등에 자연스럽게 세워진 가시처럼 서로 엇갈리게 배열되었다. 연구팀은 이처럼 인공 가시가 돋은 사각형 재료를 '충격 방지 모듈'이라고 명명하고, 각 헬멧 내피에 12여 개의 충격 방지 모듈을 붙였다. 그러자 헬멧 내부가 3차원으로 제작된 고슴도치 가죽처럼 보였다.

새로운 헬멧 내피는 타격이 정면으로 들어오든 비껴 들어오든 가시 전체에 충격을 전달해 에너지를 사방으로 분산한다. 이를 통해 헬멧은 머리를 보호하고 충격을 완화하여 운동선수의 건강을 위협하는 급격한 두뇌 흔들림을 방지한다. 게다가 이 헬멧은 잇달아 충격을 받아도 가시가 형태를 유지하고 내구성이 떨어지지 않는 덕분에, 충격 방지 효과가 지속된다는 탁월한 장점이 있다.

연구팀은 여전히 헬멧 디자인을 개발하고 테스트하는 중이만, 지금까지 몇몇 유망한 결과를 얻었다. 초기 테스트에서 헬멧의 여러 위치에 다양한 속력으로 충격을 가한 결과, 고슴도치 내피 헬멧이 스티로폼 내피 헬멧보다 성능이 뛰어났다. 현재 연구팀은 고슴도치 내피를 손쉽게 대량생산하는 제조법을 실험하고 있다. 연구가 전부 계획대로 진행된다면, 머지않아 전 세계 스포츠 선수는 내부가 고슴도치 가시처럼 뾰족한 헬멧을 착용할 것이다. 그리고 강한 공격이나 태클을 당했을 때, 두뇌를 안전하게 지켜 준 작고 은혜로운 고슴도치에게 고마워하게 될 것이다.

16장

갯가재와
초강력 복합 재료

갯가재Mantis Shrimp는 솔직히 기이하게 생겼다. 열대와 아열대 바다의 굴 속에 숨어 있는 이 기묘하고 고독한 바다 생물은 집에만 틀어박혀 시간을 보내다 오로지 먹이를 구할 때만 가까운 거리로 모험을 나선다. 다만 거처를 옮길 때는 긴 여행을 떠난다. 갯가재 450여 종 중에는 밤에 활동하는 종이 있고, 해 뜨기 전후와 낮을 좋아하는 종이 있다. 일부 종은 온대성 바다에서 살지만, 대부분은 동아프리카와 하와이 사이의 인도양과 태평양에서 발견된다.

갯가재는 우리에게 그리 익숙한 동물은 아니다. 혹시 과거에 갯가재에 관하여 한 번도 들은 적이 없다면, 은둔 생활을 한다는 그들의 습성에 속지 않길 바란다. 갯가재는 흉포한 포식자로, 사냥감을 녹다운시켜 죽이는 전략을 갖고 있다. 일부 갯가재는 먹잇감을 앞다리로 찔러 죽이고, 다른 갯가재는 앞다리로 때려 죽인다. 게다가 몸집은 작지만 지구에서 체중 대비 가장 강한 펀치를 날린다.

녹다운 전문가 갯가재는 갑각류이자 무척추동물로 게, 바닷가재, 가재, 새우, 따개비, 쥐며느리 등 다양한 동물이 여기에 속한다. 갯가재는 그중에서도 가장 화려한 동물로 꼽힌다. 예컨대 공작갯가재Peacock Mantis Shrimp는 광대갯가재로도 알려져 있다. 두 명칭이 암시하듯, 이들은 주황색 다리와 녹색 반점 및 표범 무늬가 있는 몸통 때문에 한눈에 띈다. 실제로 갯가재는 분홍색, 보라색, 빨간색부터 반짝이는 파란색과 녹색에 이르기까지 다양하고 아름다운 색을 자랑한다. 그런데 우리의 관심을 끄는 것은 갯가재의 눈부신 색뿐만이 아니다.

갯가재는 일반적으로 약 10센티미터까지 자라지만, 플로리다 인디언강에서 잡힌 갯가재는 놀랍게도 길이가 46센티미터였다! 이는 평범한 갯가재보다 거의 다섯 배 가까이 크다. 갯가질라(갯가재+고질라-옮긴이)의 등장이다.

갯가재는 머리부터 꼬리까지 단단한 가시가 있고, 물속에서 다양한 화학적 신호를 감지하는 기다란 더듬이를 지닌다. 갯가재에서 가장 눈에 띄는 구조는 눈이다. 갯가재의 눈은 자루 끝에 달렸으며 양쪽 눈이 따로따로 움직일 수 있다. 놀라운 사실은 갯가재가 한쪽 눈만으로 깊이를 감지할 수 있다는 것이다. 인간은 깊이를 감지하려면 두 눈이 필요하다. 게다가 갯가재는 인간의 상상을 초월하는 색의 세계를 볼 수 있다.

갯가재가 보는 세상이 어떤지 알기 위해서는 먼저 갯가재의 눈과 인간의 눈의 차이점을 이해해야 한다. 인간은 네 종류의 광수용체photoreceptor 세포를 지니지만, 갯가재는 16종의 서로 다른 색을 감지하는 광수용체를 지닌다. 더욱이 갯가재는 빛 스펙트럼의 한쪽 끝에 해당하는 자외선과 다른 끝에 해당하는 적외선, 그리고 자외선과 적외선 사이에 해당하는 모든 색을 볼 수 있다. 편광(전기장 또는 자기장 방향이 일정하게 고정되거나 규칙적으로 변화하는 빛-옮긴이)은 볼 수 있을까? 그렇다. 볼 수 있는 빛 목록에 추가하자. 편광은 갯가재의 시각에 어떤 영향을 줄까? 인간은 편광을 눈이 부시는 불쾌한 빛으로 인식하지만, 갯가재는 이러한 문제를 겪지 않는다. 오히려 불쾌함과 거리가 멀다. 어느 갯가재종 수컷은 꼬리와 더듬이로 편광 신호를 보내며 암컷과 의사소통한다. 편광을 볼 수 있는 동물은 거의 없으므로, 편광 신호를 이용하면 포식자의 주의를 끌지 않는 비밀 연락망을 구축할 수 있다. 갯가재는 또한 굴속의 집으로 돌아갈 때도 편광을 활용한다고 추정된다.

갯가재는 또한 원형 편광(전기장 또는 자기장 진동 방향이 원을 그리면서 진행하는 편광-옮긴이)도 감지할 수 있다. 원형 편광을 볼 수 있는 동물은 지구에서 갯가재가 유일하다. 이러한 갯가재의 능력은 새로운 기술과 과학 장치에 영감을 주는 갯가재 생물학의 한 축이다. 현재 갯가재 생물학에서는 갯가재의 광 감응성 세포가 '4분의 1파장판(서로 수직으로 진동하는 직선 편광 사이에 4분의 1파장만큼 광로차를 일으키게 만들어진 복굴절판-옮긴이)'으로 작용하는 현상을 연구하는 중이다. 갯가재의 광 감응성 세포에서는 빛의 편광면이 회전하는 효과가 발생하는데, 세포를 통해 편광면이 이동하기 때문이다. 인간은 DVD 드라이브를 제작하거나 선형 편광된 빛을 원형 편광된 빛으로 변환할 때 4분의 1파장판이 필요하다. 주목할 점은, 인간이 만든 4분의 1파장판은 오직 한 가지 색의 빛에서만 잘 작동하지만, 갯가재의 4분의 1파장판은 가시광선 스펙트럼 전 영역에서 완벽하게 작동한다는 것이다. 브리스틀대학교

니컬러스 로버츠Nicholas Roberts 교수와 전문가들은 갯가재의 타고난 시각 체계가 '인간이 만든 체계보다 뛰어난 성능을 발휘하는 이유'를 설명한다.

갯가재는 빛의 거장인 동시에 흥미로운 소리를 내는 음악의 거장이다. 예를 들어 캘리포니아에 서식하는 갯가재는 머리 뒷부분과 가슴을 구성하는 첫 네 마디의 등딱지carapace 밑 근육을 울려 소리를 낸다고 알려져 있다. 이 우르릉거리는 소리는 아주 빠르게 발생해 1초도 지속되지 못한다. 갯가재는 우르릉 소리를 잇달아 내며, 그처럼 반복되는 소리는 '럼블 그룹rumble group'이라고 불린다. 이외에 과학자들은 등딱지로 다른 물체를 두드려서 내는 '달그락거리는 진동음'도 감지했다. 언급한 갯가재의 행동은 모두 하나의 결론을 제시한다. 소리는 공기보다 물속에서 거의 다섯 배 빠르게 이동하며, 돌고래나 고래 같은 해양 동물도 소리로 의사소통하는 것으로 널리 알려졌다. 따라서 갯가재가 내는 소리 또한 포식자를 피하거나, 자신의 영역을 주장하거나, 짝을 유인하는 등의 방식으로 활용될 가능성이 크다.

갯가재는 일평생 알을 약 30회 낳으며 일부 종은 그때가 암컷과 수컷이 만나는 유일한 시기이다. 이러한 종은 암컷이 굴속에서 알을 낳은 다음 깨끗하게 씻어 공기가 잘 통하게 한다. 반면 다른 일부 종은 암컷과 수컷이 평생 짝을 지어 다니며, 암수 둘 다 알을 돌본다. 마침내 유생larvae이 부화해도 갯가재는 부모 노릇을 하지 않는다. 갯가재 유생은 동물성 플랑크톤으로서 바다를 표류한다. 유생 단계의 정확한 수는 종마다 매우 다양하며, 성체가 되기까지는 수주에서 1년 정도 소요된다.

갯가재를 갯가재답게 만드는 것은 치명적인 무기이다. 사실 갯가재의 이름은 사냥감을 신속하게 해치우는 방식에서 유래했으며(갯가재의 영어명 'Mantis Shrimp'는 직역하면 사마귀 새우이다−옮긴이), 그들의 공격 방식은 육지에 사는 곤충인 사마귀와 아주 흡사하다. 갯가재와 사마귀는 가슴다리 중에서 두 번째로 붙은 한 쌍을 써서 공격하고, 갯가재는 공격 방식을 기준으로 두 부류로 나뉜다. 창형과 곤봉형이다. 창형은 앞다리 끝에 달린 가시를 사용해 물고기나 다른 부드러운 먹이를 찌르고, 곤봉형은 몽둥이 또는 망치처럼 생긴 다리를 뻗어 게나 고둥의 단단한 껍데기를 부순다. 이처럼 갯가재가 공격에 쓰는 부위를 발가락마디dactyl club라고 부른다.

곤봉형 갯가재는 펀치를 날려 .22 구경 소총이 발사한 탄환의 가속도로 가격할 수 있고, 그 펀치는 꼿꼿이 서서 날렸을 때도 최대 시속 80킬로미터에 도달한다. 펀치의 위력이 갯가재 무게의 1,000배 이상이라는 점에서 어마어마한 수치다. 나는 갯가재의 펀치가 왜 이토록 강력한지 늘 궁금했다. 우선, 갯가재의 다리는 걸쇠로 고정된 용수철처럼 작동한다. 첫 번째 근육은 용수철을 압박하고, 두 번째 근육은 걸쇠를 제자리에 고정한다. 이제 준비가 되면, 세 번째 근육이 걸쇠를 해제하고 픽!

곤봉의 가속도가 너무 빠른 나머지 사냥감은 충격을 받아 튕겨 나가고, 물은 문자 그대로 끓어오르며 공동현상cavitation을 일으킨다. 공동현상은 물이 굉장히 빠르게 움직일 때 일어나며, 이 경우는 갯가재의 곤봉에 의해 물이 움직이고 기화되어 기포로 변해 발생한다. 형성된 기포는 순식간에 터지면서 열, 빛, 소리의 형태로 엄청난 양의 에너지를 방출한다. 언급한 세 가지 유형의 에너지 조합은 진정 파괴적이다. 이 강력한 에너지는 갯가재가 사는 수족관의 유리 벽도 깨트린다.

과학자들은 공동현상이 곤봉형 갯가재가 먹잇감을 해치울 때 도움이 된다고 생각한다. 갯가재의 곤봉은 엄청난 힘으로 사냥감을 수백 번 가격해도 부서지지 않는다는 점에서 과학자들의 호기심을 자극했으며, 향후 자동차 산업과 항공우주 산업에 쓰이는 재료의 제조법을 바꿀 것이다.

캘리포니아대학교 어바인 캠퍼스 소속 데이비드 키사일러스David Kisailus와 퍼듀대학교 소속 파블로 자바티에리Pablo Zavattieri가 이끄는 연구 팀은 갯가재의 다리를 공동 연구했다. 이들은 발가락마디 내부에서 뼈와 같은 무기질과 천연 유기 섬유가 결합하여 복합 재료를 형성한다는 것을 발견했다. 여기서 복합 재료란 물리적, 화학적 성질이 다른 두 물질의 혼합물이다. 두 물질이 결합하면 성질이 대단히 우수한 물질이 탄생한다. 갯가재의 경우, 껍데기가 질기고 단단하며 가볍다.

갯가재의 곤봉은 여러 다양한 부분으로 이루어졌다. 가장 바깥쪽 부분은 사람의 뼈 성분과 같은 무기질인 인산칼슘의 작은 입자로 구성되며, 유기물질층으로 둘러싸여 있다. 이 바깥층은 곤봉에 충격이 순간적으로 가해질 때, 초기에 곤봉을 어느 정도 보호한다. 이 인산칼슘 입자층 밑에는 곤충이나 게 껍데기에서 발견되는 성분인 키틴으로 구성된 유기 섬유가 헤링본(물고기 뼈 모양을 여러 개 짜 맞춘 무늬-옮긴이) 패턴으로 배열되어 있다. 이 구조는 곤봉을 단단하게 할 뿐만 아니라, 사냥감을 박살 낼 때 큰 도움이 된다.

갯가재의 곤봉은 껍데기가 딱딱한 사냥감으로부터 수천 번씩 충격

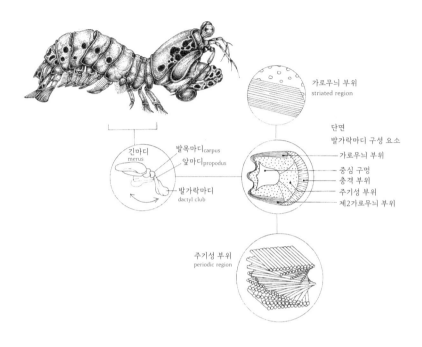

공작갯가재 Peacock Mantis Shrimp, *Odontodactylus scyllarus*

가로무늬 부위
striated region

단면
발가락마디 구성 요소
가로무늬 부위
중심 구멍
충격 부위
주기성 부위
제2가로무늬 부위

긴마디
merus

발목마디 carpus
앞마디 propodus

발가락마디
dactyl club

주기성 부위
periodic region

을 받으므로 그 모든 에너지를 흡수해야 한다. 이것이 가능한 비결은
무엇일까? 데이비드 키사일러스 연구팀은 비결을 곤봉 안에서 발견
했다. 곤봉 내부의 키틴 섬유는 '헬리코이드 구조helicoidal architecture', 다른
말로 나선형으로 배열되어 있다. 이 구조는 비좁은 나선형 계단처럼
보이며, 높이가 높아지면서 계단이 빙글빙글 돌아간다. 계단이 가지
런히 놓인 연필처럼 나란히 늘어선 섬유층으로 만들어졌다고 상상하
자. 각 섬유층은 이웃 섬유층과 비교하면 중심축을 기준으로 조금씩
회전한다.

연구팀은 펀치처럼 강한 압력이 키틴의 계단 구조에 가해지면 균열이 생기기 시작한다는 사실을 발견했다. 균열이 커질수록 구조가 뒤틀리며, 뒤틀림이 진행되는 속도는 키틴 구조의 영향을 받아 점차 느려진다. 이는 소위 '복구 불가능한 파괴', 다른 말로 심각한 손상을 막는다. 어느 면에서 키틴 섬유로 이뤄진 나선형 구조가 충격을 흡수하는 것이다. 균열이 발생하기 시작하면, 계단형으로 꼬인 섬유 구조를 가로질러 균열이 확산하는 대신에 계단형 섬유 구조를 따라가며 균열이 진행된다. 이는 유리 같은 물질일 때와 결과가 다른데, 유리는 떨어지면 균열이 전체적으로 확산하면서 심각하게 손상된다.

이후 연구팀은 갯가재 곤봉에서 아이디어를 얻어 탄소섬유로 강화된 복합 재료를 만드는 등 다양한 재료를 개발하고 테스트했다. 그리고 카메라와 디지털 기술을 활용해 새로운 재료가 어떻게 반응하고 변화하는지 조사했다. 이들은 항공우주 산업에서 현재 사용되는 재료와 개발한 재료를 대조하며, 특히 내구성과 탄성을 기준으로 어느 재료가 우수한지 확인했다.

연구팀은 각 재료가 충격을 받았을 때 보이는 충격 저항과 에너지 흡수량을 비교하고, 충격을 받은 이후의 내구성을 조사했다. 두 재료는 경쟁 상대가 되지 않았다. 조사 결과가 곧 승자를 가리켰다. 갯가재에서 착안해 만든 나선형 구조 샘플이 다른 샘플보다 50퍼센트 더 높은 점수를 받았다. 나선형 샘플은 강한 충격을 견딜 뿐만 아니라 충격을 받은 이후에 내구성을 유지했다.

연구팀은 또한 갯가재 곤봉 물질의 나선 구조가 '전단파shear wave', 즉 물질에 손상을 입히는 특정 주파수의 파동만 제거해 반복적으로 빠르게 충격을 받아도 견디도록 자연 설계되었음을 발견했다. 이렇게 생각해 보자. 갯가재가 날리는 펀치를 에너지 덩어리라고 상상하자. 그 에너지 일부가 다른 곳으로 우회한다면, 펀치가 목표물에게는 치명적이지만 갯가재에게는 그리 치명적이지 않을 것이다. 이후 연구팀은 특정 전단파만 제거해 손상을 방지하는 새로운 복합 재료를 개발할 방안을 탐구하기 시작했다.

2019년 기업 헬리코이드인더스트리는 복합 재료에 나선형 구조를 도입하는 기술을 상업화한다는 목적으로 설립되었다. 이들은 그동안 축적한 지식을 혁신적으로 활용해 가볍고 튼튼하며 충격에 강한 복합 재료를 개발하고 풍력발전기, 스포츠 용품, 자동차 부품 등 다양한 제품을 생산할 계획이다. 훗날 갯가재의 강력한 곤봉 덕분에 가볍고 내구성이 강한 비행기나 풍력발전기가 탄생할지 누가 알겠는가.

17장

뱀과
수색 구조 로봇

뱀! 이 단어는 수많은 사람의 마음에 두려움을 불러온다. 세계보건기구에 따르면 매년 최대 540만 명의 사람들이 뱀에 물린다고 한다. 그중 치명적인 독사에 물리는 비율은 2.5퍼센트에 불과하지만, 발생 건수로 따지면 상당히 많다. 영화 제작자들은 끔찍할 만큼 섬뜩한 뱀이 등장하는 장면으로 관객에게 공포심을 자극하길 좋아하지만, 나는 실제로 초원방울뱀Prairie Rattlesnake을 찾으면서 공포심을 이겨 내야 했다.

초원방울뱀은 독을 품은 살무삿과Pit Viper로, 살무사라는 이름은 눈과 콧구멍 사이에 있는 열 흡수 구멍heat-sensing pit에서 유래했다. 일반적으로 초원방울뱀은 공격적이지 않지만, 꼬리를 흔들어 내는 소리로 불청객에게 경고하며 자신을 강력하게 방어한다. 그런데도 불청객이 물러나지 않으면 치명적인 무기, 즉 사람을 죽일 정도로 강한 독을 날카로운 송곳니로 주입한다. 초원방울뱀은 캐나다 남서부, 미국 서부, 멕시코 북부 사람들을 이웃으로 둔 '사랑스러운' 생물이다.

초원방울뱀의 특성을 알고 난 뒤, 나는 괜히 뱀독 채취용 초원방울뱀을 추적하기 시작한 건 아닌지 고민이 되었다. 다행스럽게도 나는 혼자가 아니었다. 내 가이드는 노스콜로라도대학교 생물학과 교수이자 뱀 전문가인 스티브 매케시Steve Mackessy로, 그는 튼튼한 뱀 후크(뱀을 잡을 때 쓰는 갈고리-옮긴이)와 다리 보호용 부츠 덮개를 준비하고 '아마도' 괜찮을 거라 장담했다.

콜로라도의 광활한 대초원은 초원방울뱀을 추적하기에 완벽한 장소였다. 매케시가 방울뱀의 낙원으로 알려진 지점으로 안내했다. 그곳은 지대가 높은 철길 밑에 설치된 커다랗고 표면이 울퉁불퉁한 금속 빗물 배수관이었다. 그곳은 태양열을 받은 금속 배수관이 우리의 변온동물 친구들에게 온기를 전달한다는 점에서, 몸을 따뜻하게 데우려는 뱀에게 이상적인 장소였다. 화물열차가 덜컹거리며 지나가고, 내 몸에서 아드레날린이 솟구쳤다. 사막처럼 느껴지는 그 지역을 이리저리 돌아다니며 터무니없는 실험을 준비하는 동안, 나는 불현듯 미국 드라마 시리즈 '브레이킹 배드Breaking Bad'의 한 장면으로 들어온 듯한 기분이 들었다.

흥분에 휩싸인 상태였지만, 어느 때보다 조심해야 했다. 초원방울뱀은 변장의 달인이자, 사냥 전략을 완벽하게 발전시킨 노련한 매복 사냥꾼이다. 이들은 두 가닥으로 갈라져 쉭쉭 소리를 내는 혓바닥으로 공기를 '맛'보면서 동물들이 드나든 흔적을 찾는다. 뱀의 혀는 몹시 민감해서 가장 최근에 지나간 동물이 어느 방향으로 갔는지도 탐지한다. 그러면 초원방울뱀은 지나간 동물이 돌아오기를 기다린다. 초원방울뱀의 사냥감은 프레리도그Prairie Dog부터 고퍼Gopher에 이르는 설치류와 조류, 도마뱀, 그리고 다람쥐와 토끼 같은 작은 포유류를 포함한다.

초원방울뱀은 S자 형태로 몸을 단단히 웅크린 채로 공격할 준비를 마치고, 열 흡수 구멍을 사용해 다가오는 정온동물의 몸에서 방출되는 열의 형태인 적외선 복사를 감지한다. 뱀에게 사냥감은 밤의 불빛처럼 빛난다. 사냥감이 가까이 다가가면 방울뱀은 번개처럼 빠르게 공격을 퍼붓고, 순식간에 송곳니로 사냥감을 물어 독을 주입하고는 곧장 놓아준다. 이처럼 사냥감을 공격하고 풀어 주는 전략을 통해, 뱀은 날카롭지만 연약한 송곳니가 손상될 가능성을 낮추고 사냥감의 반격을 피한다.

초원방울뱀의 독은 치명적인 독소의 혼합물로 피부나 근육 같은 살아 있는 조직을 파괴하기 때문에, 나는 어떠한 대가를 치르더라도 뱀 송곳니에 물리는 것만은 피하고 싶었다. 마침내 초원방울뱀의 움직임이 눈에 띄었다. 매케시와 함께 침착하게 뱀을 찾은 다음, 성체 초원방울뱀에게서 2미터 정도 떨어진 지점에 누워, 뱀 가죽의 갈색 줄무늬와 뱀 꼬리 끝의 방울을 자세히 관찰했다. 한 가지 덧붙이자면 이때는 매우 이른 아침이었다. 지평선 너머로 태양이 이제 막 올라오기 시작한 참이라 공기가 여전히 차가웠던 까닭에, 체온이 낮은 상태였던 뱀들은 비교적 느리게 움직였다.

점심을 먹고 돌아와 보니 상황은 달라져 있었다. 빗물 배수관 쪽으로 걸어가는 동안 나는 잠시 방심했고, 그때 내가 목격한 가장 큰 방울뱀이 우리가 가는 길을 가로질러 질주해 다가왔다. 메두사와 마주쳐 돌이 된 것처럼 나는 얼어붙었다. 그러나 매케시는 달랐다. 그는 깜짝 놀라 펄쩍 뛰더니 본능적으로 나를 붙잡고 일종의 인간 방패가

되어 주었다. 나는 어찌해야 할지 몰랐으나, 피부에 소름이 돋았으니 살아 있었던 건 분명하다.

나는 뱀이 두렵긴 했지만, 한편으로는 팔다리 없이 그토록 쉽게 움직일 수 있다는 점에서 뱀이 무척 존경스러웠다. 이는 전 세계 양서류학자와 뱀 애호가가 공유하는 감정이라고 확신한다. 오늘 어쩌면 여러분도 그 명단에 추가될 수 있는데, 뱀은 미래에 수많은 생명을 구할 수색 구조 로봇에 영감을 주는 원천이기 때문이다.

뱀은 약 3,700여 종이 알려져 있으며 남극 대륙, 아이슬란드, 아일랜드, 그린란드, 뉴질랜드를 제외한 거의 모든 지역에 서식한다. 독이 있는 600여 종 가운데 아시아킹코브라Asian King Cobra는 몸길이가 5미터를 넘어 가장 길고, 호주내륙타이판Australia's Inland Taipan은 독성이 가장 강하다. 독성이 없는 뱀 중에는 남아시아에 서식하는 그물무늬비단뱀Reticulated Python이 몸길이 7미터로 세계에서 가장 길고, 남아메리카에 서식하는 그린아나콘다Green Anaconda는 몸무게가 최대 100킬로그램으로 세계에서 가장 무겁다. 방울뱀과 마찬가지로, 킹코브라는 사냥감이 독으로 죽어 가는 동안 몸통으로 사냥감을 옥죄어 신속히 숨통을 끊는다.

사냥감을 독으로 죽이든, 옥죄어 죽이든, 독이 없는 가터뱀Garter Snake처럼 산 채로 잡아먹어 죽이든, 거의 모든 뱀은 먹이를 통째로 집어삼킨다. 많은 뱀이 자기 머리 넓이보다 세 배 더 큰 동물을 잡아먹을 수 있다. 그러려면 꽤 많은 양을 한입에 삼킬 수 있어야 한다. 이러한 능력은 느슨하게 연결된 뱀의 턱뼈에서 나오며, 그런 측면에서 뱀은 인간보다 훨씬 유연하다. 뱀은 일단 먹이가 입속에 들어오면 도망치거나 빠져나가는 것을 방지하기 위해, 뒤쪽을 향해 돋은 이빨로 먹이를 물어 고정한다.

존스홉킨스대학교 기계공학과 조교수 첸 리Chen Li가 이끄는 연구팀은 뱀이 복잡하고 다양한 지대를 쉽게 이동하는 능력에 주목했다. 뱀에서 아이디어를 얻어 미래에 생명을 구할 수색 구조 로봇을 개발할수 있을까?

첸 리와 연구팀은 지진으로 허물어진 건물 잔해 위와 좁은 틈 사이를 이동할 수 있는 로봇을 설계하기로 했다. 제약이 있는 장소에서는 뱀처럼 생긴 로봇이 완벽한 해답처럼 보였다. 공간을 넓게 차지하지 않으며, 좁은 틈새를 기어가 큰 물체 위에 오를 수 있기 때문이다. 과거에 진행된 뱀 연구는 대부분 뱀이 평평한 표면을 가로지를 때의 움직임에만 초점을 맞추고, '3차원 지형'에서의 움직임은 거의 밝혀낸 바가없다. 3차원 지형이란 울퉁불퉁한 지표면이나 쓰러진 나무, 거친 바위같은 곳을 말한다. 이러한 유형의 표면은 평평한 표면보다 이동하기가 훨씬 어렵다. 숲에서 울퉁불퉁한 길을 달려 본 적이 있다면, 무슨의미인지 알 것이다. 평평하게 포장된 길을 달릴 때보다 미끄러져 넘어질 가능성이 훨씬 크다. 울퉁불퉁한 지표면에서는 안정감이 떨어진다. 로봇도 마찬가지이다. 뱀 로봇에 대한 영감을 얻기 위해, 연구팀은 뱀 중에서도 거친 돌투성이 땅을 가로질러 이동하는 데 능한 종을연구해야 했다.

연구팀이 선택한 뱀은 멕시코 북동부 타마울리파스주 고원의 다양한 지형에서 발견되는 종인 베리어블왕뱀Variable Kingsnake이었다. 성체는80센티미터까지 자라며, 첸 리 연구팀에게는 다행스럽게도 독성이 없다. 이들은 사냥감을 몸통으로 옥죄어 죽이고, 일반명이 암시하듯 무늬가 상당히 다양하다('variable'은 다양하다는 의미이다-옮긴이). 베리어블왕뱀의 색 조합에는 레오니스(바탕색이 다양하며 검은색 윤곽선으로 둘러싸인 빨간색 줄무늬가 있다-옮긴이), 벅스킨(바탕색은 회색이며 검은색 윤곽선으로 둘러싸인 빨간색 줄무늬가 있다-옮긴이), 밀크(바탕색이 빨간색이며 검은색 윤곽선으로 둘러싸인 노란색 줄무늬가 있다-옮긴이), 블랙(머리부터 꼬리까지 검은색이다-옮긴이) 네 종류가 있고, 블랙 베리어블왕뱀이 상당히 드물긴 하지만 하나의 알 무더기에서 네 가지 색 조합이 전부 나타날 수 있다. 아, 일반명 '왕뱀Kingsnake'이 어디에서 유래했는지 궁금한가? 이 이름은 왕뱀이 다른 뱀을 먹는 습성에서 나왔다. 왕뱀은 심지어 새끼 방울뱀도 먹으며, 이처럼 뱀을 먹는 행동은 오피오파지ophiophagy라고 불린다. 야생에서 모든 종류의 지형과 마주한다는 점에서, 베리어블왕뱀은 이동의 달인으로 불릴 자격이 있다. 게다가 베리어블왕뱀이 사육장 안에 갇혀서도 잘 지낸다는 것은 연구팀에게 행운이었다.

연구팀은 일련의 실험을 진행하며 뱀이 장애물과 마주하면 어떻게 몸을 구부리는지 관찰했다. 5센티미터, 10센티미터 높이의 계단을 준비하고 표면이 거친 헝겊, 매끄러운 종이 등을 계단 위에 덮었다. 뱀세 마리가 높이와 표면이 서로 다른 계단 위에 각각 10회씩 올라가도록 반복 실험했다. 결과는 명백했다.

계단을 오르는 뱀은 몸을 세 부분으로 구분할 수 있다. 몸의 앞과 뒷부분은 지표면에 가깝게 머물면서 평평한 두 계단의 표면을 앞뒤로 꿈틀거리며 움직이고, 두 계단 사이로 뻗은 몸의 중간 부분은 공중에 몸을 띄워서 높이가 다른 두 계단 사이를 연결한다. 연구팀은 꿈틀거리는 몸의 앞부분과 뒷부분이 뱀을 안정감 있게 지지하며 계단 아래로 떨어지지 않도록 막는다고 밝혔다. 계단이 높고 미끄러울 때 뱀은 비교적 천천히 움직였고, 몸의 앞부분과 뒷부분을 덜 꿈틀댔다. 이러한 방식으로 뱀은 안정감과 균형을 유지하며 계단 아래로 떨어지지 않았다.

챈 리 연구팀 소속 대학원생 치위안 푸Qiyuan Fu는 뱀이 계단을 오르는 영상을 보고, 그 움직임을 모방하는 로봇을 제작했다. 로봇은 본체

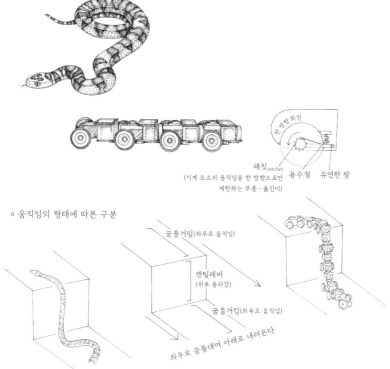

베리어블왕뱀Variable Kingsnake, *Lampropeltis mexicana thayeri*

래칫ratchet
(기계 요소의 움직임을 한 방향으로만
제한하는 부품 - 옮긴이)

한 방향 회전

용수철   유연한 팔

○ 움직임의 형태에 따른 구분

꿈틀거림(좌우로 움직임)

캔틸레버
(위로 올라감)

꿈틀거림(좌우로 움직임)

좌우로 꿈틀대며 아래로 내려온다

길이가 1미터이고, 무게는 2킬로그램이 조금 넘으며, 객차 여러 칸이 연결된 장난감 기차처럼 보인다. 뱀 로봇은 총 19칸으로 구성된다. 객차를 연결하는 특수한 연결 부품이 각 객차가 위아래 또는 좌우로 움직일 수 있게 해 주며, 여기서 로봇이 계단을 오를 때 필요한 유연성이 나온다. 각 객차에는 한 방향으로만 굴러가는 바퀴 한 쌍이 설치되었다. 바퀴는 앞으로 회전할 때 잠금이 풀렸다가, 뒤로 회전할 때 다시 잠긴다. 결과적으로 로봇은 앞으로 나아갈 때는 약간의 마찰력을 받고, 뒤나 옆으로 움직이려 할 때는 훨씬 더 강한 마찰력을 받는다. 이러한 설정은 어느 면에서 뱀의 비늘이 작동하는 방식과 아주 흡사하며, 로봇을 앞으로 나아가게 하는 데 도움이 된다.

초기 실험에서 뱀 로봇은 높은 계단에서 안정과 균형을 유지하는 데 어려움을 겪으며 이따금 뒤뚱거리고 뒤집히거나 계단에 갇혀 빠져나오지 못했다. 반면 실제 뱀은 늘 안정적이다. 뱀이 안정적인 이유는 무엇일까? 앞에서 언급했듯이, 뱀은 계단을 올라갈 때 몸의 중간 부분을 공중에서 곧게 뻗어 유지했다. 이러한 형태를 캔틸레버cantilever라고 부른다. 뱀은 또한 균형을 유지하기 위해 계단의 수직 표면에 기대기도 한다. 꿈틀거리던 몸의 앞부분과 뒷부분을 펼쳐서 넓은 공간과 접촉하면, 뱀은 계단에서 굴러떨어지지 않게 된다. 가장 중요한 것은, 로봇의 단단한 바퀴는 평평한 표면과 계속 접촉하지 못하지만 뱀의 부드러운 몸은 항상 평평한 표면과 접촉한다는 점이다.

연구팀은 뱀 로봇에 자동차 서스펜션을 추가로 설치하여 안정성을 높이기로 했다. 서스펜션이란 차체와 각 바퀴 사이에 설치되는 용수철로, 차체가 흔들리더라도 바퀴가 바닥 표면에 계속 접촉하도록 만든다. 바퀴를 바닥에 대고 밀면, 용수철이 압축되면서 바퀴 대부분이 표면에 접촉한 상태를 유지한다. 새로운 서스펜션이 장착되자 뱀 로봇은 불안정하게 흔들리지 않았고, 몸길이 38퍼센트에 해당하는 높이의 계단도 오르게 되었으며, 서스펜션을 추가하기 전과 비교해 모든 목표 달성률이 두 배 상승해 거의 100퍼센트에 이르렀다.

다른 연구팀이 개발한 뱀 로봇과 비교하면 첸 리의 로봇은 서스펜션이 장착되어 더 많은 전기를 소모한다는 단점이 있지만, 다른 뱀 로봇 경쟁자보다 안정적이고 속력이 빠르다는 장점이 이 단점을 보완했다. 더욱이 첸 리의 뱀 로봇은 실제 베리어블왕뱀이 움직이는 속력을 거의 따라잡았다.

첸 리와 연구팀은 뱀 로봇 연구를 이어 가면서 좀 더 복잡한 3차원 지형이나 여러 장애물이 있는 지표면도 능숙하게 이동하는 기술을 개발할 계획이다. 그리고 미래에는 뱀 로봇이 산을 오르고, 지진 잔해를 뚫고 나아가며, 심지어 화성에서 암석 위로 지나다니기를 기대한다. 이동력이 향상된 뱀 로봇에는 원격 센서와 카메라가 장착되어 수색과 구조, 환경 추적 감시와 행성 탐사 등 광범위한 작업을 지원할 것이다. 물론, 여러분이 지진 잔해에 파묻힌 상태에서 다가오는 뱀 로봇을 목격하면 어떻게 반응할 것인가는 다른 차원의 문제이다!

18장

나비와
친환경 페인트

날아가는 나비의 불규칙한 비행과 반짝이는 날개에는 눈길이 가지 않을 수 없는데, 남미와 중앙아메리카에 서식하는 파란색의 모르포나비 Morpho Butterfly는 세계에서 가장 아름다운 나비로 꼽힌다. 날개 폭이 20센티미터에 이르기에 날개를 활짝 펼친 모르포나비는 여러분의 손바닥보다 더 클 수 있다. 모르포나비의 놀라운 점은 크기만이 아니다. 이 나비의 아름다운 푸른 날개는 반짝이는 듯 보인다. 날개가 황홀하게 반짝이는 수컷 모르포나비는 자기 영역을 침범하는 경쟁자를 위협하고, 암컷 나비를 유혹하거나 포식자를 혼란스럽게 만들기 위해 빛나는 날개 색을 활용한다. 암컷 모르포나비는 날개 색이 수컷보다 선명하지 않고 파랗지도 않으며, 색은 갈색, 노란색, 검은색 등으로 다양하다.

수컷 모르포나비는 너무나도 인상적이어서, 이 나비와 함께 사는 사람들에게 특별한 의미로 통한다. 모르포나비는 영혼과 정신의 변화를 나타낸다고 여겨진다. 코스타리카 사람들은 반짝이는 파란색이 치유를 상징한다는 점에서 이 나비를 발견하면 종종 소원을 빈다. 그런데 모르포나비에게는 또 다른 중요한 의미가 있다. 이들은 우리가 사는 집을 변화시킬 열쇠를 쥐고 있다.

모르포나비만 보는 각도에 따라 색이 변화하는 무지갯빛iridescent 곤충이 아니며, 가장 유명한 무지갯빛 곤충은 비단벌레Jewel Beetle이다. 비단벌레를 실제로 보고 그것이 진짜 곤충인지 모조품인지 의심하는 것은 당연한 일이다. 비단벌레는 반짝이는 아름다움을 지닌 생명체이자 자연이 낳은 진짜 보석으로, 어느 비단벌레종은 17세기부터 겉날개가 예식 의상, 머리 장식, 장식용 직물, 보석, 예술품 등에 쓰이며 높이 평가받기도 했다. 그렇게 쓰인 비단벌레는 한두 마리가 아니다. 벨기에 예술가 겸 연출가 얀 파브르Jan Fabre가 이끄는 팀은 브뤼셀 왕궁에 있는 화려한 거울의 방Hall of Mirrors을 다시 장식하기 위해 비단벌레 겉날개를 150만여 개 사용했다. 얀 파브르의 상세 스케치에 맞추어 비단벌레 겉날개가 천장에 배열되었다. 파브르의 조수들은 파브르가 '기쁨의 천국'이라고 이름 붙인 작품에 4개월간 겉날개를 조심스럽게 붙였고, 그 과정에서 엄청나게 많은 비단벌레가 죽었다.

무지갯빛이 곤충에서만 발견되는 것은 아니다. 까치나 벌새 같은 새가 지닌 무지갯빛 깃털은 모르포나비처럼 가치 있게 여겨졌다. 과거 폴리네시아 문화권에서 새의 무지갯빛 깃털은 왕실의 망토를 만드는 데 쓰였다. 이와 비슷하게 진주를 만드는 조개의 껍데기 안쪽 표면, 다른 말로 자개는 보석류에 사용되었다. 일본부터 오스만제국에 이르는 지역의 예술가들은 부와 지위를 과시하기 위해 자개를 조각하여 장식을 만들었다. 이는 아즈텍 문화에서도 등장한다.

무지갯빛이라는 단어는 '무지개'를 뜻하는 라틴어 및 그리스어 단어 아이리스$_{iris}$에서 유래했고, 무지개를 인격화한 그리스 여신의 이름 또한 이리스$_{Iris}$로 신들의 전령 역할을 했다. 무지개의 변화하는 성질과 무지개가 생성하는 색의 범위 때문에, 무지갯빛이라는 단어는 무지개 또는 금속 표면처럼 보이거나 반짝거리는 상태를 의미하곤 한다. 무지갯빛은 매일 사용하는 무생물에서도 관찰된다. 비누 거품이나 기름기가 퍼진 도로의 작은 물웅덩이에서 무지갯빛을 본 적이 있을 것이다.

모르포나비로 돌아가면, 수컷 나비의 날개 윗면은 밝고 무지갯빛을 띠는 코발트색이지만, 실제로는 파란색 색소를 함유하지 않는다. 모르포나비는 일명 '구조색$_{structural\ colour}$(색소가 아닌 빛의 간섭, 굴절, 회절 등에 의해 나타나는 유채색-옮긴이)'을 아름답게 드러내는 나비라는 점에서 과학자들을 매료시켰다. 이들은 현재 색소를 함유하지 않은 물감과 직물을 만들기 위해 나비가 반짝이는 파란색을 나타내는 비결을 탐구하고 있다.

모르포나비의 색은 나비 날개를 덮은 미세한 비늘이 빛을 직접 반사한 결과이다. 날개의 비늘은 현미경으로 관찰하면 줄을 맞춰 나란히 붙인 타일과 비슷하게 보인다. 캘리포니아대학교 버클리 캠퍼스 소속 니팸 파텔$_{Nipam\ Patel}$이 이끄는 연구팀은 색이 나타나는 이유를 확인하기 위해 성체 나비는 물론 날개 색이 발달하는 중인 번데기도 들여다보았다. 연구팀은 번데기 껍질 안에서 떼어 낸 날개를 페트리접시에서 배양했다. 사진을 현상할 때 시간이 지나면 상이 드러나듯이,

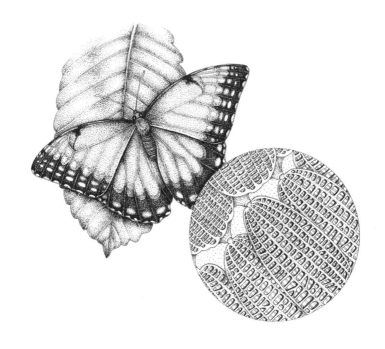

비늘들이 제각기 변형되면서 하얀 날개에 색과 무늬가 서서히 나타났다. 주요 구조는 비늘 표면에 올록볼록 솟은 미세한 이랑 구조다. 이구조가 빛을 반사하거나 서로 간섭하게 만드는 까닭에 일부 색은 더밝아지고 다른 색은 더 어두워진다. 빛이 비늘의 이랑 구조에 닿으면 '보강간섭constructive interference'이라는 현상이 발생한다. 이는 이랑의 양 옆면이 매끄럽지 않고 빗처럼 울퉁불퉁한 톱니 형태이기 때문이다. 이랑 내의 톱니 간격은 어느 파장의 빛을 밝힐지, 어느 파장의 빛을 어둡게 할지 결정한다. 이것이 우리의 눈에 나비 날개가 반짝이는 파란색으로 보이는 이유이다.

파텔을 비롯한 과학자들은 색소를 함유하지 않은 새로운 페인트와 직물을 개발하기 위해 구조색의 가능성을 확인하는 중이다. 상상해 보자! 기존의 화학 페인트가 아니라 차체를 구성하는 금속판의 구조로 색이 결정되는 자동차를⋯. 더는 상상하기 힘들 만큼 대단하다.

주로 자동차용으로 개발되는 새로운 페인트에는 빛의 간섭을 일으키는 색소가 포함되어 있어서, 나비 날개처럼 광원과 시야각에 따라 페인트 색이 변한다. 이러한 효과가 발생하는 원인은 페인트를 바른 물체 표면에서 빛이 반사되거나 굴절되는 과정에 색소가 개입하기 때문이다. 이 페인트에는 약 1마이크로미터 두께로 미세한 합성 물질 조각이 들어 있다. 합성 물질 조각은 유리와 비슷한 물질인 플루오린화 마그네슘으로 코팅된 알루미늄이며, 이 조각 내부에는 반투명한 크롬이 박혀 있다. 알루미늄과 크롬은 페인트에 금속 표면과 같은 생생한 반짝임을 부여하고, 유리와 비슷한 코팅층은 굴절 프리즘 역할을 하면서 관찰자가 움직이면 물체 표면의 겉보기 색이 다르게 보이도록 한다. 이와 유사한 페인트는 위조 방지 지폐에 쓰이는 시변각 잉크 optically variable ink(보는 각도에 따라 색이 변하는 특수 잉크-옮긴이)의 대체품으로 활용되기도 한다. 이러한 기술은 페인트에만 쓰이는 것이 아니다. 직물 분야에도 구조색이 유용하게 쓰인다.

섬유 회사 테이진은 나일론과 폴리에스터층을 61번 겹친 섬유를 개발했으며, 이 섬유는 색소 없이 파란색, 녹색, 빨간색과 같은 기본 색상을 나타낸다. 한 번 더 강조하자면, 이 섬유는 모르포나비의 날개에 바탕을 둔다. 따라서 빛의 세기와 각도에 따라 다양한 색을 드러낼 수 있다. 전통적인 방식으로 섬유와 옷을 염색할 때 쓰는 색소에는 문제가 있다. 색소는 공장 폐수에 섞여 강으로 흘러 나가면 자연에서 분해되지 않으므로, 심각한 환경오염을 일으킬 수 있다. 섬유 염색은 또한 대기오염 물질을 생성한다. 실제로 세계 곳곳의 도시에서 염색 산업은 지표수와 지하수에 심각한 오염을 일으켰다. 새롭고 혁신적인 색 변환 직물과 페인트를 생산하는 과정에는 염료가 쓰이지 않으므로, 기존 염색 공정에 투입되는 많은 양의 물과 에너지가 절약된다. 마지막으로 구조색의 또 다른 장점은 색이 바래지 않는다는 것이다.

태양열로 움직이는 꼬마사향제비나비

화려한 나비에는 남아시아에 서식하는 꼬마사향제비나비Common Rose Butterfly도 있다. 호랑나비과Swallowtail에 속하며, 뒷날개의 가장자리가 제비 꼬리와 비슷하게 두 갈래로 갈라지며 길게 뻗었다. 영어 이름에서 'rose'는 붉은 장미와 색이 같은 진홍색 몸통과 날개 무늬에서 유래했다. 날개 아랫부분에는 눈에 띄는 흰색 반점이 있으며, 이 밝은색 방울 무늬는 포식자를 쫓는 장치이다. 이 무늬를 보면 포식자는 깜짝 놀라거나, 나비 몸의 주요 부위를 공격하지 못하게 된다.

꼬마사향제비나비에서 특히 눈에 띄는 특징은 날개 위쪽 대부분을 채운 색으로, 벨벳 질감의 새카만 검은색이다. 검은색의 명도는 암컷과 수컷이 다른데 수컷이 더 낮으며, 이 아름다운 날개의 용도는 누군가에게 보여 주는 것이 전부가 아니다. 과학자는 꼬마사향제비나비의 날개가 햇빛을 잘 모으도록 진화했음을 발견했으며, 광학공학자는 그러한 나비의 능력을 모방해 새로운 유형의 박막 태양전지(유리 또는 금속 기판 위에 물질을 증착해 만드는 태양전지-옮긴이)를 개발하고 있다.

나비는 다른 곤충과 마찬가지로 변온동물이기에 몸에 필요한 모든 열과 에너지를 생산할 수 없다. 최적의 활동 온도(섭씨 약 30도)로 몸을 데우려면 주위 열에 의존해야 한다. 여러분은 나비가 햇빛을 받으며 날개를 펴고 쉬는 모습을 목격한 적이 있을 것이다. 나비는 단순히 즐거워서 햇볕을 쬐며 앉아 있는 것이 아니다. 비행에 필요한 에너지를 태양에서 얻어야 하기 때문이다. 배스킹basking, 즉 햇빛을 흡수하려고 날개를 뻗는 행동은 나비가 체온을 올리는 가장 좋은 방법이며, 어두운색은 햇빛을 반사하는 밝은색보다 더 많은 열과 빛을 흡수한다.

미국 칼텍과 독일 카를스루에공과대학교에서 연구를 수행한 광학 공학자 라드와눌 시디크Radwanul Siddique는 나비 날개의 미세구조가 반짝이는 무지갯빛을 나타내는 원리에 흥미를 느끼고, 여기서 태양전지를 개선할 아이디어를 얻었다. 처음에 그는 파란색 모르포나비를 연구했으나, 독일 만하임에 있는 나비 사육실을 방문하고 꼬마사향제비나비에 매료되었다. 검은 날개의 벨벳 질감에 마음을 빼앗긴 시디크는 사육실에 요청해 나비 샘플을 채취하고 전자현미경으로 관찰하여 나비 날개의 원리를 이해했다.

시디크는 꼬마사향제비나비 날개 표면을 관찰해 다른 나비처럼 수천 개의 작은 비늘로 이루어졌음을 확인했으며, 세부 조사를 이어 나가던 중 상당히 놀라운 사실을 발견했다. 각각의 나비 비늘에서 볼록 솟은 이랑들은 복잡한 구조를 형성했는데, 이랑 구조가 서로 교차하며 일종의 격자를 이루었다. 격자 구조에는 크기가 미세하고 다양한 수많은 구멍이 무질서하게 배열되어 있었다. 격자는 곤충의 외골격에서 발견되는 단단한 물질인 키틴으로 만들어졌다. 또 인간의 머리카락과 피부에 색을 부여하고 빛을 흡수하는 멜라닌도 함유했다. 나비 날개가 아름답고 어두운색을 띠도록 만든 물질은 알고 보니 멜라닌이었다.

시디크는 미세 격자 구조가 나비 날개의 빛 흡수 방식을 개선한다는 것을 깨달았다. 날개에 부딪힌 빛은 볼록 솟은 이랑과 구멍에서 산란을 일으키고 비늘에 다시 반사되어 멜라닌에 흡수된다. 즉, 나비 날개는 태양에서 빛을 직접 흡수할 뿐만 아니라 산란과 반사를 일으켜 가능한 한 많이 재흡수한다. 시디크는 꼬마사향제비나비 날개의 아름다움은 물론 흐릿한 빛도 흡수하는 능력을 발견했다.

시디크의 발견은 태양전지판의 성능 향상을 연구하는 광학공학자에게 흥미롭고 가능성이 무궁무진한 세계를 열어 주었다. 효율이 가장 높은 태양전지판에는 두꺼운 결정질로 제작된 태양전지가 쓰인다. 이러한 유형의 전지판이 건물이나 옥상, 들판에 설치된 모습을 본 적 있을 것이다. 결정질 태양전지판은 태양이 하늘을 가로질러 움직이는 동안 많은 에너지를 생산하기 위해 각도를 정확히 맞춰 설치한다. 결정질 태양전지판은 설치 위치가 고정되므로 태양이 최적의 위치에 떠 있을 때는 제대로 작동하지만, 태양이 해당 위치에서 벗어나면 효율이 낮아진다. 이 문제는 움직이는 구조물에 태양전지판을 장착하여 태양을 따라 움직일 수 있게 만들면 해결되지만 비용이 많이 든다. 전지판을 움직이려면 모터가 필요하고, 유지 보수 비용이 추가로 소요될 뿐만 아니라, 모터를 움직일 전기도 공급해야 하기 때문이다.

다른 유형의 태양전지판에는 박막 태양전지가 쓰인다. 박막 태양전지는 계산기나 시계와 같은 작은 기계 장치에 장착된다. 결정질 태양전지와 비교하면 박막 태양전지는 생산 비용이 훨씬 낮고 광 흡수층이 1,000배 얇다. 그런데 빛을 적게 흡수해 효율이 낮아서 많은 에너지 생산량을 요하는 태양전지판에는 쓰이지 않는다. 시디크와 연구팀은 박막 태양전지에 꼬마사향제비나비 날개의 격자 구조를 적용하면 태양전지의 효율이 향상할지 궁금했다. 효율을 높일 수 있다면, 수많은 분야에서 값싸고 가벼운 박막 태양전지를 활용할 것이다. 어쩌면 새롭게 설계된 박막 태양전지가 거대한 태양전지판을 구성하게 될지도 모른다.

연구팀은 실험실에서 꼬마사향제비나비의 날개를 뒤덮은 격자 구조의 제작법을 연구했고, 도출된 해결책은 기발했다. 이들은 미세한 격자 구조를 직접 만들지 않고, 구조가 저절로 만들어지는 방식을 찾았다. 액상 플라스틱 두 종류를 섞어 혼합 용액으로 만들고, 평평한 표면 위에 부었다. 건조되는 동안, 혼합되어 있던 두 종류의 플라스틱 물질은 서로 반발하면서 자연스럽게 나비 날개와 같은 격자 구조를 이루었다.

연구팀은 플라스틱 격자 구조를 태양전지에 적용하고 흡수하는 빛의 양을 측정했다. 격자 구조 태양전지는 표면이 매끄러운 기존 박막전지를 기준으로 직사광선을 90퍼센트 더 흡수하고, 광원 옆에 비스듬히 놓아 두면 기존 박막전지를 같은 각도로 두었을 때보다 빛을 200퍼센트 더 흡수했다. 연구팀은 새로운 박막 태양전지가 태양광 발전을 원하지만 일조량이 적은 지역에서 특히 효과적으로 쓰이리라 전망했다.

시디크와 연구팀은 여전히 꼬마사향제비나비에 착안해 태양전지를 개발하는 중이다. 지금까지 테스트 결과를 종합하면, 새롭게 개발된 태양전지는 현재 시판 중인 기존 태양전지보다 효율이 높고 값이 싸며 제조하기 쉽다는 중요한 장점을 지닌다. 이들은 LED 조명과 바이오 센서 같은 다른 광학 장치에도 나비 날개 기술을 적용하고 있다. 그리고 값싼 고효율 태양전지판이 기존 태양전지판보다 훨씬 다양한 상황에 쓰이며 인류의 화석 연료 의존도를 낮추는 데 도움이 되길 바란다. 이 놀라운 혁신을 불러왔다는 점에서, 우리는 검은색 바탕에 빨간색 무늬가 있는 아름다운 나비 날개에 감사해야 한다.

나비 전시관

15세기 르네상스 시대에 건축가 필리포 브루넬레스키Filippo Brunelleschi는 달걀 껍데기의 구조와 내구성을 자세히 연구한 뒤 이탈리아 북부 피렌체 대성당에 올릴 얇고 가벼운 돔을 설계했다. 전해지는 이야기에 따르면, 이 성당이 지어지던 당시에는 돔 설계법을 아무도 몰랐다고 한다. 1419년 목재 상인 조합은 돔 설계 아이디어를 겨루는 공모전을 열고 건축가들을 초청했다. 브루넬레스키도 공모전에서 건축 모델을 공개해 달라는 요청을 받았지만, 단호하게 거절했다. 그 대신 앞에 놓인 탁자에 달걀을 바로 세울 수 있는 사람에게 돔 공사권을 주자고 제안했는데, 달걀을 세울 정도면 돔 건축에 필요한 기술을 가진 셈이기 때문이다.

다른 모든 건축가가 달걀 세우기에 도전했다가 실패하자, 브루넬레스키는 달걀을 집어 들고 그 끝을 두드려 아주 살짝 납작하게 만든 다음 탁자 위에 똑바로 세웠다. 분노한 다른 건축가들이 그런 식이라면 본인들도 달걀을 세울 수 있었다고 말하자, 브루넬레스키는 웃으면서 자신의 돔 건축 모델을 본다면 다른 사람들도 그대로 지을 수 있을 것이라 대답했다. 브루넬레스키의 이야기에 마음이 움직인 심사위원들은 그에게 돔 공사권을 주기로 했다. 브루넬레스키의 돔은 끝이 약간 납작해진 달걀과 닮았다. 돔은 약 17년 만에 완공되었으며 지금까지 세계에서 가장 큰 석조 돔으로 남았다.

최근 몇 년 동안 디지털 기술과 3D 프린팅이 발전하면서 생물의 형태와 구조를 똑같이 만들 수 있게 되었다. 이와 관련된 한 가지 사례로는 웨스트민스터대학교 출신 티아 카라트Tia Kharrat가 설계한 나비 전시관 '변형:시작Metamorphosis: Inception'이 있다.

대성당 돔을 설계한 브루넬레스키처럼 카라트도 알의 형태를 모방했으며, 이번에는 싱가포르 멸종 위기종인 흰색왕족나비White Royal Butterfly의 알껍데기이다. 나비가 동그란 알을 잎 뒷면에 낳으면, 처음에는 녹색 빛이 도는 흰색이던 알의 색이 몇 시간 뒤 사라진다. 각각의 알은 지름이 1밀리미터도 되지 않을 정도로 작고, 아름답고 올록볼록한 프랙털fractal 패턴에 덮여 있다. 프랙털은 정말 멋지다. 프랙털이란 한 물체에서 패턴이 다양한 척도로 반복되는 형상으로, 눈송이를 현미경으로 관찰하면 보인다.

카라트는 나비 알의 프랙털 패턴을 3차원 소프트웨어와 복잡한 수학으로 복제하여 디지털 이미지로 표현한 다음, 3차원으로 프린팅하여 물리적인 구조물로 구현했다. 구조물은 올록볼록한 판이 육각형을 이룬 형태였다. 카라트는 자신이 설계한 구조를 설명하면서 각 판에 구멍이 뚫려 빛과 공기가 통과하는 축구공의 내부에 비유했다.

카라트는 생체모방이 자연 형태를 있는 그대로 모방하는 일은 아니라고 지적한다. 그의 설명에 따르면 생체모방은 시간을 들여 자연이 만든 형태를 관찰하고, 관찰한 형태를 활용해 문제를 해결하며, 새로운 방식으로 형태를 창조하는 과정이다. 카라트는 나비 알을 연구한 결과에서 새로운 디자인에 대한 영감을 얻었다. 그가 최종적으로 설계한 구조는 나비 알을 있는 그대로 베낀 복사본이 아니라, 나비 알에서 얻은 기하학적 규칙을 프랙털로 확장하여 설계한 결과이다.

카라트는 석사 학위 과정을 밟으며 나비 전시장 작업을 처음 시작했고, 처음부터 나비 사육 시설을 수용하도록 구조물을 설계했다. 그는 열성적인 환경보호론자로서 나비 개체 수가 전 세계에서 감소한다는 사실을 알리는 데 자신의 연구가 도움이 되기를 바라며, 인간은 나비를 보존할 뿐만 아니라 나비에게 고마워해야 한다고 생각한다. 그리고 나비 알을 모방한 전시장의 구조는 내부에 머무르는 사람에게 심리적으로 좋은 영향을 준다고 믿는다. 인간은 자연 발생하는 패턴에 무의식적으로 친숙함을 느끼므로, 그런 패턴에 둘러싸여 있으면 마음이 편안해지기 때문이다.

카라트가 설계한 구조물은 본래 나비 전시장이었지만, 별장이나 예배당 등 다른 용도로 활용될 수 있다. 그는 반투명 재료를 사용하고, 공간을 적절하게 배치하고, 어른거리는 빛이 내부를 비추도록 구조물을 설계해 사람들이 생명에 관해 사색하게 되는 공간을 탄생시켰고, "자기 변형의 첫 단계를 경험하라"라는 매혹적인 말을 남겼다.

19장

아라파이마와
무적 방탄복

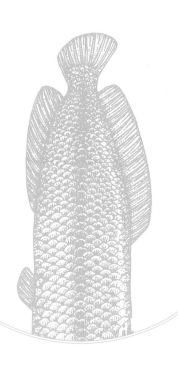

아마존강! 어린 시절 나는 그 신비로운 자연에 경탄하지 않을 수 없었다. 나는 늘 아마존강이 '지구에서 가장 큰 강' 순위의 주요 경쟁자라고 생각했다. 내 머릿속에는 아마존강과 나일강이라는 강력한 두 경쟁자가 있었다. 공식적으로 세계에서 가장 긴 강은 나일강으로, 가나인 부모에게서 태어난 나는 아프리카가 승리했다는 점에서 만족한다. 그러나 유량으로 따지면 가장 큰 강은 아마존강으로 다른 강들을 압도한다.

미국 지질조사국에 따르면, 아마존강과 아마존강의 지류는 면적이 약 690만 제곱킬로미터로 남아메리카 전체 면적의 38퍼센트를 차지하며, 안데스산맥에서 시작해 대서양으로 흘러간다. 바다에서 가장 멀리 떨어진 강의 지점을 두고 뜨거운 논쟁이 벌어졌으며 수백 년 동안 무수한 지점이 거론되었으나, 2007년 브라질 국립우주연구소는 아파체타천Apacheta Creek을 아마존의 원천으로 정했다. 아파체타천에서 아마존강 하구 남부 지역의 마라조만Marajó Bay까지 거리는 약 6,992킬로미터로 계산되었다. 국립우주연구소는 같은 기술을 활용해 나일강이 약 6,853킬로미터라고 밝혔으며, 이로써 나일강은 두 번째로 긴 강이 될 것이다. 아마존이 정상에 올랐지만, 얼마나 오래갈 수 있을까?

아마존강은 초당 21만 9,000세제곱미터라는 어마어마한 양의 담수를 대서양으로 방출하며, 이는 세계 7대 강 가운데 나머지 여섯 개 강이 방출하는 담수를 전부 합친 양보다 많다. 아마존강의 삼각주 폭은 320킬로미터로, 강의 퇴적물을 함유한 갈색 강물이 100킬로미터 밖 바다에서도 감지된다.

아마존강은 한때 태평양으로 흘러들었고, 태평양에서 190킬로미터 떨어진 지점에 아마존강 원류가 있다. 아마존강 원류에서는 특히 눈 녹는 봄철에 산의 동쪽 경사면을 따라 물이 거대한 폭포처럼 쏟아지고, 아마존강 하류에서는 평평한 지면을 따라 강물이 잔잔하게 흐른다. 아마존강은 강바닥 경사가 완만해서 수천 킬로미터를 흐르는 동안 낮아지는 높이가 킬로미터당 1.5센티미터도 되지 않는다. 그래서 강물은 비교적 천천히 굽이치며 야생동물의 서식지인 우각호가 수없이 형성된다.

아마존강의 강폭은 건기에 4~5킬로미터이지만 우기에는 50킬로미터까지 확장되며 주변 열대우림을 물에 잠기게 한다. 이처럼 물에 잠기는 '침수림', 다른 말로 바르제아várzea는 아마존 분지에서 생산성이 가장 높은 지역에 해당한다. 침수림에는 강돌고래River Dolphin, 바다소Manatee, 가오리Stingray 등 독특한 생물들이 나무 꼭대기 사이를 헤엄쳐 다니며, 일부 물고기는 과일과 견과류를 먹고 산다. 여기서 가장 큰 물고기는 사실상 지구에서 가장 큰 민물고기로 아라파이마Arapaima, 다른 이름으로는 피라루쿠Pirarucu이다. 지금까지 기록된 가장 큰 아라파이마는 머리부터 꼬리까지 길이 3.07미터, 몸무게 200킬로그램이며, 몸길이가 4.5미터를 넘는 개체도 발견되었다고 하지만 정확하게 검증된 적은 없다.

슬프게도, 내가 처음이자 마지막으로 아라파이마를 목격한 장소는 아마존 분지 남서쪽 습지 지역인 판타나우의 레스토랑 수족관이었다. 저녁 메뉴로 아라파이마를 주문하지 않았으니 걱정하지 않아도 된다. 수족관에서조차 아마존의 거인 아라파이마는 뭔가 특별한 존재로 보였다. '살아 있는 화석'이자 '공룡 물고기'로 알려진 골설어과Bonytongue의 일종이어서 그런지, 아라파이마를 관찰하는 동안 시간을 엿보는 기분이 들었다. 아라파이마는 적어도 1,300만 년간 지구에서 거의 변화하지 않은 생물종이며(콜롬비아에서 발견된 화석의 나이가 1,300만 년이다), 따라서 아주 오래전부터 지구에서 산 민물고기 중 하나다. 넓적한 녹색 머리에 유선형 몸통, 크고 작은 반점이 있는 꼬리를 지닌 아라파이마는 이 지역의 다른 수많은 동물과 마찬가지로 멸종 위기에 처했다. 레스토랑 방문으로 알게 된 바에 따르면, 아라파이마는 상당히 맛있다고 하며 이따금 '아마존의 대구Cod'라고 불린다. 지역 거주민들은 수백 년간 아라파이마를 포획해 왔고 잡은 아라파이마를 소금에 절여 보관했다.

아라파이마에서 발견되는 독특한 특징은 호흡에 아가미를 쓰지 않는다는 점이다. 아가미를 쓰지 않는 물고기, 낯설다! 그렇다면 이들은 어떻게 숨을 쉴까? 아라파이마는 원시 폐 역할을 하는 변형된 부레로 공기를 들이마신다. 그래서 아라파이마는 숨을 쉬려면 10~20분마다 수면으로 헤엄쳐 올라와야 한다. 아라파이마에게 가까이 다가가면 수면에서 기침 소리와 다소 비슷한 꿀꺽거리는 독특한 소리가 시끄럽게 나는데, 이 소리는 꽤 멀리서도 들린다. 아라파이마의 호흡 방식이 이처럼 진화한 이유는 서식하는 침수림의 산소 농도가 대개 낮기 때문이다. 침수림은 건기에 물이 빠져나가면 부패한 식물로 가득 차며 물속의 산소가 빠르게 소모된다. 그런데 아라파이마는 폐로 호흡할 수 있으므로 강에서 더는 산소를 공급받지 못하는 다른 물고기를 잡아먹으며 번성한다.

아라파이마가 쉽게 생존하는 방식을 습득한 것처럼 들리겠지만, 이들이 침수림의 유일한 포식자는 아니다. 침수림은 부패하는 식물 사이에 알을 낳는 또 다른 아마존 물고기 떼를 끌어들인다. 이 물고기는 상대를 잔인하게 물어뜯기로 악명 높은 피라냐Piranha이다.

여러분은 나와 취향이 비슷하다면 피라냐가 친숙할 것이다. 나는 내 사촌들과 함께 피라냐에 온통 마음을 빼앗겼었다. 액션 영화가 절정에 이르러 악당이 피라냐 수족관에 적들을 던져 넣어 해치우는 장면이 나오면, 마음이 불편한 한편 먹이를 두고 신나게 경쟁하는 피라냐 떼를 지켜보았다. 나는 사람이 산 채로 피라냐에게 잡아먹히는 데 시간이 정확하게 얼마나 걸릴지를 두고 사촌들과 몇 주 동안 입씨름하곤 했다. 진실은 피라냐가 사람들에게 알려진 것만큼 위험하지 않다는 것이다. 피라냐는 손가락이나 발가락을 물어뜯기는 해도 치명적이지는 않은데, 최근 예외적인 사건이 여러 차례 발생했다. 2010년 볼리비아에서는 청년이 술에 취해 수영하다가 피라냐에 목숨을 잃었다.

2012년에는 여자아이가 빨간배피라냐Red-bellied Piranha 떼에게 공격당해 사망했고, 2015년에는 여자아이가 할머니 소유의 배를 타고 가다가 배가 뒤집혀 피라냐에게 목숨을 잃었으며, 두 사건 모두 브라질에서 일어났다.

브라질 투피족의 언어로 피라냐는 '이빨이 있는 물고기'를 의미한다. 피라냐의 날카로운 이빨은 핑킹가위의 날처럼 지그재그로 맞물린다. 피라냐의 턱은 머릿속 공간 대부분을 차지하는 거대한 근육으로 움직이는 까닭에 상대를 강하게 물 수 있다. 먹이를 잡은 피라냐는 꼬리를 세차게 흔들고 앞뒤로 움직여 살점을 발라내기 시작하며, 작은 동물이나 물고기를 먹는다면 몇 초 안에 뼈만 남길 수 있다.

아마존 침수림에 사는 일부 피라냐종은 주로 낮에 먹이를 먹는다. 수위가 낮아져 먹이가 줄면, 이들은 닥치는 대로 먹어 대며 강한 공격성을 드러낸다. 이때가 피라냐의 공격이 치명적인 시기이다. 건기에는 심지어 새, 특히 물 위에 튼 둥지에서 떨어진 어린 백로를 잡아먹는다고 알려졌다. 따라서 같은 지역에 사는 다른 수많은 생물종은 피라냐에게 물리지 않기 위해 밤에 먹이를 먹는다. 그러나 10~20분마다 공기를 한 모금씩 마셔야 하는 아라파이마는 밤에만 먹이를 먹는 사치를 누릴 수 없다. 그 대신 이 거대한 물고기는 기발한 보호 체계를 개발했다.

아라파이마의 몸은 갑옷처럼 층층이 쌓인 회녹색 비늘에 덮여 있다. 이 비늘은 피라냐의 강력한 턱에 물려도 찢어지거나 갈라지지 않는다. 아라파이마는 진화하면서 고유의 비늘 갑옷을 획득했으며, 이들의 비늘 갑옷은 놀랍게도 인간의 방탄복과 다르게 상당히 유연하

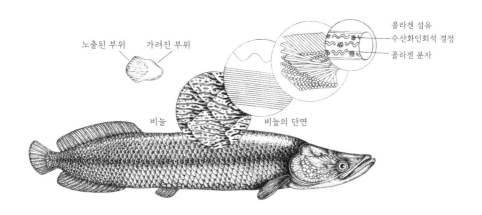

아라파이마Arapaima, Arapaima gigas

노출된 부위　가려진 부위

콜라겐 섬유
수산화인회석 결정
콜라겐 분자

비늘

비늘의 단면

다. 그래서 아라파이마는 단단한 몸으로 물속에서 쉽게 움직일 수 있으며 위기가 닥치면 빠르게 헤엄쳐 달아난다. 이 같은 아라파이마의 비늘은 방탄복을 연구하는 과학자들의 관심을 끌었다.

　　캘리포니아대학교 샌디에이고 캠퍼스 소속 재료공학자 마크 A. 마이어스Marc A. Meyers 교수는 브라질에서 유년 시절을 보내는 동안 열대우림과 그곳에 사는 생물 이야기에 매료되었다. 어렸을 때, 그는 친구들과 함께 아마존 분지를 방문하기로 했다. 그래서 이틀간 트럭을 타고 고된 여행을 한 끝에 아마존강에 도착했다. 덥고 피곤했던 터라 강물에 곧장 뛰어들어 더위를 식히려던 그들은 물에 뛰어들기 직전 행동을 멈추었다. 강이 피라냐로 가득하다는 것을 알아차렸기 때문이다. 마이어스와 친구들은 배에서 떨어진 경험이 있는 사람들에게서 피라냐에게 물어뜯기는 경험을 다시는 하고 싶지 않다는 이야기를 들었다. 그들은 또한 지역 어부들이 고깃덩어리 미끼로 아라파이마를 낚는 모습을 지켜보았다. 아라파이마가 수면으로 올라오면 어부들은 아라파이마 주둥이 바로 앞에 미끼를 던졌으며, 미끼는 아라파이마가 물지 않으면 5분도 되지 않아 피라냐가 전부 먹어 치웠다. 이때 마이어스는 아라파이마가 피라냐에게 공격당하지 않으며 헤엄친다는 사실을 깨달았다.

세월이 흘러 캘리포니아대학교 연구팀 소속이 된 마이어스는 아라파이마가 피라냐의 공격을 막는 정확한 방법을 조사하기 시작했다. 이미 그는 아라파이마 비늘의 바깥층이 얼마나 단단한지 알고 있었다. 아라파이마 비늘로 현지 여성들이 손톱을 다듬는 모습을 보았기 때문이다. 아라파이마 비늘은 정확히 얼마나 단단한 걸까? 비늘에는 아라파이마를 보호하는 다른 성질이 있을까?

마이어스는 브라질에 사는 친구에게 부탁해 아라파이마 비늘 한 상자를 받아 연구팀과 함께 분석했다. 우선 그는 피라냐 이빨을 기계에 연결하고 아라파이마 비늘을 꽉 물게 했다. 피라냐 이빨은 비늘을 산산조각 내기는커녕 튕겨 내지도 못했다. 즉, 아라파이마 비늘은 좀 더 자세히 탐구할 가치가 있었다. 연구팀은 주사전자현미경scanning electron microscope을 사용해 최대 길이 10센티미터인 아라파이마 비늘이 다른 거대 물고기 비늘보다 훨씬 두껍다는 결과를 얻었다. 현지 여성들이 손톱 갈이로 쓰던 비늘 바깥층은 인간의 뼈와 구성 성분이 비슷하지만 더 많은 무기질을 함유하여 훨씬 단단했다. 연구팀은 비늘 전체를 현미경으로 관찰해 그런 놀라운 특성을 보이는 이유를 밝혔다. 아라파이마의 단단한 비늘 바깥층은 표면이 매끄럽지 않고 울퉁불퉁한 굴곡이 있었다. 비늘이 배열된 패턴은 지그재그였다. 그래서 비늘 바깥층은 극도로 단단한 동시에 다소 유연했다.

비늘의 은적색 안층에서 일어나는 현상은 훨씬 흥미로웠다. 연구팀은 비늘 안층에서 기다란 콜라겐 단백질 가닥을 발견했다. 콜라겐이란 연골, 뼈, 힘줄, 인대, 피부에서 결합 조직을 구성하는 단백질이다. 비늘의 콜라겐 가닥들은 한데 뭉쳐 1마이크로미터 두께, 즉 사람 머리카락 한 가닥의 폭을 기준으로 100분의 1에 불과한 미세섬유를 형성했다. 각 미세섬유는 시트 형태를 이루고 위아래로 포개져 있으며, 각 섬유 시트는 이웃한 시트에 대해 한 축을 중심으로 조금씩 회전했다. 그 결과 불리간드bouligand라는 나선형 계단과 같은 구조가 만들어졌다. 그래서 날카로운 이빨은 비늘의 단단한 바깥층은 뚫고 들어가도, 그 밑의 구조가 복잡한 콜라겐층은 부수거나 찢을 수 없었다.

마이어스는 금이 간 비늘을 48시간 물에 담갔다. 그런 다음 비늘 한가운데에 압력을 가하며 비늘 가장자리를 서서히 떼어 냈다. 그러자 비늘의 단단한 바깥층 일부는 팽창하고 갈라지며 조금씩 벗겨졌지만, 비늘 안층은 그대로 남아 있었다. 안층을 꼼꼼히 관찰한 결과, 콜라겐 섬유는 나선형 계단 구조에서 벗어나 힘의 방향에 맞서도록 재배열되어 있었다. 즉, 콜라겐 섬유는 힘에 최대로 저항했다. 안쪽 콜라겐층은 강한 압력을 받아 변형되긴 했으나 파괴되지 않았다. 이러한 특성 덕분에 아라파이마 비늘은 지구에서 가장 단단하고 유연한 생체 재료로 평가받는다.

마이어스의 발견은 새로운 형태의 방탄복에 영감을 준다. 현재 유연한 방탄복의 원료로 쓰이는 플라스틱은 일부 총알과 칼이 관통할 수 있다. 아라파이마 비늘 바깥층과 안층처럼 겉은 단단하지만 유연한 새로운 합성 물질이 개발된다면, 모든 총알과 무기를 방어할 것이다. 마이어스와 연구팀은 현재 캘리포니아에서 새로운 방탄복 생산을 위해 3D 프린터를 검토하고 있다. 이야기는 여기서 끝나지 않는다.

아라파이마 비늘 내부의 불리간드 구조는 제트 엔진과 우주선을 보호하는 덮개 등 항공우주 설계 분야에서 활용될 것이다. 또한 적의 감시망을 피하는 잠수함 기술에도 쓰일 수 있는데, 그 놀라운 비늘 구조가 잠수함에서 발생하는 에너지를 흡수해 수중 음파 탐지기가 탐지하지 못하게 만들기 때문이다. 실제로 불리간드 구조의 작동 원리가 발견되며 재료공학에 혁명이 일어나고 있다. 이 모든 것은 수백만 년 동안 피라냐가 우글거린 아마존강에서 아라파이마를 보호한 비늘에서 영감을 얻은 결과이다. 그리 머지않은 미래에 전 세계 군인과 군 관계자는 기침 소리를 내는 선사시대 물고기로 안전을 지키게 될 것이다.

20장

소와 친환경
하수처리장

인간이 성장하며 가장 먼저 알게 되는 동물은 아마도 소가 아닐까. 어렸을 적 나는 그림책을 보면서 농장에 사는 소에 대한 노래를 부르곤 했다. 심지어 달을 뛰어넘는 소가 등장하는 오래된 노랫말도 기억난다. 아이들이 여전히 그러한 노래를 부르는 것은 우연이 아닌데, 소와 인간의 관계는 생각보다 훨씬 중요하고 밀접하게 얽혀 있기 때문이다.

소는 수천 년 동안 인간 삶의 일부였다. 소가 처음 가축화된 시기는 약 1만 500년 전으로 알려져 있으며, 오늘날 유럽 및 북아메리카 농장에서 사육되는 모든 소는 유라시아에 서식하다가 지금은 멸종한 종이다. 이 종은 본래 난폭한 야생 소의 일종이지만 과거에 어느 용감한 농부가 지금의 이란에서 길들였다고 전해지는 오록스Aurochs에서 유래했다. 소를 길들이기 훨씬 전에, 인류의 조상은 오록스와 다른 야생 소를 사냥했다. 소 사냥은 프랑스 라스코에 있는 1만 7,000년 된 동굴 벽화에 등장하고, 보르네오섬 동굴에서 발견되었으며 최소 4만 년 전에 제작되어 세계에서 가장 오래된 것으로 추정되는 구상 동굴벽화에는 소와 비슷한 동물과 인간이 함께 그려져 있다.

인류 초기 문화는 소뿔이 초승달과 닮았다는 이유로 소를 숭배했다. 위대한 고대 문명에는 특정한 형태의 소 신이 있었으며, 오늘날에도 힌두교도들은 소를 신성시한다. 어떤 사람들은 소에게 일을 시켰다. 소는 곡물을 경작하기 시작한 인류가 땅을 갈아 농사를 짓는 데 최초로 동원한 동물이었다. 소를 소유하는 것은 언제나 부와 위엄의 상징이었고, 수천 년간 소는 고기, 우유, 가죽뿐만 아니라 버터, 치즈, 요구르트, 맛있는 아이스크림 등 유제품을 인류에게 제공했다.

국제연합에 따르면 오늘날 전 세계에는 소 14억 마리가 사육되고, 이들 모두 높은 효율로 고기와 우유를 생산한다. 소의 하루 평균 우유 생산량은 20리터가 넘는다. 어린 시절 우리는 소가 풀이나 건초를 우물거리면서 끝없이 시간을 보내기 때문에 많은 우유를 생산할 수 있다고 배우며, 아마도 우리가 처음 접하는 소의 사진에서는 소가 푸른 들판에서 행복하게 풀을 뜯고 있을 것이다. 그런데 소가 있는 장소에는 소똥이 있다. 소는 식물의 구성 물질을 소화하고 우유를 생산하는 데 능숙하며, 따라서 배설물과 기후변화를 일으키는 온실가스인 메탄을 잔뜩 배출한다. 그렇다. 이번 장은 똥에 관한 이야기이다!

소는 반추동물, 즉 되새김동물로 알려진 초식 포유류에 속하며, 기린, 사슴, 영양, 양, 염소 등이 해당한다. 이 모든 동물은 식물의 세포벽을 구성하는 질긴 섬유소인 셀룰로오스를 소화할 수 있으므로 식물성 음식에서 영양소를 얻을 수 있다. 인간을 포함한 대부분의 다른 포유류에게는 반추동물처럼 셀룰로오스를 소화하는 능력이 없다.

셀룰로오스 소화 능력의 핵심은 소의 위장 형태에 있다. 인간이 음식을 씹어 삼키면, 인간의 위는 소화가 시작되는 저장 탱크 역할을 한다. 위에서 음식은 단당류, 아미노산, 작은 지방 덩어리, 비타민, 무기질로 분해되기 시작한다. 음식이 소장으로 넘어가서도 분해는 지속되며, 신체는 분해된 영양소를 흡수한다. 이 기본적인 과정은 소에서도 일어나지만, 소는 중간에 몇 가지 단계를 더 거친다. 가장 눈여겨봐야 할 점은, 인간의 위가 한 칸인 반면에 소의 위는 네 칸이라는 것이다.

소는 푸른 들판에서 풀을 뜯고 그리 많이 씹지 않은 채로 꿀꺽 삼킨다. 삼켜진 풀은 반추위rumen 또는 혹위라고 알려진 소의 첫 번째 위로 이동한다. 첫 번째 위의 생김새가 어떠한지 궁금하다면 풀이나 건초로 가득 찬 거대한 가방을 상상하면 된다. 부분적으로 씹힌 음식물은 반추위 내부에서 되새김질거리cud라는 풀 덩어리를 형성하며, 되새김질거리가 소의 입으로 올라오면 소는 좀 더 활발하게 그것을 씹는다. 여러분에게 익숙한 '되새김질chewing the cud'이라는 용어는 삼킨 풀을 입으로 역류시켜 다시 씹는 과정을 가리킨다. 이제 되새김질을 거친 음식물은 다음 소화 단계로 진입할 준비를 마쳤다.

이때 소는 반추위에서 영양분을 약간 흡수하며, 진정한 소화작용은 소가 직접 수행하는 것이 아니라 반추위에 사는 미생물 수백만 마리가 수행한다. 미생물은 위를 거대한 발효탱크로 바꾼다. 발효는 세균, 효모 등 다양한 균류가 산소가 없는 환경에서 포도당과 같은 유기화학물질을 분해할 때 일어나는 화학 현상이다. 수많은 동물은 식물 세포벽의 셀룰로오스를 분해하지 못하지만, 소의 반추위에 있는 미생물은 셀룰로오스를 분해하는 능력을 지닌다. 소의 위처럼 산소가 없

소 Cow, *Bos taurus*

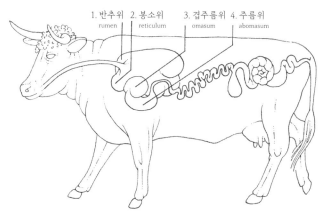

1. 반추위 2. 봉소위   3. 겹주름위 4. 주름위
   rumen   reticulum   omasum   abomasum

는 폐쇄된 공간에 사는 미생물은 생존에 산소가 필요하지 않으며, 이러한 미생물을 가리켜 '혐기성 미생물'이라고 부른다.

소의 놀라운 위를 계속 여행하다 보면, 반추위 아래에 자리 잡은 두 번째 위인 벌집위honeycomb, 다른 말로 봉소위reticulum에 도달한다. 봉소

위가 반추위로 다시 돌아온 음식물에서 큰 입자를 분리하면, 이제 음식물은 세 번째 위로 들어갈 준비를 마친다. 세 번째 위인 겹주름위 omasum에서 혐기성 미생물이 분해한 음식물은 마지막 위인 주름위 abomasum로 이동한다. 이 마지막 위가 인간의 위처럼 작동하면서 남은 음식물을 소화하면, 소화된 음식물은 영양소를 흡수하는 소장과 대장을 통과하여 똥으로 배출된다.

이처럼 풀을 소화하는 소의 능력은 인도의 과학자와 공학자로 구성된 연구팀의 관심을 끌었다. 소 위 내부에서 일어나는 작용이 인간 배설물을 효율적이며 친환경적인 방식으로 처리하는 데 도움이 되기 때문이다. 이 연구팀이 활동한 인도 남부의 벵갈루루에서는 불쾌한 일이 발생하고 있었다.

해발 900미터 고원에 자리 잡은 도시 벵갈루루는 오늘날 인도의 실리콘밸리로 유명하다. 이 도시는 16세기 통치자들이 건설한 복잡한 관개수로와 수도 체계 때문에 '호수의 도시'로 불리기도 한다. 그런데 지난 몇 년 동안 벵갈루루 주민들은 해결 불가능해 보이는 복잡한 문제에 시달렸다. 한때 아름다웠던 호수들이 불길에 휩싸이며 때로는 30여 시간 동안 불이 지속되고, 호수에서 10킬로미터 떨어진 주택까지 재가 쏟아져 내리며, 이러한 화재가 변함없이 반복적으로 일어났다. 물에 불이 붙는 원리를 이해하기 위해, 우리는 호수에 무엇이 있는지 알아야 한다.

과거에는 마실 수 있을 만큼 깨끗했던 호수는 이제 유독성 산업 폐기물과 생활 폐기물로 가득하다. 벵갈루루가 확장되면서 호수에 버려지는 인간의 배설물이 늘어나고, 그로 인해 호수에서는 초목과 수초가 과잉 성장하며 산소가 부족해진 물에서 메탄이 나왔다. 메탄으로 인해 호수에 화재가 빈번하게 발생하자 현지 IT 공학자 타룬 쿠마르 Tharun Kumar는 걱정에 휩싸였다. 가족이 유독가스를 들이마시고 건강을 잃는 모습을 목격했기 때문이다. 쿠마르가 사는 지역은 하수처리 시설이 고장 나거나 운영비가 부담된다는 단순한 이유로 인근 호수에 거의 4억 리터에 달하는 오물을 매일 방류하고 있었다. 그래서 쿠마르는 과학자와 공학자로 연구팀을 구성해 비용은 적게 들고 효과는 큰 해결책을 찾기로 했다.

자신들을 'ECOSTP'라고 명명한 연구팀은 기존 하수처리장 대부분이 산소에 의존해 사는 세균으로 폐기물을 분해한다는 것을 발견했다. 그와 같은 하수처리 탱크는 팬과 펌프로 공기를 끊임없이 순환시켜야 하기에 전력을 공급받아야 하며, 따라서 비용이 든다. 연구팀은 해결책을 찾기 위해 자연으로 눈을 돌렸고, 특히 소의 위 내부에서 일어나는 현상에 주목했다.

연구팀은 소 위에서 음식물을 분해하는 혐기성 세균에 주목했다. 그리고 혐기성 세균의 음식물 분해 과정을 모방해 하수처리법을 개발하기로 했다. 이들의 도전 과제를 제대로 이해하려면 새로운 하수처리 시설을 구성하는 다양한 방을 따라가며 여행해야 한다.

먼저 커다란 수조에 폐수를 모아 밀폐하고 소똥에서 얻은 혐기성 세균을 첨가한다. 이 방은 '침전실'이다. 침전실에서는 소의 첫 번째 위와 마찬가지로 미생물이 폐수를 분해한다. 폐수의 고체 성분이 수조 바닥으로 가라앉으면, 남은 폐수는 관을 타고 내려가 두 번째 방에 도착하여 더 많은 혐기성 세균과 섞인다. 폐수가 관을 따라 흘러 내려가는 과정은 중력에 의존하므로 모터, 팬, 또는 펌프가 필요하지 않으며, 따라서 전기를 소모하지 않는다. 두 번째 방을 떠날 무렵이면 폐수는 처리 전보다 훨씬 깨끗해진 상태이지만, 그래도 컵에 부으면 더러운 물처럼 보인다. 이 시점에 폐수는 여전히 지역 수로로 방류할 만큼 안전하지 않으므로, 다른 관을 통해 세 번째 방으로 폐수를 흘려보내 자갈과 세균에 통과시켜 더욱 깨끗이 정화한다. 마지막 단계는 인근 지역의 풀과 조류를 심은 자갈 필터를 이용해 폐수에 남은 고체 물질, 세균, 바이러스, 영양분을 전부 제거한다. 최종 결과는 맑고 깨끗한 물이다.

소를 모방한 새로운 하수처리법은 처리장에 전력을 공급할 필요가 없을 뿐만 아니라, 직원이 없어도 작동하므로 비용이 훨씬 절감된다. 그런데 한 가지 문제가 있다. 처리장의 모든 방과 관이 차지하는 공간은 일반적인 처리장을 기준으로 두 배 더 넓으며, 이는 벵갈루루처럼 혼잡하고 공간이 부족한 도시에서 걸림돌이 된다. 하지만 연구팀에게는 해결책이 있었다.

연구팀은 건물과 도로 밑에 주요 하수 시설을 배치하고, 하수처리의 마지막 단계인 자갈 필터 과정을 탁 트인 정원과 녹지에서 수행하기로 했다. 새로운 주택단지가 건설되는 도시 전역에 연구팀은 새로운 하수처리장을 20곳 설치했으며, 향후 더 많은 하수처리장을 지을 계획이다. 이처럼 혁신적인 하수처리장에 대한 수요는 대단히 많다. 인도에서는 인간 배설물의 93퍼센트가 강, 호수, 바다에 바로 버려진다고 추정된다. 이 문제를 좀 더 구체적으로 언급하자면, 국제연합은 전 세계 폐수의 80퍼센트가 놀랍게도 처리되지 않은 채 배출된다고 밝혔다. 쿠마르 연구팀이 개발한 새로운 하수처리 기술은 국제연합으로부터 공식적으로 인정받았고, 연구팀은 현재 다른 나라로 처리 기술을 수출하며 현지 재료를 활용해 하수처리 시설을 짓도록 장려하고 있다.

안전하지 않은 식수와 열악한 위생은 특히 어린이를 병들고 사망하게 하는 주요 원인이다. 푸른 들판에서 풀을 뜯는 소가 폐수를 정화하는 값싸고, 친환경적이며, 지속 가능한 해결책에 영감을 주었다는 사실이 정말 놀랍다.

21장

대왕쥐가오리와
미세 플라스틱
여과 장치

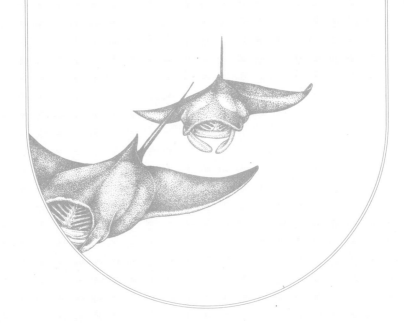

다이빙 보트의 가장자리에 앉아 잔잔히 물결치는 바닷물에 잠수용 오리발을 담그고 넓은 바다 저편을 바라보니, 새파란 바다와 하늘이 조화를 이루고 있었다. 프리 다이버가 호흡을 조절하듯 나는 생각에 집중했다. 이날은 여러 조건들이 갖춰진 덕분에 일생에 단 한 번뿐일 만남이 이루어지기에 완벽한 상황이었다. 내가 머무른 정확한 위치는 호주 북서부 닝갈루 리프로, 종종 그레이트 배리어 리프의 동생 격으로 취급되는 명소이자 세계에서 식량이 가장 풍부한 바다 일부분을 차지하며 수많은 해양 이주 동물(무리를 지어서 다른 서식지로 장거리 이동하는 동물들-옮긴이)을 끌어들이는 장소였다. 혹등고래와 고래상어는 물론 내가 기다리는 위풍당당한 동물도 닝갈루 리프를 지나며, 어떤 이는 이 동물이 악마를 닮았다고 하고 다른 이는 천사를 닮았다고 했다. 숨을 헐떡이는 소리가 문득 정적을 깨뜨렸다. 수면으로 올라온 탐사 지원 잠수부였다. 나는 공상에서 깨어나 현실로 돌아왔다. 잠수부가 소리쳤다. "우리 바로 밑에 그 물고기가 있어!" 잠수할 시간이 왔다.

나는 조심스럽게 물속으로 들어갔다. 첨벙 하는 소리를 조금이라도 냈다가는 곧 만나게 될 아름다운 생명체들이 놀라기 때문이다. 수면에 몸을 띄우고 몇 번 심호흡을 한 다음, 푸르고 어두컴컴한 바닷속으로 들어갔다. 기대감과 초조함을 안고 어두운 바닷속을 응시하는데 마치 마법에 걸린 듯이 그들이 나타났다. 세 마리의 거대한 대왕쥐가오리Manta Ray였다.

꿈처럼 모든 게 느려졌다. 평온한 기분이 들었다. 물속의 대왕쥐가오리는 외계에서 온 우주선처럼 대열을 이루고 나란히 헤엄치며 빙빙 돌았다. 대왕쥐가오리 몸의 윗면은 색이 어두우므로 위에서 보면 바다의 어둠과 뒤섞여 시야에서 사라진다. 반면에 이들의 몸 아랫면은 밝은 흰색이어서 비스듬히 몸을 기울여 빙글빙글 돌 때면 하얀 배가 반짝였고, 나는 다시 대왕쥐가오리들을 찾아낼 수 있었다.

살아 있는 날개처럼 납작한 대왕쥐가오리의 몸은 저항을 최소한으로 받으며 물속을 미끄러지듯 헤엄칠 수 있도록 완벽히 적응한 상태였다. 마치 수중발레를 보는 기분이었고, 나는 대왕쥐가오리들이 날 즐겁게 해 주려고 그토록 멋지게 빙빙 도는 것이 아님을 깨달았다. 대왕쥐가오리 이외에 아무것도 보이지 않았지만, 그들은 먹이 경쟁의 중심에 있었다. 대왕쥐가오리의 먹잇감은 무엇이며 어디에 있었을까? 단서는 탁한 물에 있었다. 닝갈루의 영양소가 풍부한 물은 미세한 플랑크톤으로 가득 차 있어서 물을 탁하게 만드는 동시에 대왕쥐가오리를 유인한다. 대왕쥐가오리는 여과 섭식filter feeding, 즉 물에서 플랑크톤을 걸러 내 섭취하고 있었으며, 여기서 대왕쥐가오리의 또 다른 인상적인 특징이 드러난다. 대왕쥐가오리의 주둥이는 거대한 우편함의 투입구처럼 생겼다. 대왕쥐가오리를 잘 모르는 사람은 대왕쥐가오리가 인간을 통째로 삼킬지 모른다고 생각할 수 있다. 그게 가능하다면 나도 대왕쥐가오리 주둥이로 직접 들어가 내부를 살펴보았을 것이다!

대왕쥐가오리는 정말 거대하다. '날개폭'이 최대 8.5미터에 달하며 전 세계 가오리 중에서 제일 크다. 이름에서 만타manta라는 단어는 스페인어로 '이불' 또는 '망토'를 뜻하며, 몸이 납작한 마름모형이고 삼각형 가슴지느러미가 날개처럼 움직이는 대왕쥐가오리의 외형을 연상시킨다. 대왕쥐가오리의 머리 앞쪽에는 조그마한 머리 지느러미 두 개가 달렸다. 머리 지느러미가 뿔처럼 둥글게 말린 까닭에 대왕쥐가오리는 '악마 물고기'라는 별명으로 불린다.

대왕쥐가오리는 전 세계 바다에서 발견되며 일생의 대부분을 육지에서 멀리 떨어진 바다에서 보낸다. 과학자들은 오랫동안 대왕쥐가오리가 한 종만 존재한다고 생각했지만, 2008년 두 번째 종이 발견되었다. 열대 동아프리카 해안과 인도-태평양 지역의 해안선을 따라 널리 발견되는 암초대왕쥐가오리Reef Manta Ray이다. 세 번째 주인공은 카리브해대왕쥐가오리Caribbean Manta Ray로, 새로운 종의 존재 가능성은 여전히 연구 중이다.

우리가 아는 지식은 모든 대왕쥐가오리가 무척 광범위한 동물군인 가오리류에 속한다는 점으로, 가오리류는 톱가오리Sawfish, 홍어Skate, 전기가오리Electric Ray 등 500여 종을 포함하며 앞에서 언급했든 상어와도 관련이 있다. 가오리는 몸이 둥글납작한 형태라는 점에서 상어와 다르고, 입과 아가미구멍 다섯 개가 보통 몸 아래쪽에서 발견된다. 대부분의 가오리(대왕쥐가오리 제외)는 호흡하고 헤엄치는 방식 또한 상어와 다른데, 가슴지느러미로 추진력을 얻어 헤엄치며 머리 윗면에 뚫린 숨 구멍을 통해 산소를 들이마신다. 가오리 꼬리는 일반적으로 가늘고 길며, 카리브해대왕쥐가오리를 비롯한 많은 종이 적에게 고통스러운 상처를 입히는 날카로운 톱날 독 가시로 무장하고 있다.

여과 섭식자인 대왕쥐가오리가 물결치듯이 오르락내리락하는 가슴지느러미로 이동하는 동안 물은 뒤쪽으로 흐르고, 대왕쥐가오리의 몸은 앞쪽으로 나아간다. 강제 환수자obligate ram ventilator라고 불리는 몇몇 상어종과 마찬가지로, 대왕쥐가오리는 산소가 함유된 물을 아가미로 통과시키기 위해 끊임없이 헤엄쳐 나아가야 한다. 대왕쥐가오리가 먹이를 먹을 때면 정면을 향해 뚫린 커다란 직사각형 입으로 바닷물이 들어가 플랑크톤은 입 안에 포획되고 바닷물은 아가미구멍을 통해 밖으로 빠져나간다. 대왕쥐가오리가 바닷물에서 플랑크톤을 걸러 내는 방식은 플로리다대학교 휘트니해양생물과학연구소와 캘리포니아주립대학교 풀러턴 캠퍼스 소속 과학자들의 이목을 집중시켰다. 해양생물학자 미스티 페이그-트랜Misty Paig-Tran 박사는 다음과 같은 질문을 던졌다. "대왕쥐가오리는 목을 가다듬을 필요가 없을까?"

대왕쥐가오리 입속의 여과 장치가 거름망처럼 작동한다면, 인간이 입에 거름망을 대고 파스타를 먹을 때처럼 막힘 현상이 일어날 것이다. 작은 음식물 조각이 이따금 거름망의 구멍에 끼기 때문이다. 연구팀은 대왕쥐가오리가 이전에 알려지지 않았던 여과 방식, 즉 먹이 입자가 여과 장치를 통과하는 대신 여과 장치에서 튕겨 나오는 방식을 구사한다고 밝혔다. 이러한 방식으로는 여과 장치가 거의 막히지 않으므로 헛기침을 하는 등 '목을 가다듬을' 필요가 없다. 대왕쥐가오리 입 안을 들여다보자.

가오리가 헤엄쳐 앞으로 나아가면 바닷물이 가오리 입 안으로 밀려 들어오며, 입 안 내부에는 아가미 판이라는 작고 각진 판들이 있다. 바닷물이 아가미 판 위로 밀려오면, 두 아가미 판 사이에 소용돌이가 형성된다. 소용돌이는 플랑크톤 조각과 입자를 빨아들이는 대신 위쪽으로 밀어 올리면서 아가미 판 사이의 틈으로 떨어지지 않게 막는다. 결과적으로 아가미 판에서 튕겨 나온 입자들은 바닷물이 입 밖으로 빠져나가는 동안 가오리의 목구멍에 점점 쌓인다. 그러면 가오리는 플랑크톤이 농축된 액체를 삼키고, 먹이 입자는 실제로 여과 장치를 통과하지 않는다. 그렇다면 가오리는 여과 섭식자가 아닌 튕김 섭식자$_{bounce-feeder}$라고 불려야 하지 않을까?

육지로 돌아온 연구팀은 먹이 입자가 튕겨 나오는 과정을 시각화하기 위해 일련의 입자 실험을 수행했다. 대왕쥐가오리의 아가미 판과 구조가 같은 플라스틱 모형을 만들고, 물감으로 적셨다. 그런 다음 무슨 현상이 일어나는지 확인하고 분석하기 위해 다양한 수학 모델을 설계했다.

부연 설명을 하자면, 정어리나 고등어 같은 물고기는 단순하게 거름망으로 물을 제거하여 먹이를 얻는다. 과학자에게는 대왕쥐가오리의 여과 장치처럼 막히지 않는 구조가 훨씬 흥미로운데, 미세 플라스틱(의도적으로 제조되었거나 기존 제품이 조각나 작아진 크기 5밀리미터 이하의 플라스틱-옮긴이)만 모으고 제거해 해양 오염을 방지하는 일에 활용할 수 있기 때문이다.

플라스틱 오염은 인간이 직면한 가장 심각한 환경문제이다. 국제연합환경계획에서 추진하는 청정 바다 캠페인에 따르면, 매년 플라스틱 약 1,300만 톤이 바다로 흘러 들어온다. 이는 1분마다 쓰레기 수거 트럭에 담긴 모든 쓰레기를 바다에 버리는 것과 같다. 2010년 과학자들은 바다로 유입되는 플라스틱의 양이 2025년까지 10배 증가할 수 있으며, 머지않아 바다에 있는 모든 생명체가 일생에 적어도 한 번은 미세 플라스틱과 접촉할 가능성이 있다고 전망했다. 미세 플라스틱을 삼키는 행위가 장기적으로 어떤 영향을 주는지는 아직 명쾌하게 규명되지 않았으므로, 버려지는 플라스틱의 양이 줄어들지 않는다면 재앙이 일어날 수 있다.

미스티 페이그-트랜 박사와 그의 제자들은 몇 가지 연구를 진행한 끝에, 몇몇 동물은 먹이로 오염되지 않은 플랑크톤보다 미세 플라스틱을 선호한다는 결과를 얻었다. 만약 미세 플라스틱 표면에서 화학적 신호가 발생하지 않았다면, 동물들은 미세 플라스틱을 선호하지 않았을 것이다. 큰 플라스틱 조각은 수년 동안 쪼개져 미세 플라스틱이 되며, 전체 분해 과정에서 기후변화를 유발하는 온실가스를 배출한다. 과학자들은 또한 플라스틱 표면뿐만 아니라 내부에 존재하는 화학물질도 해양 생물에게 중독, 불임, 유전자 파괴 등을 일으킬 수 있다고 우려한다. 인간은 해산물을 먹으면서 인지하지 못하는 사이에 플라스틱을 섭취할 수 있으며, 따라서 인간도 미세 플라스틱의 영향에서 자유로울 수 없다.

미세 플라스틱은 우리가 버리는 폐수에 쉽게 유입되기 때문에 의심의 여지없이 끔찍한 문제이다. 미세섬유는 합성섬유로 만든 옷을 세탁하는 과정에서 폐수로 유입되고, 하수처리장으로 이동한다. 하수처리장의 처리 방식은 미세 플라스틱 유형에 따라 달라진다. 미세 플라스틱에는 세 가지 유형이 있는데 첫 번째 유형은 음성 부력을 지닌 것으로, 수처리 탱크 바닥에 가라앉아 그다음 단계로 넘어가지 않으므로 직접 제거해야 한다. 두 번째 유형은 양성 부력을 지닌 것으로, 폐수 표면에 둥둥 뜨므로 재빨리 건져 제거하면 된다. 세 번째 유형은 중성 부력을 지닌 것이다. 이 유형의 미세 플라스틱은 동물성 플랑크톤이 발견되는 높이와 비슷한 중간 지점을 떠다니며, 하수처리 체계는 그런 중성 부력 입자를 처리하지 못하기에 쉽게 제거되지 않는다. 우리가 대왕쥐가오리 입을 본떠 막힘 방지 여과 장치를 개발한다면, 하수처리장에 여과 장치를 설치해 남은 플라스틱 파편을 제거할 수 있을 것이다.

네덜란드 헤이그응용과학대학교 학생들도 대왕쥐가오리 여과 장치에 주목했다. 이들은 오염 물질이 바다에 도달하지 않도록 방지하는 미세 플라스틱 여과 장치를 찾는 중이었다.

헤이그응용과학대학교 연구팀은 강에서 바다로 흘러드는 플라스틱의 90퍼센트가 전 세계 열 곳의 강에서 유래한다는 사실을 발견했다. 또한 이 강들이 음성 부력, 양성 부력, 중성 부력 세 유형의 미세 플라스틱이 나오는 원천임을 밝혔다. 이러한 강에는 두 가지 공통점이 있다. 첫째, 인근 지역에 많은 사람이 살고 있으며(어느 지역은 그 인구가 수억 명에 달한다), 둘째, 강 주변에 건설된 열악한 하수 관리 체계가 오히려 상황을 악화한다. 이 강들에 집중하여 무슨 수를 써서든 플라스틱을 제거하면, 바다에 도달하는 오염 물질은 줄어들 것이라 기대된다. 연구팀은 플라스틱을 여과하는 장치로 '플로팅 코코넷Floating Coconet'을 제안했다.

플로팅 코코넷은 깔때기처럼 생긴 바구니 몇 개가 물속을 부유하도록 설계되었다. 각 바구니는 길이가 거의 2미터에 이르고, 옆에서 보면 앞쪽에 큰 방, 뒤쪽에 작은 방이 서로 연결된 형태이며, 작은 방 뒤에는 그물을 붙일 수 있다. 바구니 앞부분의 입구는 지름이 1.5미터로 강물과 플라스틱 오염 물질이 바구니 안으로 들어가도록 열려 있

암초대왕쥐가오리Reef Manta Ray, *Mobula alfredi*

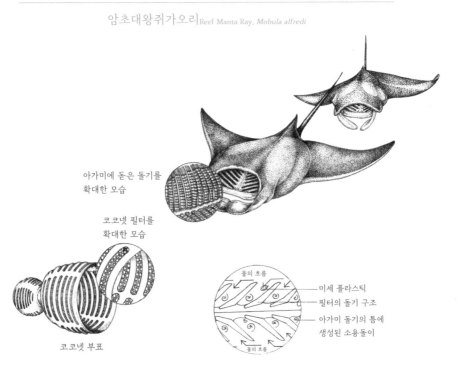

아가미에 돋은 돌기를
확대한 모습

코코넷 필터를
확대한 모습

코코넷 부표

물의 흐름

미세 플라스틱
필터의 돌기 구조
아가미 돌기의 틈에
생성된 소용돌이

물의 흐름

다. 바구니 안쪽 벽은 갈퀴로 덮인 아가미 구조이며, 이는 대왕쥐가오리 입에서 발생하는 것과 비슷한 작은 소용돌이를 일으킨다. 이 장치의 목표는 자유롭게 떠다니는 미세 플라스틱을 그물 안으로 집어넣어 모으는 것이다.

흥미로운 것은 바구니 내부의 갈퀴가 위치를 바꿀 수 있다는 점이다. 조작용 손잡이를 잡아당기면, 플라스틱을 모으기 위해 앞쪽을 향하고 있던 갈퀴가 뒤쪽을 향하게 되면서 담겨 있던 플라스틱이 밖으로 배출된다. 간단하게 손잡이를 당겨서 갈퀴를 앞뒤로 획획 움직여 갈퀴 틈새에 낀 플라스틱을 제거할 수 있다는 장점도 있다. 연구팀은 이처럼 물이 흐르는 동안 소용돌이에 휘말린 입자를 포획하는 전략을 통해, 플라스틱 입자를 바구니 안에 모으고 그물에 가두려고 한다. 그물이 가득 차면 쓰레기는 수거되어 재활용된다.

연구팀은 플로팅 코코넛 여러 개를 엮어서 강바닥의 무거운 콘크리트 벽돌에 연결하면 제자리에 고정할 수 있다고 말했다. 이 아이디어의 목표는 강바닥을 가로질러 움직이는 벽을 세우는 것이다. 플로팅 코코넛이 전후좌우로 서서히 흔들리므로, 물고기를 비롯한 해양 생물들은 그 주위를 쉽게 헤엄쳐 다닐 수 있다. 헤이그응용과학대학교 연구팀은 연구가 아직 초기라는 점에서, 여과 장치가 제품화되더라도 지속적으로 혁신적인 아이디어를 도출하고 실험할 계획이다.

미스티 페이그-트랜 박사와 그의 동료 제임스 스트러더James Strother 는 대왕쥐가오리에서 착안해 개발한 여과 장치로 미국에서 특허를 출원하는 중이다. 여과 장치는 하수처리장뿐만 아니라 맥주 및 와인 제조 공장에서 미세 플라스틱을 제거하는 데에도 쓰일 것이다. 솔직히 말해, 나는 주류 공장에서도 미세 플라스틱 문제를 겪고 있는지 몰랐다. 두 과학자는 콜로라도 올던연구소와 함께 발전소 냉각수 흡입구로 유입되는 물에서 물고기 알을 거르는 거름망을 개발할 계획이다. 이처럼 기발한 발명품들은 전부 대왕쥐가오리 입 안을 들여다보는 일에서 시작되었다!

22장

지중해담치와
체내용 접착제

어린 시절 나는 할머니와 해변으로 놀러 가는 걸 가장 좋아했다. 할머니는 아이스박스에 음식과 음료수를 잔뜩 챙겨서 다른 할머니들과 모래사장에 앉아 계시고, 나는 동생, 친구 들과 함께 물장구를 쳤다. 최고로 재미있는 놀이는 물가에 모래성 쌓기였다. 파도가 밀려와도 모래성이 무너지지 않도록 주위에 구덩이를 판 다음 밀물이 들어오기를 기다리는 동안, 나는 바위 웅덩이들을 오가며 해초 커튼 속에 어떤 보물이 감춰져 있는지 꼼꼼히 조사하곤 했다. 날쌔게 움직이는 게에 언제나 정신을 빼앗겼지만, 시간이 흐른 뒤에는 다른 생물들이 눈에 띄기 시작했다. 처음에 작고 하얀 바위로 보였던 물체는 사실 천천히 움직이는 삿갓조개Limpet였다. 막대기로 물을 부드럽게 휘저으며 수중 정원을 가까이 들여다보기도 했다. 그러면 느닷없이 산호색 불가사리가 꼬물대기 시작했다. 끈적한 젤리 과자에 생명이 깃든 듯한 모습인 말미잘Sea Anemone은 먹이를 잡아서 자기 입속에 넣었다. 몇 시간 동안 형태가 완벽한 조개껍데기를 찾고, 바위에서 따개비를 떼 내려 애썼지만 헛수고였다. 저녁거리로 지중해담치Blue Mussel 몇 마리를 잡을까 고민하다가 그만두었다. 할머니는 비린내 나는 지중해담치가 담긴 축축한 가방을 들고서 버스를 타고 집으로 돌아가는 걸 반기지 않을 것이기 때문이다. 그리고 지구 반 바퀴 떨어진 오리건 뉴포트 해안에서 카이창 리Kaichang Li가 경험했듯이 지중해담치는 바위에서 떼어 내기 쉽지 않기 때문이다.

카이창 리와 그의 친구는 바위투성이 해안에서 게를 찾고 있었지만 운이 없었다. 파도를 헤치며 걷는 그의 눈에 지중해담치가 격렬한 물살에 맞서 바위에 찰싹 달라붙어 있는 모습이 발견되었다. 빈손으로 돌아가고 싶지 않았던 두 사람은 바위에 앉아 게 대신 지중해담치를 잡으려 했다. 오리건주립대학교 화학자인 카이창 리는 바위에서 지중해담치를 떼어 내려면 생각보다 강한 힘이 필요하다는 것을 알고 깜짝 놀랐다. 사실 두 사람은 손으로 한 마리도 떼어 내지 못했다. 바닷물에 떠내려가던 나뭇가지를 사용하고 나서야 겨우 몇 마리를 떼어 낼 수 있었다. 친구는 지중해담치를 먹으려고 집으로 가져갔고, 카이창 리는 실험실로 가져갔다. 지중해담치가 어떻게 미끄러운 바위를 꽉 움켜쥐는지 궁금했기 때문이다.

지중해담치는 이매패강Bivalvia 연체동물로, 껍데기 한 쌍이 경첩처럼 서로 연결되어 있다. 색은 이름처럼 파란색을 띠지만(지중해담치는 영문명이 'Blue Mussle'로 직역하면 파란색 담치이다-옮긴이) 보라색이나 갈색을 띠기도 한다. 주요 서식지는 북대서양과 북태평양의 바위 해안으로, 바위뿐만 아니라 평온한 항구와 강어귀의 기둥과 부두에도 붙어 있

지중해담치 Blue Mussle, *Mytilus edulis*

다. 지중해담치의 암컷과 수컷은 겉보기에 비슷하지만 구별할 수 있
다. 껍데기를 열면, 정자가 들어 있는 수컷의 생식선은 일반적으로 색
이 연하지만 난자가 들어 있는 암컷 생식선은 밝은 오렌지색이다. 그
러나 성별과 색 차이가 언제나 일치하지는 않는다. 바위 해안의 위쪽
에 사는 지중해담치는 성별과 관계없이 짙은 오렌지색이며, 이는 온
종일 공기에 노출된 개체들이 더 큰 스트레스를 겪기 때문이다.

지중해담치는 움직일 수 있으므로 반고착 동물로 불린다. 다른 물
체에서 떨어졌다가 다시 붙으며 자신의 위치를 바꿀 수 있다. 이들은
수염처럼 보이는 빽빽한 실 덩어리로 물체 표면에 달라붙는다. 이 빽
빽한 덩어리는 족사byssus라는 50~100개의 실로 이루어졌으며, 족사는

껍데기 안에 있는 족사 분비샘에서 생성된다. 족사는 굉장히 질길 뿐만 아니라 손상되면 스스로 치유한다. 족사의 표면, 다른 말로 큐티클은 회로 기판을 제조할 때 쓰는 에폭시수지만큼 단단하지만, 한편으로는 잘 구부러지고 늘어난다. 족사를 이루는 실의 끝에는 접착 부위인 작은 플라크가 있으며, 이 플라크를 이용해 지중해담치는 바위 표면에 달라붙는다.

오리건주의 실험실로 돌아온 카이창 리는 족사가 단백질 끈으로 만들어졌으며, 이 단백질이 독특한 아미노산으로 구성되었음을 발견했다. 순간 유레카를 외쳤다. 족사에서 아이디어를 얻어 초강력 접착제를 만들 수 있을까? 좋은 접착제의 조건은 뛰어난 접착력과 유연성으로, 지중해담치에 완벽한 해결책이 있었다. 그뿐만 아니라 다른 접착제와 다르게 지중해담치의 족사는 물에서도 작용했다.

카이창 리가 지중해담치를 두고 궁리하는 사이에, 기업 컬럼비아 포레스트 프로덕트의 기술 부문 부사장 스티브 펑Steve Pung은 합판에 대해 고민했다. 건목 합판hardwood plywood은 여러 장의 얇은 목판을 접착제로 붙여서 제조한다. 견고하며 유연성이 뛰어나고 작업성이 좋은 다재다능한 소재인 까닭에, 건목 합판은 주택의 바닥부터 벽장까지 다양한 용도로 쓰인다. 문제는 합판 제조 공정에서 사용되는 폼알데하이드와 암의 연관성을 입증하는 증거가 늘어나고 있다는 것이다. 스티브 펑과 그의 동료들은 폼알데하이드를 대체할 무언가가 등장하기를 간절히 바라고 있었다.

한편 카이창 리는 대학교에서 점심으로 두부를 먹으면서 콩을 생각했다. 콩은 성분 중 50퍼센트가 단백질이므로, 콩 단백질을 지중해담치 단백질로 변환하면 성능 좋은 접착제로 만들 수 있을까? 그는 콩 단백질과 지중해담치 단백질의 화학구조를 비교하고, 콩가루와 경화제를 물에 섞어 새로운 접착제를 발명했다. 경화제는 물질을 단단히 굳히는 데 쓰이는 첨가제로, 카이창 리가 사용한 경화제는 키친타월과 휴지의 습윤강도(물에 젖은 상태에서 재료가 보이는 강도─옮긴이)를 향상하는 제품이었다.

카이창 리는 내수성이 강한 합판 샘플을 만든 다음, 이를 증명하기 위해 합판 샘플을 물에 넣고 끓인 다음 오븐에 넣어 말렸다. 그래도 합판은 부서지지 않았다. 나무는 젖으면 부풀었다가 마르면 수축하므로, 이 과정에서 발생한 팽창과 수축은 접착제에 엄청난 압력과 스트레스를 가했을 것이다. 그가 만든 접착제는 바닷물에 젖었다가 햇볕을 받으며 말라 가는 지중해담치처럼 접착성도 강하고 내수성도 강했다. 카이창 리는 그 이유를 다음과 같이 설명한다. "접착제는 목재 섬유에 스며들어 목재를 제자리에 고정한다. 자물쇠에 열쇠를 꽂고 돌리면 그 열쇠가 빠지지 않는 것과 같다."

만족스러운 실험 결과를 얻은 카이창 리는 개발한 접착제를 주제로 발표했고, 청중 가운데 스티브 펑이 있었다. 스티브 펑은 자신의 귀를 믿을 수 없을 정도였다. 그가 수년간 찾던 문제의 해결책이 나타난 것이다. 스티브 펑은 발표가 끝나자마자 카이창 리와 이야기를 나누었고, 그가 개발한 접착제를 상품화하는 계약을 맺고 떠났다. 처음에는 일이 뜻대로 진행되지 않았지만, 카이창 리는 일단 어떤 아이디어에 꽂히면 그가 연구하는 지중해담치처럼 끝까지 물고 늘어졌다.

스티브 펑의 회사는 마침내 해결책을 찾고 공장을 개조하기 시작했다. 목재 공장이 폼알데하이드를 사용하지 않으려 한다는 것은, 다른 기업 또한 콩을 원료로 한 접착 공정을 채택하고 있음을 의미한다. 이러한 노력을 바탕으로 기존보다 건강한 작업 환경이 조성되고, 폼알데하이드 무첨가 제품이 출시된다. 생각해 보자. 만약 카이창 리와 친구가 그날 뉴포트 해변에서 게를 잡고 떠났다면 그는 지중해담치를 우연히 발견하지 못했을 것이며, 어쩌면 지중해담치의 접착력에 대한 호기심도 생겨나지 않았을 것이다.

생명을 구하다

모든 유형의 수술에는 위험이 따르지만, 태아를 수술할지 말지 결정하는 것은 의학에서 특히 풀기 어려운 문제이다. 캘리포니아대학교 버클리 캠퍼스의 필립 메서스미스Phillip Messersmith가 이끄는 연구팀에 소속된 디데릭 발케넌더Diederik Balkenende에 따르면, 태아를 수술할 때 가장 큰 위험 요소는 수술 자체가 아니라 태아를 감싸고, 보호하고, 액체로 채워졌으며, 손상되기 쉬운 양수 주머니에 수술 도구가 들어갔다가 나오는 것이다. 수술 후 양수 주머니를 봉합하기는 쉽지 않으며, 어쩌면 뜬금없어 보이는 지중해담치가 과학자와 의사에게 답을 줄지 모른다.

몇 년 전만 해도 태아를 수술하려면 의사는 임신부의 복부와 자궁을 절개해야 했다. 이제는 배에 작은 구멍을 뚫고 내시경 도구를 사용해 수술할 수 있지만 태아에게 접근하려면 수술 도구가 양수 주머니를 관통해야 한다. 수술로 인해 생긴 양수 주머니의 구멍은 양수 검사(양수를 채취한 뒤 태아의 질병을 진단하는 검사법으로 긴 바늘을 이용해 배를 찌른다-옮긴이) 시 생기는 구멍보다 크기가 크며 더 큰 위험을 초래한다.

수술이 진행되는 동안, 양수 주머니에서 구멍이 뚫린 곳은 특히 손상에 취약하고, 액체로 채워진 막은 다시 꿰매기 어렵고 상처가 잘 낫지 않는다는 점이 상황을 더욱 복잡하게 만든다. 양수 주머니를 꿰매는 일은 흡사 물 풍선을 꿰매는 것과 같다. 양수 주머니가 찢어지지 않도록 접착제를 사용한다면 어떨까? 접착제는 태아가 자궁에 더 오래 머물도록 돕고, 아이를 건강한 미래로 이끌 수 있을까?

기존 수술용 접착제로 양수 주머니를 밀봉하는 건 그 자체로 어려운 과제이다. 양수 주머니 막이 젖어 있고, 수술이 끝난 뒤 작은 구멍을 통해 수술용 접착제를 전달하는 일 자체가 대단히 힘들기 때문이다. 발달 중인 태아가 생물학적으로 민감하다는 점에서, 사람들은 독한 화학물질이나 아기의 성장과 건강에 영향을 줄 수 있는 물질이라면 어느 것도 사용하지 않기를 바란다. 수분이 있는 환경에서 물체를 접착할 때 발생하는 문제를 해결하기 위해 연구원들은 다시 지중해담치에 눈을 돌렸다. 태아가 발달하는 양수 주머니와 체내는 수분이 풍부한 환경이고, 이 수분은 성질이 바닷물과 크게 다르지 않으며, 무엇보다 지중해담치는 일상적으로 바위에 단단히 붙어 있기 때문이다.

필립 메서스미스와 연구팀은 합성 접착제를 개발하기 위해 지중해담치의 족사를 구성하는 단백질을 연구했다. 지중해담치가 생성하는 접착제에서 핵심적인 역할을 하리라 추정되는 물질은 발음하기도 어려운 L-3,4-다이하이드록시페닐알라닌으로, 짧게 줄여 L-도파L-DOPA라고 부른다. 이 물질은 자연에서 유래한 아미노산으로 도파민 같은 신경전달물질의 전구물질(생화학반응으로 A가 B, B가 C로 변화할 때, 물질 C 입장에서 보면 A와 B는 전구물질이다-옮긴이)일 뿐만 아니라, 접착성 단백질 생성에도 중요하다. 메서스미스 연구팀은 합성 접착제의 접착 강도와 젖은 표면에서의 접착성을 향상하기 위해 L-도파를 첨가했다. 또한 지중해담치가 접착제를 생성할 때 사용하는 다른 아미노산과 금속 이온(철과 은) 등 몇 가지 물질을 합성 접착제에 추가로 넣었다.

연구원 샐리 윈클러Sally Winkler는 개발한 접착제를 테스트하면서 양수 주머니 대신 소의 심장을 둘러싼 막을 활용했다. 합성 접착제를 주사기에 넣고, 죽은 동물에서 채취한 얇고 축축한 막에 접착제를 발랐다. 접착제가 막의 수분과 만나자 혼합물은 순식간에 고무처럼 변했고, 접착제가 막을 고정하고 유지하기까지 약 한 시간밖에 걸리지 않았다. 연구팀은 또한 달걀 안쪽에서 얻은 얇은 막에 접착제를 바른 다음 축축한 상태에서 얼마나 잘 달라붙는지, 얼마나 빨리 굳는지, 그리고 가장 중요한 평가 항목으로 얇은 막이 제자리에 잘 고정되는지 확인했다. 실험 결과 연구팀은 적합한 접착제 물질과 그 물질을 녹일 용매를 발견했지만, 실제 수술에서 접착제 용액이 어떻게 작용하는지 검증해야 했다.

양수 주머니에 뚫은 구멍을 다시 막는 일은 분명 공학적으로 어려운 도전이었기에, 메서스미스 연구팀은 접착제 전달 방식에 얽힌 문제를 새로운 각도에서 접근했다. 연구팀이 '사전 밀봉'이라 부르는 새로운 전달 방식은 정말 기발하다. 먼저, 바늘로 자궁벽과 태아막(양수 주머니, 난황 주머니, 요막, 융모막 등을 통틀어 일컫는 말-옮긴이) 사이에 구멍을 뚫지 않고, 대신에 공간을 확보한다. 그런 다음 접착제를 공간에 주입하면 접착제가 고무처럼 변화한다. 굳기 시작한 접착제는 태아막과 자궁벽에 달라붙는다. 의사는 접착제가 달라붙은 부위를 통해 양수 주머니를 관통하여 수술 기구를 넣는다. 연구팀은 이러한 사전 밀봉 방식이 수술 도중 발생하는 막 손상을 최소화하리라 기대한다. 이 방식은 또한 수술 도구 주변으로 체액이 새어 들어오지 않도록 막는다.

아직 연구가 진행되는 중이므로 메서스미스 연구팀의 접착제는 임상에 적용되기까지 다소 시간이 걸리겠지만, 개발에 성공한다면 사전 밀봉 방식은 방광, 척수, 창자 등 섬세한 조직에 구멍을 뚫거나 누출을 방지해야 하는 수술에서 사용될 것이다.

도마뱀 발 접착제

체내에 사용할 수 있는 또 다른 접착제는 몸집이 작은 도마뱀인 도마뱀붙이Gecko 연구에서 나왔다. 도마뱀붙이는 수직으로 세워진 벽 표면이 유리처럼 매끈해도 그 위로 기어 올라가 천장을 가로질러 달아나는 놀라운 능력이 있다. 도마뱀붙이의 비밀은 발가락 아랫면에 줄지어 돋은 수십억 개의 털과 같은 구조, 다른 말로 강모에 있다. 나무 한 그루를 떠올려 보자. 나무줄기가 나뭇가지 여러 개로 갈라지고, 그 나뭇가지가 또 여러 개의 나뭇가지로 갈라지기를 반복한다. 도마뱀붙이의 발가락 아랫면에서도 비슷한 일이 일어난다. 발가락에는 볼록하게 솟은 이랑이 줄지어 있고, 이랑은 강모에 덮여 있다. 각 강모는 사람 머리카락보다 더 가늘고, 강모의 끝은 수백 개로 갈라져 있으며, 이렇게 갈라진 구조는 압설기spatulae라고 불린다. 도마뱀붙이는 이와 같은 방식으로 물체와 접촉하는 표면적을 극대화하며, 실제 접착력은 반데르발스 힘이라고 알려진 현상에서 유래한다.

요하너스 디데릭 판데르 발스Johannes Diderik van der Waals는 네덜란드 물리

집도마뱀붙이_{Common House Gecko, *Hemidactylus frenatus*}

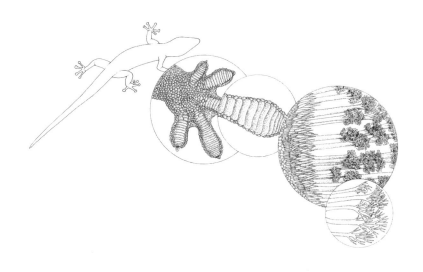

학자로, 1873년에 논문 한 편을 발표했다. 요약하자면, 그는 한 분자에서 양전하를 띤 부분이 다른 분자에서 음전하를 띤 부분을 끌어당기며, 결국 두 분자는 한 쌍의 자석처럼 서로를 끌어당긴다고 제안했다. 도마뱀붙이 발의 강모를 구성하는 분자와 도마뱀붙이가 움직이는 표면의 분자에서도 전하가 생성되면 서로 끌어당기게 되고, 이는 중력을 거스르는 접착 효과를 일으킨다. 도마뱀붙이 발에는 제곱밀리미터당 약 1만 4,000개의 강모가 있어 접착력이 어마어마하게 강하기 때문에, 도마뱀붙이는 40킬로그램짜리 배낭을 메고 천장에 거꾸로 붙어 걸을 수 있다.

또 다른 요소도 있다. 발을 어떻게 배치하는가도 중요하다. 도마뱀붙이는 한 걸음씩 걸을 때면, 마이클 잭슨의 유명한 춤처럼 발을 아래로 디뎠다가 조금 뒤로 끌고 간다. 이러한 동작은 강모를 옆으로 눕혀서 더 넓은 표면적이 노출되게 한다. 표면적이 증가할수록 도마뱀붙이가 벽에 붙는 힘도 커진다. 도마뱀붙이는 벽에서 떨어지고 싶으면 발을 앞으로 내민다. 그러면 벽에 닿는 표면적이 좁아지고 부착력이 약해지면서, 도마뱀붙이의 발은 벽에서 떨어지게 된다. 여기서 진정한 비결은 강모의 방향을 바꾸고 곧장 접착력을 줄이는 것이다.

도마뱀붙이는 과학자들 사이에 뜨거운 화제로 떠올랐고, 지난 10년 동안 과학자들은 합성 강모를 개발했다. 매사추세츠공과대학교 생명공학자 제프 카프Jeff Karp 박사는 동료와 함께 도마뱀붙이에 착안하여 방수 반창고를 개발했으며, 머지않아 이 반창고는 수술 부위를 봉합하고 고정하는 데 쓰일 것이다. 연구팀이 연구를 시작했던 시기는 체내에 접착제가 거의 사용되지 않았지만, 수술 후 내장을 보호하거나 구멍을 봉합하며 활용할 일종의 '접착테이프'가 필요한 상황이었다. 그러한 접착테이프는 생분해(세균 등 다른 생물에 의해 화합물이 무기물로 분해되는 현상-옮긴이)되어 독성이 없는 물질만 남겨야 하고, 체내에서 염증을 유발하지 않도록 유연하며 거부 반응이 없어야 한다. 연구팀은 이러한 조건을 고려해 길이 1밀리미터 미만인 돌기 구조를 지닌 테이프를 개발했다. 돌기들은 충분한 간격을 두고 떨어져 있어서 밑에 있는 조직과 맞물릴 수 있고, 테이프 표면에는 심장이나 방광처럼 젖은 표면에도 잘 붙도록 접착제가 얇게 코팅되어 있다. 또한 접착테이프에는 약물을 주입할 수 있으며, 주입된 약물은 체내에서 테이프가 서서히 분해되는 동안 방출될 것이다.

접착을 유지하다

축축한 환경에서의 접착 문제를 해결하도록 도운 생물은 또 있다. 바로 거미이다. 이번에 해결해야 할 과제는 완벽하게 '방수'가 되는 반창고를 찾는 것이다. 반창고를 붙이고 수영하거나, 목욕이나 샤워를 하다 반창고가 젖으면 접착력이 사라지다 피부에서 떨어지게 된다. '계면(맞닿은 두 물질 사이의 경계 면-옮긴이)의 물' 때문이다. 물에 젖으면 접착제와 접착된 표면 사이에 물이 들어가고 미끄러워서 접착되지 않는 층이 형성된다. 계면의 물은 접착제와 접착 표면 사이에서 접착 결합이 형성되지 않도록 방해하며, 그러한 영향을 극복하는 것은 상업용 접착제 개발자들이 직면하는 도전 과제이다. 애크런대학교 소속 연구원들은 거미줄에서 답을 찾고 있다.

거미줄은 일종의 접착제인 하이드로젤로 코팅되어 있으며, 이는 거미줄이 물로 가득 차 있다는 것을 의미한다. 거미줄이 끈적이지 않는다고 생각하는 사람도 있겠지만, 사실은 정반대이다. 거미줄은 자연계에서 가장 성능 좋은 접착제이며, 심지어 덥고 습한 때에도 마찬가지이다. 연구팀은 왕거밋과Orb Web Spider가 만든 접착제를 조사하기 시작하고, 그 접착제가 세 가지 요소로 이루어져 있음을 밝혔다. 첫째는 당단백질이라는 두 가지 특수 단백질, 둘째는 '저분자량 화합물low molecular mass compound, LMMC', 셋째는 물이다. 당단백질은 물체 표면에서 중요한 결합제로 작용하며, 당단백질 기반 접착제는 자연계에 널리 퍼져 있다. 당단백질 접착제를 생성하는 생물에는 곰팡이, 조류, 돌말류Diatom(민물과 바닷물에 널리 분포한 식물성 플랑크톤-옮긴이), 불가사리, 큰가시고기과Stickleback, 서양담쟁이English Ivy 등이 있다.

진정 흥미로운 화학물질은 저분자량 화합물이다. 저분자량 화합물은 독특한 현상을 일으킨다. 물을 흡수하는 것이다. 저분자량 화합물이 공기에서 수분을 끌어당기고 흡수하는 까닭에 접착제는 부드러움과 끈적함을 유지하며 다른 물체에 완벽히 달라붙는다. 더 중요한 특성은 저분자량 화합물이 물을 계면에서 멀리 이동시켜 습도가 높은 조건에서도 접착제가 표면에 붙게 한다는 점이다. 거미 접착제가 물을 효과적으로 흡수해 물이 초래하는 문제를 해결한다는 것에 핵심이 있다. 이 같은 거미 접착제의 화학적 특성에는 햇빛이 비치든 비가 오든 잘 붙는 반창고 등 다양한 제품으로 만들어져 판매될 잠재력이 있다.

23장

고양이와
도로 안전 장치

늦은 밤이다. 여러분은 인적 없는 마을을 혼자 걷고 있다. 가로등이 유령처럼 빛나고 비가 세차게 내리기 시작한다. 어두운 골목길을 따라 모퉁이를 돌면서 후드를 휙 올려 쓰고 발걸음을 재촉한다. 가로등이 멀어지면서 앞이 잘 보이지 않자 주머니에 들어 있던 손전등이 생각난다. 손전등을 켜고 어둠을 헤쳐 나간다. 이때 바로 뒤에서 바스락거리는 소리가 또렷이 들린다. 서둘러 걷기 시작하지만 소리가 뒤따라오는 것 같다. 심장 박동이 점점 빨라지고, 신경이 곤두선다. 막다른 골목에 다다르고, 여러분은 스토킹의 공포에 맞서기로 한다. 재빨리 몸을 돌려 손전등을 들고 상대를 비춘다. 어둠 속에서 여러분을 응시하는 밝고 날카로운 두 점의 빛! 휴⋯ 고양이다. 앞에서 내가 상황을 극적으로 묘사해서 그렇지, 많은 사람들은 어둠 속에서 빛을 반사하는 고양이 눈에 익숙할 것이다. 인간은 고양이를 사랑하기 때문이다.

집고양이의 조상은 약 1,100만 년 전 아시아에서 진화하여 아프리카, 유럽, 아메리카로 이주했다고 여겨진다. 인간이 농작물을 경작하기 시작한 시기인 약 1만 년 전에 고양이는 곡물 저장고로 모여든 쥐와 다양한 설치류를 먹으려고 인간에게 다가왔다. 이는 고양이가 독립적이며 지적이라는 고정관념에 충실하게, 고양이는 인간에게 길들여지기를 선택했다는 의미이며 이로써 고양이와 인간의 오랜 관계가 맺어진다. 인간이 고양이에게 너무 마음을 빼앗긴 나머지, 몇몇 문화권에서는 고양이를 가장 존경하며 심지어 신으로 모신다. 이를테면 고대 이집트에서는 고양이 여신이 풍요, 번영, 행복을 가져다준다고 믿었다. 노르웨이 신화에서는 프레이야Freyja 여신이 거대한 흰 고양이 두 마리가 끄는 썰매를 타고 돌아다녔다고 전해진다. 미얀마에서는 여전히 고양이를 불교 사원의 신성한 수호자로 여긴다. 일본에서는 고양이가 죽은 조상의 영혼을 품는다고 믿는다.

혹시 고양이와 지내본 적이 있다면, 앞에서 언급한 신화 속 고양이가 너무도 활기차게 느껴질 것이다. 고양이는 평균적으로 하루 12시간에서 16시간 동안 잔 다음 소파나 발밑에서 웅크리거나 사람 무릎 위에서 그르렁거린다. 고양이가 아무 데서나 자는 건 맞지만 게으른 건 아니며, 해가 지면 활력이 넘치므로 낮잠을 자 둬야 한다.

고양이는 야행성 동물로 밤에 사냥한다. 그뿐만 아니라 박명박모성crepuscular으로, 이는 황혼과 새벽의 어스름한 빛에서 가장 활동적임을 의미한다. 이 시간대에 활동하려면 시력이 정말 좋아야 한다. 그래서 고양이 눈은 하루 중 밤에 훨씬 잘 보이도록 적응하고 진화했다. 이는 고양이 눈에 빛을 비추면 눈동자가 밝고 섬뜩하게 빛나는 이유이기도 하다. 이러한 고양이 눈의 특성에서 영감을 얻어 작지만 효과적인 제

고양이 | Cat, *Felis catus*

품이 발명되었고, 이 발명품은 전 세계 도로를 달리는 운전자 수백만 명의 안전을 지켰다.

이 책에서 언급된 기술 이야기는 대부분 최근의 일이며 몇몇은 아직 개발 단계에 있지만, 도로 안전에 고양이 눈을 활용하는 아이디어의 기원은 약 100년 전으로 거슬러 올라간다. 이 발명품은 오늘날 우리가 기원을 생각하지 않을 정도로 흔하지만 사람들의 안전에 막대한 영향을 주었다. 그 발명 뒤에 숨겨진 아이디어를 자세히 살펴보자.

고양이 눈은 정말 아름답다. 고양이가 우리를 오랫동안 응시하며 천천히 눈을 깜빡이는 방식에는 묘한 매력과 신비로움이 있다. 우리를 좋아한다고 표현하는 고양이의 방식인 것 같지만, 고양이에 관해 정확히 이야기하기란 때때로 쉽지 않다. 가까이서 고양이 눈을 보면 우리가 그토록 매력적으로 느끼는 이유를 쉽게 깨닫게 된다. 고양이 눈을 들여다보면 눈동자 중앙에 있는 동공, 즉 들어오는 빛의 양을 조절하는 어둡고 둥근 구멍이 보일 것이다. 이 너머에는 눈의 가장 안쪽을 덮고 있는 조직으로, 빛에 민감한 층인 망막이 있다. 망막은 광수용체라는 특별한 세포로 구성되었으며, 광수용체가 빛을 전기 신호로 변환하면 그 신호가 시신경을 거쳐 뇌로 전달된다. 뇌에서 전기 신호는 이미지로 해석되고, 이러한 과정을 통해 우리는 세상을 본다.

화창한 낮에는 광수용체가 제대로 작동할 만큼 빛이 충분하므로, 인간의 동공은 수축한다. 반면 어둠 속에서는 가능한 한 많은 빛을 들여보내기 위해 동공이 확장되는 덕분에, 우리는 더욱 선명하게 물체를 볼 수 있다. 고양이의 동공도 이와 똑같이 작동한다. 그런데 고양이 눈은 동공의 형태가 인간의 동공처럼 둥글지 않으며 수직으로 벌어진 틈새와 비슷하다. 이런 길쭉한 동공 덕분에 고양이는 기품 있고 우아해 보인다. 인간의 동공과 비교하면, 고양이의 수직 동공은 빛에 훨씬 빠르게 반응하며 모양을 바꾼다. 게다가 더 많은 빛이 들어오도록 확장될 수 있으므로, 한밤중 쥐를 쫓을 때 굉장히 유용하다. 고양이는 또한 손전등을 비추면 눈이 아주 선명하게 빛난다.

고양이 눈에 빛이 들어오면, 인간의 눈과 마찬가지로 망막의 광수용체에 직접 부딪힌 빛이 전기 신호로 변환되어 뇌로 전달되는 동시에 다른 현상도 발생한다. 일부 빛이 망막을 거쳐 이동해 망막 뒤에 있는 아주 특별한 조직층에 부딪히는 것이다. 이 조직층은 휘판*tapetum lucidum*이라고 불리며, 라틴어로 '밝은 태피스트리'를 의미한다. 이름에서 알 수 있듯 휘판은 반사율이 높은 표면이다. 휘판에 부딪힌 빛은 망막으로 다시 반사된 다음 광수용체 세포에 포착된다. 이러한 과정을 통해 휘판이 망막으로 도달하는 빛을 증폭하면, 고양이는 어스름한 황혼과 새벽에도 탁월한 사냥꾼이 된다. 휘판에서 반사된 빛의 일부는 망막을 통과하고 나머지는 광수용체에 흡수되는 대신 고양이 눈을 빠져나와 밝게 빛나는 빛으로 우리 눈에 보이며, 그런 까닭에 고양이 눈은 어둠 속에서 빛을 발한다.

휘판이 고양이에게만 있는 것은 아니다. 개, 말, 새, 심지어 풀 속에 숨은 작은 거미의 눈에서도 똑같은 발광 효과를 관찰한 사람이 있을 것이다. 그러나 인간에게는 휘판이 없으므로, 우리 눈은 어둠 속에서 빛나지 않는다. 고양이 눈은 생명을 구하는 기발한 발명품이 탄생하는 데 영감을 주었으며, 그것이 어떻게 탄생했는지 이해하려면 우리는 1930년대 영국으로 가야 한다.

1930년대 초 도로는 어땠을지 상상할 수 있겠는가? 자동차가 말과 마차를 추월해 주요 교통수단으로 자리매김한 것은 최근의 일로, 도로 안전은 분명 지금도 개선되는 중이다. 1930년대 초 크고 작은 도시에는 가로등이 있었으나 시골에서는 달이 꼬불꼬불한 길을 안내했으며, 당연한 소리지만 달은 의지할 만한 불빛이 아니었다. 그런데 영국 북부 요크셔에 사는 한 남자가 모든 것을 바꾸려 했다.

전해지는 이야기에 따르면, 정비공이자 발명가인 퍼시 쇼Percy Shaw는 안개 긴 어느 날 밤에 핼리팩스로 귀가하면서 오늘날의 퀸즈베리 로

드에 해당하는 무척 위험한 도로를 달리고 있음을 깨달았다. 가파른 언덕길이어서 한쪽으로 기울어져 있었으나, 기울어진 길 아래로 굴러 떨어지지 않도록 막는 장치는 낮은 울타리뿐이었다. 어두운 밤 마을에서는 자동차 헤드라이트가 도로에 박힌 트램 레일에 반사되기 때문에 능숙하게 운전할 수 있었다. 반사된 빛은 길을 쉽게 찾는 데 도움이 되었다. 그러나 시골길은 어둠뿐이었다. 언덕길을 운전하던 중 쇼는 놀란 고양이와 마주쳤고, 그 고양이는 울타리 위로 뛰어올랐다. 바로 그때 자동차의 헤드라이트가 고양이 눈을 비춰 휘판에 반사되었다. 쇼는 차를 세우고 주위를 살피다가, 길을 잘못 들어선 데다 기울어진 길 아래로 떨어질 뻔했음을 깨달았다. 고양이가 아니었다면 그는 아주 끔찍한 사고를 당했을 것이다.

퍼시 쇼는 과거에 도로 표지판의 반사 표식을 도로 표면으로 옮기면 어떨지 생각해 본 적은 있었지만, 우연히 고양이와 마주친 계기로 획기적인 아이디어를 도출하게 되었다. 길거리에 고양이들이 줄지어 앉아 늘 반짝이는 눈으로 운전자를 안내하면 어떨까? 이후 수년 동안 쇼는 아이디어를 다듬고 발명품을 만드는 일에 전념했다. 1934년 새로운 도로 안전 장치로 특허를 출원할 준비를 마친 쇼는 그 장치를 '캣츠 아이Cat's eyes'라고 명명했다. 그리고 캣츠 아이를 제조하기 위하여 기업 리플렉팅 로드스톤을 설립했다.

퍼시 쇼는 캣츠 아이를 개발하며 새로운 역반사 렌즈를 활용했다. 역반사 렌즈는 빛이 발생한 곳으로 빛을 직접 반사하는 특수 렌즈로, 렌즈에 반사된 빛이 난반사(빛이 거칠고 불규칙한 면에서 반사되며 여러 방향으로 퍼지는 현상-옮긴이) 장치에 반사된 빛보다 훨씬 밝다. 역반사 렌즈는 밤에 광고판을 밝히는 용도로만 수년간 사용되었을 뿐이었다. 이 렌즈가 작동하는 원리는 제조 방식에 있다. 렌즈의 앞면은 평범한 거울처럼 유리로 만들어졌으나 차이점은 뒷면에 있다. 평범한 거울은 뒷면이 평평하지만 역반사 렌즈는 뒷면이 구부러진 거울이다. 뿐만 아니라 역반사 렌즈의 뒷면에는 서로 다른 각도로 놓인 평평한 거울이 두 개 이상 있어서, 빛이 넓은 각도로 반사된다.

쇼가 제작한 초기 캣츠 아이는 역반사 렌즈 한 쌍에 흰색 반구형 고무 덮개와 주철 소재의 바닥 판이 설치된 형태였다. 이 장치는 내부로 빛이 들어오면 고양이 눈의 휘판처럼 작동하면서 마주 오는 자동차 운전자에게 빛을 반사했다. 또한 캣츠 아이가 도로 중앙을 따라 일정한 간격으로 배치되어 하얀 선을 형성한 덕분에 반대 방향으로 주행하는 차량이 구분되었다. 운전자는 밤에도 캣츠 아이에 반사된 빛을 보며 가려던 길을 따라 계속 운전할 수 있었다. 캣츠 아이는 자동차가 실수로 밟고 지나가도 신축성 좋은 흰색 고무 덮개 덕분에 부서지지 않았다. 이후 제작된 캣츠 아이에는 빗물을 모으는 작은 웅덩이가 있어서 렌즈가 깨끗이 유지되었다. 또한 캣츠 아이 덮개는 도로 한가운데로 치우쳐 달리는 운전자에게 신체적, 청각적 경고 신호를 보냈다.

처음에 쇼는 캣츠 아이에 투자하도록 당국을 설득하는 데 어려움을 겪었지만, 이후 제2차 세계대전이 발발했다. 공중 폭격기의 표적이 되지 않기 위하여, 영국인은 야간에 모든 조명을 끄라는 지시를 받았다. 그러자 쇼의 캣츠 아이가 어두운 도시와 시골 거리를 달릴 수 있도록 운전자를 돕는 유일한 장치가 되면서, 수요가 큰 폭으로 증가했다. 전쟁이 끝난 뒤 캣츠 아이는 교통부로부터 전폭적인 지원을 받았고, 영국 정부는 캣츠 아이를 전국에 설치하라고 명령했다. 쇼의 발명품은 얼마 지나지 않아 영국뿐만 아니라 전 세계에서 쓰이게 되었다. 영국 이외의 나라에서는 렌즈 색이 다른 캣츠 아이를 설치해 도로 중심과 도로변을 구별하거나, 미끄러운 도로의 입구와 출구를 표시한다. 형태는 수년 동안 바뀌었으나 한 가지는 변함없다. 캣츠 아이가 수백만 명의 생명을 구했다는 점이다. 여러분도 동의하리라 믿는다. 캣츠 아이는 고양이처럼 멋지고 영리한 발명품이다.

24장

해면과
고층 건물 설계

질문 하나를 던지겠다. 오렌지색 코끼리 귀, 가지를 뻗은 관$_{tube}$, 뇌, 골 칫거리, 가지를 뻗은 꽃병, 닭 간, 빨간색 구멍, 갈색 껍질, 연보라색 밧줄. 이들의 공통점은 무엇일까? 해리포터가 외는 주문일까? 아니다. 꽤 그럴듯한 추측이긴 하지만. 사실 이것들은 모두 해면$_{Sponge}$으로 알려진 매혹적인 유기체의 이름이다. 이 해면들은 모두 멕시코만 플라워가든뱅크 국립해양보호구역에서 찾을 수 있으며 촉수 금지, 변동하는 구멍, 멍텅구리, 오렌지 덩어리 껍질이라는 이름의 해면들과 함께 발견된다! J.K. 롤링 소설 속 구절처럼 들린다는 건 나도 알지만, 내 말을 믿도록. 농담이 아니다!

해면은 지구에서 손꼽히는 단순한 동물 중 하나로, 아주 오랜 세월 동안 존재해 왔다. 해면이 등장한 시기는 신원생대의 마지막 시기인 에디아카라기$_{Ediacaran\ period}$로 거슬러 올라가며, 해면 화석은 5억 8,000만 년 된 암석에서 발견되었다. 극도로 여리고 섬세해 보이는 형태 때문에 초기 박물학자들은 해면이 식물이라고 확신했다. 해면이 먹이를 먹는 방법이 알려진 1795년에 해면은 마침내 동물로 인식되었다. 그렇다면 해면은 어떤 동물일까?

해면은 해면동물문Porifera에 속하며, porifera라는 단어는 라틴어로 '구멍'을 뜻하는 포루스porus와 '지니다'를 의미하는 페레ferre에서 유래했다. 이처럼 '구멍을 지니다'라는 의미의 이름은 해면이 지닌 정교한 구조를 보면 완벽히 인정하게 된다. 해면은 모든 생명의 공통 조상으로 불리는 LUCALast Universal Common Ancestor에서 최초로 갈라져 나와 진화한 동물군으로 여겨지며, LUCA 덕분에 해면은 지구에 살았던 다른 모든 식물 및 동물과 자매 분류군(가장 최근의 공통 조상을 공유하는 생물군-옮긴이) 관계가 되었다.

2012년 조사에 따르면, 해면은 8,553종이 알려져 있고 밝은 보라색, 파란색, 노란색, 빨간색 등 색이 다양하며 크기도 제각각이다. 가장 작은 해면은 길이가 불과 몇 센티미터이고, 가장 큰 해면은 가로 3.7미터, 세로 2미터에 개어 놓은 이불처럼 생긴 심해 해면으로 2016년 하와이 근해 파파하노모쿠아키아 해양국립기념물에서 발견되었다. 해면은 또한 믿기지 않을 만큼 오래 살 수 있다. 남극에는 대략 2미터 높이의 커다란 화산 해면이 있으며, 이는 태어난 지 약 1만 5,000년 되었다고 추정되는 지구상 가장 오래된 생물체이다.

해면은 어디에나 있다. 얕은 바다부터 깊은 바다까지 전 세계 거의 모든 유형의 해양 환경에서 발견되고, 일부는 담수에서도 산다. 해면이 동물로 분류되긴 하지만, 다른 대부분의 동물과는 다르다. 해면은 소화관도 감각 기관도 조직도 없고 단순하게 세포 덩어리로 구성되어 있다. 해면 세포는 유연한 섬유들이 서로 연결되어 망을 이룬 '골격'과 단단한 '골편'을 토대로 덩어리를 이룬다. 골편은 유리를 구성하는 규소(실리콘) 또는 분필의 주성분인 탄산칼슘으로 이루어지며 매우 복잡한 구조로 조직된다. 그런데 해면을 이해하려면 좀 더 단순한 요소도 고려해야 한다.

나중에 부엌이나 목욕탕에 가면, 스펀지를 만지면서 얼마나 부드럽고 유연한지 느껴 보자. 그 부드러운 감촉은 살아 있는 해면을 구성하는 섬유의 질감과 아주 흡사하다. 오늘날 가정에서 쓰이는 스펀지는 대부분 합성 물질로 제조되지만, 한때 인간이 사용하기 위해 널리 채취했던 천연 해면과 비슷하다. 해면 표면에 보이는 작은 구멍$_{ostium}$을 통해 물이 살아 있는 해면 내부로 들어가면, 해면 표면의 큰 구멍$_{osculum}$은 여과된 물과 노폐물을 해면 밖으로 배출한다.

빨간색 구멍이라는 해면 이름에 호기심이 생기지 않고, 해면이 온종일 아무것도 하지 않고 빈둥거린다고 생각하는 사람도 있겠지만, 다시 생각해 보는 편이 현명하다. 해면은 주위 환경을 변화시키는 능력을 지녔다는 점에서 최초의 생태계 공학자였을 것이다. 예컨대 해면은 바닷물을 아주 능숙하게 여과한다. 그리고 다른 유기체 근처에서 물을 정화하며 그 유기체들이 이용하는 영양소를 순환시킨다. 영양소가 부족한 산호초에서 해면은 유기체 성장에 필요한 주요 원소인 탄소를 공급한다. 해면이 다른 유기체의 먹이가 되는 '똥'을 배출하면 산호초의 건강과 생물다양성이 향상된다.

더욱 놀라운 것은 해면이 작은 세포 덩어리로 조각나더라도 스스로 그 덩어리들을 다시 합칠 수 있는 유일한 동물이라는 점이다. 해면 세포는 서로를 찾아내고 한데 뭉쳐 새로운 해면으로 탄생할 수 있다. 해면은 또한 의약품에 쓰이는 완벽한 원료로 밝혀졌다. 해면 세포와 해면 내부에 사는 미생물은 암이나 알츠하이머 같은 질병은 물론 통증과 염증을 치료할 복잡한 화합물로 생산될 것이다.

해면의 번식법에는 두 가지가 있다. 첫 번째는 무성생식이다. 무성생식이란 해면에서 조각이 떨어져 나와 새로운 해면으로 성장하는 방식이다. 이렇게 태어난 해면은 본질적으로 기존 해면의 복사본, 다른 말로 클론이다. 두 번째는 난자와 정자가 수정하는 유성생식이다. 성체 해면은 보통 한 곳에 달라붙어 살지만, 해면 유충은 바다에 흩어져 새로운 장소로 헤엄쳐 간다.

이러한 점에서 해면은 그리 따분한 생물이 아니다. 해면은 골격 체계를 지닌 덕분에 단단한 바위 표면이나 진흙 또는 모래처럼 부드러운 퇴적물에서도 살 수 있다. 이러한 해면의 복잡한 구조는 하버드 존 폴슨 공학응용과학대학 소속 연구팀의 관심을 끌었고, 훗날 건설될 최고층 빌딩과 최장 다리에 관한 아이디어를 제시했다.

응용역학과 교수 카티아 베르톨디Katia Bertoldi가 이끄는 연구팀은 에우플렉텔라 아스페르길룸Euplectella aspergillum이라는 심해 해면의 골격을 연구하기로 했다. 해면의 구조는 '좌굴' 현상에 강했다. 좌굴이란 공학에서 구조물이 변형되는 방식을 설명할 때 쓰는 용어로, 좌굴 현상이 발생하면 구조물이 구부러지고 뒤틀린다. 에우플렉텔라 아스페르길룸의 골격은 이산화규소(실리카)로 구성되었으며 무척 아름다운 관 형태이다. 골격 벽은 속이 꽉 차 있지 않고, 섬세한 레이스 장식처럼 구멍이 뚫렸다. 에우플렉텔라 아스페르길룸은 육방해면강Glass Sponge에 속하

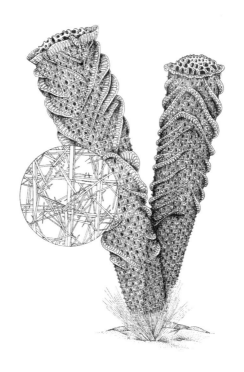

는 해면이며, 영어 일반명인 '비너스의 꽃바구니 Venus' Flower Basket '는 뿔을 연상케 하는 구조에서 유래했다. 뿔은 사랑과 아름다움과 번영을 상징하는 로마신화 속 여신인 비너스와 연관이 있다(서양 고대 문명에서 뿔은 풍요와 다산을 의미하며, 특정 비너스 조각상은 들소 뿔을 들고 있다─옮긴이).

비너스의 꽃바구니는 필리핀제도 인근 심해에서 발견되며, 일본과 서태평양 근처에서도 비슷한 종이 서식한다. 비너스의 꽃바구니 골격은 굽은 관 형태로 길이가 약 25센티미터이고, 관의 좁은 바닥은 털처럼 생긴 골편 다발로 덮였으며, 이러한 골편이 해저의 부드러운 퇴적물에 해면을 고정한다. 비너스의 꽃바구니 골격은 수집가에게 인기가 많은데, 일본인은 바구니 안에서 평생을 갇혀 사는 암수 새우 한 쌍이 이따금 발견된다는 이유로 헌신의 상징으로 여긴다. 그래서 일본에서는 이 골격을 신혼부부에게 선물로 주곤 한다. 하지만 연구팀은 골격의 견고함에 초점을 맞추었다. 과학자들이 아름답고 완벽한 사랑 이야기를 망친다고 생각하겠지만, 공평하게 말하자면 그들은 사랑이 아닌 아이디어를 찾았을 뿐이다.

다리를 건너거나 철제 선반을 조립해 본 적이 있다면, 대각선 방향으로 보강된 격자 구조에 익숙할 것이다. 기본적인 격자는 나무나 금속으로 만들어진 가늘고 긴 조각이 십자형을 그리며 서로 교차하는 구조로, 사각형이나 마름모 형태의 틈을 형성한다. 흔히 덩굴식물용 울타리에서 발견되는 구조이다. 여기에 대각선 방향 지지대를 추가해 보강하면 저렴하고 간단하게 기본 격자 구조를 안정적으로 유지할 수 있다. 미국의 건축가이자 토목공학자인 이시얼 타운Ithiel Town은 1800년대 초에 격자 구조 건물에 대한 특허를 최초로 출원했다. 그는 가볍고 저렴한 재료로 튼튼한 다리를 건설하는 방법을 고안했다. 그런데 하버드 연구팀의 한 연구원은 다음과 같이 말했다. "이시얼 타운의 방식은 훌륭하긴 하지만 최적의 건설법은 아니다. 불필요하게 쓰이거나 중복되는 자재가 발생하며 건설 가능한 높이에 제약이 생긴다."

연구팀은 더욱 효율적인 격자 구조, 즉 재료는 적게 들고 내구성은 동일한 구조를 만들 수 있는지 궁금했다. 비너스의 꽃바구니가 과학자들에게 답을 줄 수 있을까? 해면은 지금의 골격 체계를 완성하기까지 5억 년 넘게 걸렸다.

　공학자들은 비너스의 꽃바구니를 자세히 관찰한 끝에, 관 형태의 골격을 유지해 주는 바깥층이 존재한다는 것을 발견했다. 여기서 바깥층은 커다란 짐들을 함께 보관할 때 단단히 감아 두는 밧줄과 같다. 비너스의 꽃바구니의 바깥층은 밧줄 한 가닥이 아닌, 골격을 감싸는 평행한 버팀목 두 세트이다. 이 버팀목들은 서로 포개진 상태로 안층과 결합한다. 이 골격 구조를 상상하고 싶다면, 가느다란 철사를 엮어서 만든 사각형 깔개를 떠올려 보자. 이 깔개를 말아서 관에 넣는다. 그런 다음 위에서 아래로 관을 휘감으며 내려가는 평행한 철사들을 상상하자. 마지막으로, 관을 휘감는 방향이 반대여서 위에서 아래로 내려가며 앞서 언급한 철사들과 교차하는 평행한 철사들을 떠올리자. 이것이 간단하게 묘사한 해면 골격의 형태이다.

　선행 연구에서 좌굴 현상과 균열 확산을 막는 골편의 역할은 조사된 적이 있었지만, 해면 표면에 바깥층이 추가된 이중층 구조의 장점은 거의 알려지지 않았다. 그래서 연구팀은 컴퓨터 시뮬레이션을 통해 해면의 형태를 모방하고, 해면 골격의 기계적 특성을 다른 기존 격자 구조와 비교했다. 해면 구조는 다른 어느 격자보다 성능이 우수했으며, 좌굴 현상이 발생하기까지 기존 격자보다 훨씬 무거운 무게를 버텼다. 내가 진심으로 멋지다고 생각한 것은 비너스의 꽃바구니 격자 구조의 형성 과정이다.

　살아 있는 해면은 성장하면서 유연 단계와 경직 단계라는 두 단계를 거친다. 성장 초기인 유연 단계에서 해면은 수직, 수평, 대각선 버팀목이 서로 결합하지 않은 채 분리되어 있고, 덕분에 해면의 관 구조는 확장될 수 있다. 격자 관 구조가 성장하여 최대 길이와 너비에 도달하면 해면은 유리질(유리처럼 투명하고 결정을 형성하지 않는 물질-옮긴이) 접합제를 분비하며, 이 접합제는 해면 골격을 이루는 모든 조각을 결합하고 최종적으로 단단한 구조를 형성한다.

연구팀은 해면이 충격을 받아도 버티는 비결은 골격을 대각선으로 감싸는 버팀목에 있다고 결론지었다. 이들은 또한 대각선 버팀목이 있으면, 골격을 추가하지 않아도 전체 내구성이 20퍼센트 넘게 향상한다고 밝혔다. 해면 골격은 자연이 격자 구조를 어떻게 진화시켰는지 보여 주는 완벽한 사례이며, 이와 관련한 지식은 고층 건물과 긴 다리의 효율적인 건설에, 그리고 가볍고 강한 구조물이 필요한 항공우주공학 분야에 유용할 것이다. 훗날 빌딩과 다리를 설계하는 공학자들이 비너스의 꽃바구니의 튼튼하고 가벼운 구조에 고마워하리라 생각하니 정말 놀랍다.

25장

낙타와
패시브 쿨링

가늘고 긴 다리, 아래로 내려갔다가 위로 솟아올라 작은 머리와 만나는 목, 그리고 등에 있는 유명한 혹을 지닌 낙타를 다른 동물로 착각하기는 어렵다. 낙타에는 세 가지 종이 있다. 가장 흔한 종은 혹이 하나 있는 아라비아낙타Arabian Camel, 다른 말로 단봉낙타Dromedary이다. 아라비아낙타는 전 세계 낙타 개체 수의 90퍼센트를 차지하고, 4,000년 전에 길들여졌으며, 오늘날에도 대부분 가축으로 사육된다. 매우 드문 '야생' 단봉낙타는 19세기 중반 호주로 유입되었다가 주인에게서 달아나 오지에 정착한 낙타들이다. 단봉낙타가 토착 식물을 닥치는 대로 먹어 치우며 심각한 환경문제를 일으키고, 번식이 통제되지 않아 더는 감당하기 어려워지자 호주는 낙타 개체 수를 조절했다.

두 번째 종은 가축으로 사육되는 쌍봉낙타Bactrian Camel로, 단봉낙타보다 훨씬 앞선 시기인 5,000~6,000년 전 길들여졌다. 쌍봉낙타는 중앙아시아가 원산지로 등에 혹이 두 개 있으며 추위와 가뭄, 높은 고도를 잘 견뎌서 기원전 2세기부터 18세기까지 실크로드로 알려진 고대 교역로를 따라 이동했다. 그런 기나긴 여행을 다니면서 단봉낙타와 쌍봉낙타는 '사막의 배'로 불리게 되었다.

세 번째 종은 등에 혹이 두 개 달린 야생 쌍봉낙타로, 진정한 의미의 야생종이지만 심각한 멸종 위기에 처했다. 야생 쌍봉낙타는 고비 사막에서만 살며 개체 수가 1,000마리도 되지 않는다고 추정된다. 더욱이 수줍음이 극도로 심한 까닭에 개체 수를 헤아리기조차 어렵다. 이들은 인간의 낌새를 느끼면 뒤도 돌아보지 않고 재빠르게 도망친다. 서식지는 몽골과 중국 북서부에 걸쳐 있고, 다른 사촌들과 달리 조금도 길들여지지 않았다. 야생 쌍봉낙타의 매력은 가축화된 낙타 사촌들과 다르게 바닷물보다 짠 소금물을 마시면서도 무사히 살아남는다는 점이다. 이처럼 야생 쌍봉낙타는 신비로울 뿐만 아니라, 지구에서 심각한 멸종 위기에 처한 몇 안 되는 대형 포유동물이다.

단봉낙타와 쌍봉낙타는 남아메리카에 서식하는 과나코Guanaco, 비쿠냐Vicuña, 라마Llama, 알파카Alpaca와 함께 낙타과Camelidae에 속한다. 낙타과는 약 4,500만 년 전 북아메리카에서 탄생해 서식하다가, 약 200~300만 년 전에 육교(빙하기에 아시아와 북아메리카 사이를 연결한 베링육교를 의미한다-옮긴이)가 놓이자 아시아와 아프리카로 향했다. 한편 과나코와 과나코의 사촌들은 오늘날 파나마 지역에 형성된 육교로 이동하며 미대륙간대이동Great American Interchange에 참여했다.

여기에 낙타와 관련된 놀라운 사실이 있다. 오늘날 낙타는 350만 년 전 캐나다 유콘에서 살았던 거대 낙타와 북극에서 살았던 생물로부터 진화했다. 이들은 현대 낙타보다 몸집이 약 30퍼센트 더 크고,

아주 두툼한 털옷을 입었다. 오늘날 추운 기후에도 잘 버티는 낙타의 능력은 당시 북극이 지금보다 다소 온화하긴 했지만, 아마도 북극의 조상에게서 물려받았을 것이다. 그렇다면 오늘날 북아메리카에는 왜 낙타가 없을까? 간단히 대답하자면, 아무도 모른다. 낙타가 멸종한 이유는 인간의 사냥 활동 또는 마지막 빙하기 말에 일어난 기후변화의 결과라고 여겨진다.

낙타의 극초기 조상들은 비교적 몸집이 작은 동물로 하나는 토끼만 하며 다른 하나는 염소보다 크지 않았으나, 오늘날 낙타는 모두 덩치가 크다. 다 자란 단봉낙타는 어깨높이가 대략 2미터로 말보다 키가 더 크고, 가축 쌍봉낙타는 말보다 아주 약간 더 크다. 영어 이름 'Dromedary'와 'Bactrian' 중에서 어느 쪽이 단봉낙타이고 쌍봉낙타인지 어떻게 기억할까? 여기 간단한 요령이 있다. 알파벳 D가 옆으로 누운 모습을 상상하면 하나의 혹처럼 보이고, 알파벳 B가 옆으로 누운 모습을 상상하면 두 개의 혹처럼 보이므로, D로 시작하는 Dromedary는 혹이 하나인 단봉낙타, B로 시작하는 Bactrian은 혹이 두 개인 쌍봉낙타이다! 그런데 내가 진짜로 궁금해 하는 건 따로 있다. '낙타 혹 안에는 정확히 무엇이 들어 있을까?' 답을 찾으려면 근거 없는 믿음부터 바로잡아야 한다.

흔히 낙타는 혹에 저장된 물 덕분에 사막에서 오랜 시간 생존할 수 있다고 하는데, 이는 완전히 잘못된 생각이다. 낙타 혹은 물이 아닌 지방으로 가득 차 있으며, 여기서 무슨 현상이 발생하는지 이해하려면 실험복을 입고 분자 수준에서 낙타 혹을 들여다보아야 한다.

지방은 탄화수소 분자로 구성되며, 탄화수소라는 이름이 암시하듯 성분 대부분은 탄소와 수소이다. 지방에는 에너지가 많이 포함되어 있고, 낙타의 몸은 인간의 몸과 마찬가지로 신진대사를 통해 체지방을 분해하여 에너지를 생산한다. 낙타의 몸속에서 이루어지는 신진대사의 훌륭한 점은 대사 과정에서 나오는 부산물에 있다. 탄소와 수소가 산소와 결합하여 에너지와 이산화탄소, 그리고 물을 생성한다.

낙타의 대사 과정에서 기발한 점은 분해되는 지방 1그램당 물 1그램이 넘게 생성된다는 것이다. 따라서 지방 저장은 곧 물을 저장하는 상당히 효율적인 방법이다. 그런데 낙타는 생성된 물을 보존하는 데 문제가 있다. 지방 분해에는 산소가 필요하고, 산소가 필요할수록 낙타의 호흡률(일정 시간 동안 흡수하는 산소의 부피-옮긴이)이 증가한다. 즉, 낙타는 호흡하는 동안 폐를 통해 주위 대기로 빠져나가는 수증기 형태로 물을 약간 잃는다.

이러한 단점에도 낙타는 지방, 그리고 우회적인 방식으로 물을 혹에 저장한다. 낙타가 저장한 지방으로 얼마나 오래 살아남는가는 낙타의 활동성과 날씨에 달렸다. 혹의 크기는 낙타가 섭취하는 먹이의 양에 따라 다르다. 먹이가 부족하면, 저장된 지방을 전부 소모하면서 혹이 작게 쪼그라든다. 낙타 혹은 몸 전체가 아닌 등에만 지방을 저장하면서 생기는 구조로, 직사광선을 가리고 그늘을 드리워 체온 상승을 방지하는 영리한 전략이기도 하다.

낙타는 이처럼 혹이 있는 덕분에, 지구에서 환경이 가장 가혹하고 극단적이어서 물 찾기가 하나의 도전 과제인 지역에서도 살아남는다. 사막에서는 먹이를 찾는 것 또한 쉽지 않다. 낙타는 파릇한 새싹과 식물 줄기와 잔가지 등을 먹고 산다. 낙타의 입천장은 단단하고 볼 안쪽과 혀에는 돌기가 줄지어 돋아나 있어서, 단단하고 가시가 많은 사막 식물들을 막자사발과 절굿공이를 사용할 때처럼 곱게 갈 수 있다. 그런데 이 모든 것은 낙타가 견뎌야 하는 극한의 온도 앞에서 사소한 도전에 지나지 않는다. 쌍봉낙타는 추운 겨울이 오면 북극에서 살았던 조상처럼 덥수룩하게 털을 길러 몸을 보호하다가 더운 여름이 오면 털갈이를 한다.

낙타는 혹독한 더위에서 물 없이 일주일 내내, 때로는 그보다 더

긴 시간을 버틸 수 있다. 게다가 식물을 섭취하여 필요한 수분을 얻거나 열심히 일하지 않는 조건이라면, 물을 전혀 마시지 않고도 훨씬 더 오래 살 수 있다. 성체 쌍봉낙타는 체중의 4퍼센트인 약 19킬로그램이 빠져도 살아남으며, 비교적 짧은 시간에 다량의 물을 섭취할 수 있다. 심한 갈증을 느끼는 쌍봉낙타는 13분 만에 물 130리터를 마실 수 있으며, 이를 환산하면 6초마다 1리터씩 마시는 셈이다. 여러분은 절대로 따라 하지 말길 바란다!

한편 낙타는 땀을 최소한으로 흘리는 능력이 있다. 더위를 견디는 동물에게는 털가죽이 가장 쓸모없다고 생각하는 사람도 있겠지만, 낙타가 두꺼운 털을 잃는다면 지금보다 물을 50퍼센트 더 마셔야 할 것이다. 털은 사막의 추운 밤에 유용할 뿐만 아니라 더운 낮에 단열재 역할을 한다. 털은 외부 온도가 낙타의 체온보다 훨씬 높을 때 몸으로 전달되는 열을 막는다. 털이 외부 열을 막는 장벽으로 작용하는 까닭에, 낙타는 체온이 섭씨 41도까지 상승하는 아주 무더운 날씨에만 땀을 흘린다. 따라서 낙타의 덥수룩한 털은 열 전달을 막을 뿐만 아니라 수분 손실도 낮춘다는 점에서, 완벽한 진화적 적응(생물이 특정 환경에서도 살아남아 번식할 수 있게 하는 유전적 특징 - 옮긴이)이다.

낙타가 생존에 성공한 비결은 다량의 열을 저장하는 능력에 있다. 수분을 충분히 섭취한 낙타는 체온이 낮에는 섭씨 36도에서 38도로 상승했다가 밤에는 34도까지 낮아진다. 밤에 낮아진 체온이 체온 상승의 완충 구간으로 작용하는 덕분에, 다음 날 낙타는 많은 열을 몸에 저장하여 체온이 섭씨 41도에 도달한 뒤부터 땀을 흘리게 된다. 이러한 전략으로 낙타는 하루가 끝날 무렵 몇 시간만 땀을 흘리며 물을 절약한다. 낙타는 뜨겁고 건조한 사막에서 서식하고, 인간보다 무게가 최소 다섯 배 더 나가지만, 매시간 물을 4분의 1리터만 사용한다.

이처럼 낙타가 시원한 상태를 유지하는 능력은 새로운 단열재를 찾는 과학자들의 관심을 받았으며, 관심이 집중된 시기 또한 더할 나위 없이 적절하다. 국제에너지기구에 따르면, 전 세계에서 냉장고, 냉동고, 에어컨 등에 투입되는 냉각용 에너지 수요는 2050년까지 세 배 상승하리라 예상된다. 그래서 에너지를 쓰지 않고도 시원함을 유지하는 다양한 방법, 소위 '패시브 쿨링'에 대한 관심이 증가하고 있다. 세계 인구의 10퍼센트가 넘는 사람들이 전기에 접근할 수 없음을 고려하면, 패시브 쿨링은 음식이나 온도에 민감한 약물 등을 보급하고 저장하는 참신한 방안을 제공할 것이다. 가장 유망한 해결책은 다량의 물을 흡수하고 유지하는 젤 또는 젤리의 일종인 하이드로젤에서 발생하는 증발 현상에서 나왔다. 하이드로젤은 증발 현상을 통해 물을 방출한다. 증발은 더위로 땀을 흘릴 때 물이 수증기로 변하면서 일어난다. 땀이 증발하면 몸이 시원해지므로, 하이드로젤은 동물의 땀샘을 모방하는 셈이다. 하이드로젤의 증발은 패시브 쿨링의 대표 사례이다.

과학자들은 하이드로젤에 흡수된 물이 외부 동력원 없이 증발 현상으로 방출된다는 이유로, 한동안 하이드로젤에 관심을 보였다. 그런데 증발 효과가 짧게 지속되므로, 그 효과를 오래 유지하는 것이 관건이었다. 매사추세츠공과대학교 제프리 그로스먼Jeffrey Grossman이 이끄는 연구팀은 아이디어를 얻기 위해 낙타로 눈을 돌렸다. 이들은 구멍이 많이 뚫려 가볍고 단열이 잘되는 물질인 에어로젤로 얇은 층을 만들어 하이드로젤과 결합했다. 이러한 증발-단열 이중층은 낙타에게서 발견되는 생물학적 냉각 체계를 모방한다.

하이드로젤로 이루어진 바닥층은 낙타의 땀샘과 같다. 여기서 물이 증발하면 냉각 효과가 생긴다. 에어로젤로 이루어진 위층은 낙타의 털처럼 단열재 역할을 한다. 에어로젤층은 주위 열이 침투해 들어오는 현상을 막는 동시에, 수많은 구멍을 통해 하이드로젤의 물을 내보낸다. 이러한 이중층은 증발과 단열을 동시에 달성하여 냉각 시간을 길게 연장할 수 있으며, 두께는 1센티미터밖에 되지 않는다.

연구팀은 실험실에서 온도와 습도가 조절되는 특별한 장치를 활용해 이중층 젤을 테스트했다. 이들은 이중층이 주변보다 섭씨 7도 낮은 온도로 물체를 냉각할 수 있으며, 단일 하이드로젤층과 비교하면 냉각 유지 시간을 400퍼센트 늘릴 수 있음을 발견했다. 제프리 그로스먼이 밝혔듯 이는 냉각이 250시간, 즉 10일 넘게 지속될 수 있다는 의미이다. 다음 단계는 제품의 확장이었다. 쉽게 설명하자면, 연구팀은 개발한 이중층 젤을 더욱 큰 크기로 손쉽게 대량생산하는 방법을 찾아야 했다. 이들은 이중층 젤이 건물 냉방에 도움이 되며 건물의 에너지 총소비량을 낮출 것이라 제안했다.

전기에 거의 또는 전혀 접근할 수 없는 지역에서도 식품과 의약품을 자주 운송해야 한다는 점을 고려하면, 패시브 쿨링 시스템에는 분명 막대한 가치가 있다. 패시브 쿨링은 환경에 긍정적인 소식인 동시에 생명을 구하는 기술이며, 이 모든 성과는 사막을 정복한 챔피언에게서 나왔다.

낙타 코와 에어컨

오래전부터 사막에 특별히 적응한 동식물과 함께 사는 사람들이 있었고, 이들 또한 사막의 혹독하고 건조한 환경에 적응해야 했다. 대표적인 사례로 아라비아사막에서 사는 베두인족을 살펴보자. 베두인족은 한 장소의 많지 않은 자원이 소진되면 금방 다른 장소로 떠나는 유목민으로, 이동할 때는 천막집을 가지고 다닌다. 이들의 천막집은 내부에서 공기가 순환하도록 제작되어서, 더운 낮에는 시원하고 기온이 떨어지는 밤에는 따뜻하다.

사실상 현대 인류는 사막을 정복했다. 라스베이거스와 두바이에 자리 잡은 반짝이는 사막 도시를 생각해 보자. 나는 두 도시 모두 가 봤는데, 라스베이거스와 두바이는 인간공학 측면에서 놀랄 만큼 눈부신 성과이며 생활하기에 불편하거나 힘들지 않았다. 이처럼 인간이 구축한 인공 환경은 경외심을 자아내고, 그곳에서 할 수 없는 일은 아무것도 없을 것 같다. 실제로 이들 도시에서 지내다 보면 사막에 있다는 사실을 간과하기 쉬우며, 특히 카지노 극장에서 숨 막히는 공연을 보거나 실내 스키 리조트에서 슬로프를 타고 내려올 때면 더욱 그렇다. 사막에서도 스키를 탈 수 있다니, 정말 대단하다!

분명 단점도 있다. 사막 도시의 모든 건물은 객실, 카지노, 스키장을 시원하게 유지하기 위해 화석연료를 무진장 소비한다. 좀 더 친환경적인 건물을 설계한다면 어떨까? 이집트 건축가들은 해결책을 찾던 중 낙타, 더욱 구체적으로는 낙타의 코에 주목했다. 낙타의 코는 기발하게 설계된 생물학적 공기 냉각 장치이자 낙타의 또 다른 생존 비결이었다. 속담에 있듯이, 의심스럽다면 직감을 믿고 코를 관찰하라(If you're in doubt, trust your instincts and follow your nose. 직역하면 '코를 관찰하다'라는 의미이지만 '직감대로 행동하다'라는 관용적 의미도 있다-옮긴이). 이것이 이집트 건축가들이 한 일이다.

낙타의 코를 올려다보면, 인간의 코 내부와는 상당히 다른 구조임을 발견하게 된다. 우리는 각 콧구멍에 통로가 하나씩 뚫려 있지만, 낙타의 코는 수많은 통로가 복잡한 미로로 얽혀 있으며 그 내부는 전부 촉촉한 점막으로 덮여 있다. 이 구조는 일정하게 호흡하는 동안 낙타의 코가 가습기와 제습기 역할을 하도록 돕는다. 자세히 설명하면, 낙타는 숨을 들이마시면서 공기에 수분을 더했다가 숨을 내쉬면서 그 수분을 다시 가져올 수 있다. 이러한 방식으로 낙타는 자기 몸에 수분을 공급하는 동시에 시원함을 유지한다.

낙타가 숨을 들이마시면 공기는 낙타 콧속 통로를 이동하며, 이때 촉촉한 점막의 습기가 공기에 더해지면서 온도가 낮아진다. 선풍기 앞에서 물에 젖은 천을 들어 본 적이 있다면 이 효과가 바로 이해될 것이다. 선풍기 바람이 축축한 천을 통과하면 조금 더 시원해진다. 이러한 현상이 낙타가 들이마시는 공기에서 일어나며 더욱 차가워진 공기는 낙타의 폐로 들어가 체온을 유지한다. 낙타가 내쉬는 공기는 수증기로 가득 차 있다. 인간을 포함한 포유류 대부분은 숨을 내쉬면서 그 수증기를 곧장 대기로 보낸다. 이는 체내 수분을 잃는 대표적인 경로이다. 그런데 낙타는 물이 극도로 부족한 환경에서 살아가므로 가능한 한 많은 수증기를 붙잡아 둬야 한다.

여기서 콧속 통로의 점막이 다시 활용된다. 점막은 촉촉할 뿐만 아니라 공기에서 수분을 추출하는 독특한 흡수 물질로 덮여 있다. 그래서 낙타가 숨을 내쉬면, 점막은 날숨에서 수증기를 흡수하기 시작한다. 낙타의 콧속은 점막으로 덮인 통로가 많이 뚫려 있으므로, 즉 콧속 표면적이 넓으므로 낙타가 숨을 들이마시고 내쉴수록 증발하고 응축하는 수증기의 양이 증가한다. 그 결과 낙타는 일반적인 호흡 주기에서 손실되는 수분의 약 70퍼센트를 보존한다.

콧속 점막은 또한 낙타의 뇌를 시원하게 유지한다. 콧속 통로에 있는 시원한 공기가 콧속 주위를 순환하는 혈액 온도를 낮추고, 시원해진 혈액이 뇌로 이동하기 때문이다. 이는 뇌 조직의 온도를 대폭 낮추어서, 낙타가 다른 동물에게는 치명적일 수 있는 온도에서도 번성하도록 돕는다.

이집트 포트사이드대학교 메르한 샤다Merhan Shahda 박사가 이끄는 건축가팀은 이 같은 낙타의 능력을 전부 모방할 수 있을지 궁금했다. 이들은 수개월간의 설계와 실험 끝에 낙타 코에서 아이디어를 얻어 특별한 냉각 체계를 고안했고, 이 체계는 새로운 건물에 적용하거나 기존 건물에 설치할 수 있으며 값비싼 전기를 소모하지 않고도 작동한다. 체계의 첫 번째 요소는 낙타가 숨을 내쉬면서 수증기를 응축할 때 일어나는 현상을 모방했다. 건축가들은 지구 북반구에 세워진 건물은 남쪽에서 햇빛을 가장 많이 받는다는 이유로, 건물의 남쪽에 삼각 프리즘처럼 생긴 유리 상자를 제작해 설치했다. 유리 상자의 지붕은 프리즘처럼 기울어졌고, 경첩이 달려서 열 수 있다. 유리 상자 내부의 바닥에는 공기 중 수분을 흡수하는 물질인 염화칼슘으로 덮였다.

사막의 공기는 찌는 듯이 더운 낮보다 서늘한 밤에 더 많은 수분을 함유한다. 그래서 유리 상자는 밤이 오면 경사진 지붕이 열려서 축축한 공기를 내부로 들여보내도록 설계되었다. 공기는 상자 안에서 순환하는 동안 물을 흡수하는 염화칼슘층과 접촉한다. 이때 염화칼슘층은 낙타가 숨을 내쉴 때의 콧속 점막처럼 작용할 것이다. 즉, 염화칼슘은 공기에서 수증기를 흡수한다.

유리 상자는 사막의 자연열에 의존하여 염화칼슘이 흡수한 물을 증발시킨다. 이 상자가 햇빛을 가장 많이 받는 건물 남쪽에 설치되었음을 기억하자. 건축가들은 자연열의 효과를 높이기 위해 유리 상자 주위를 곡면 반사판으로 둘러쌌다. 낮에 태양이 빛나면 경사진 지붕은 닫히고, 곡면 반사판은 태양에너지를 염화칼슘층에 집중시킨다. 그러면 염화칼슘에 흡수된 물은 증발하여 경사진 지붕 쪽으로 간다. 수증기는 지붕에서 물방울로 응축된 다음, 상자 내부 경사면을 따라 흐르다가 바닥에 설치된 파이프로 간다. 최종적으로 파이프로 흘러 나간 물은 아래쪽 집수 탱크로 들어간다.

건축가들은 이처럼 물을 수확하여 사막 건물을 식히는 체계를 만들었다. 이들은 냉각 체계를 구축하면서 낙타가 숨을 들이쉴 때 일어나는 현상을 모방했다. 여기에는 두 가지 천연 재료, 지푸라기와 거친 삼베가 쓰였다. 두 재료는 유리 상자와 집수 탱크 바로 밑에 설치된 통풍구에 씌워졌다. 탱크에 작은 구멍을 뚫어 통풍구로 물을 흘려보내면 지푸라기와 삼베가 물에 젖어 촉촉하게 유지된다. 이로써 태양열로 가동되면서 외부의 뜨거운 공기를 빨아들여 지푸라기와 삼베층을 통과시키는 팬$_{fan}$이 완성되었다.

연구팀의 아이디어는 뜨거운 공기가 통풍구로 유입되는 동안 젖은 지푸라기와 삼베가 공기에 습기를 공급한다는 것이었다. 이 방식은 낙타가 숨을 들이쉴 때 공기에 습기를 더하는 과정을 모방했다. 공기는 수분을 흡수하는 동안 자연히 차가워진다. 지푸라기와 삼베는 수많은 섬유가 얽혀 있어 낙타의 코처럼 표면적이 넓기 때문에 냉각 효과가 탁월하다. 그 결과 뜨거운 사막에서 화석연료를 태우지 않아도 시원함이 유지되는 건물이 탄생했다.

이 냉각 체계의 마지막 요소를 살펴보자. 건축가들은 건물 꼭대기에 특수한 구멍을 뚫고, 건물 내부 온도가 오르기 시작하면 더운 공기가 상승하여 구멍으로 자연스럽게 빠져나가게 했다. 따라서 차가운 공기는 건물 측면에 설치된 통풍구의 지푸라기와 삼베를 통해 계속 유입되고, 따뜻한 공기는 건물 꼭대기 구멍으로 빠져나간다.

이 냉각 체계는 아직 개발 중이지만, 초기 테스트 결과 건물 내부의 온도를 낮추며 습도를 올리는 데 매우 성공적이었다. 건축가들은 개발한 냉각 체계가 머지않아 다른 나라의 사막에 설치되어 건조한 대기에서 공짜로 물을 수확하고, 전기 없이 집과 사무실을 시원하게 식히기를 바란다. 그리고 베두인족이 수백 년간 이동식 천막집에서 그랬듯이, 현대인들도 새로운 냉각 기술을 활용해 자연과 더욱 조화롭게 살아가기를 희망한다. 이 모든 발전은 사막 모래 언덕에서 자연과 조화를 이루고 살아가며 우리에게 영감을 주는 믿음직한 사막의 배, 낙타 덕분이다.

26장

바닷가재와
우주 망원경

심우주(지구로부터의 거리가 지구와 달 사이의 거리와 같거나 그보다 멀리 떨어진 우주 공간-옮긴이)와 깊은 바다의 공통점은 무엇일까? 나는 우주의 오랜 수수께끼를 푸는 일부터 인류가 언젠가는 고향이라고 부르게 될 새로운 세계에 이르기까지, 우주와 관련된 모든 것을 좋아하는 까닭에 이러한 질문을 던지는 것만으로도 즐겁다. 우주는 마지막 개척지로 유명하며, 이는 지구의 깊은 바다도 마찬가지이다. 둘 다 아직 발견되지 않은 비밀로 가득한 미지의 세계이다.

곰곰이 따져 보면, 인류는 DNA의 98.8퍼센트를 침팬지와 공유하는데도 우주로 탐사선을 보내는 능력을 지녔다는 점이 놀랍다. 미국 항공우주국은 40여 년 전 탐사선인 보이저 1호와 2호를 발사했고, 두 탐사선은 오랫동안 우리 태양계의 모든 행성, 위성, 소행성, 혜성을 지나 지구로부터 수십억 킬로미터 떨어진 성간공간(별과 별 사이의 비어 있는 공간-옮긴이)으로 향했다. 탐사선들은 인간이 만든 어느 물체보다 가장 멀리 여행했고 놀랍게도 여전히 지구에 정보를 보내고 있다.

깊은 바다는 지구 내부 공간으로 '집'에서 가깝지만, 우주처럼 놀라운 공간인 동시에 우주 탐험가들이 반드시 직면하는 수송 문제에서 자유롭지 않다. 유인 및 무인 잠수정 가운데 엄청나게 높은 압력을 쉽게 견디는 최첨단 잠수정은 이제 태평양 서부의 마리아나해구처럼 굉장히 깊은 지점까지 도달할 수 있다. 마리아나해구는 수심 11킬로미터로 전 세계 해구 중 가장 깊으며, 바닥 수압이 해수면 대기압 기준으로 대략 1,000배이다. 실제로 마리아나해구에서 가장 깊은 지점인 챌린저해연에 도달한 사람은 달에 간 사람보다 적은데, 챌린저해연도 탐험하고 국제우주정거장에서 우주의 무중력 상태도 경험하는 것이 진정 멋있지 않을까? 영국 출신의 탐험가 리처드 개리엇Richard Garriott은 둘 다 다녀올 만큼 부유한 덕분에 지구에서 마리아나해구와 우주를 탐험한 최초의 인물이 되었으며, 덤으로 남극과 북극도 다녀왔다.

개리엇은 깊은 바다를 잠수하는 동안 강화유리창을 통해 밖을 바라보면서 온갖 심해 생물들, 예를 들면 새우와 비슷한 갑각류로서 게와 바닷가재의 친척이며 극심한 압력을 버티고 살아가는 단각목Amphipoda 생물들을 발견했을 것이다. 본론으로 돌아가면, 이번 장의 주인공은 우주를 탐험하는 새로운 방법에 영감을 준 갑각류 동물이다. 심해를 비롯한 바다 곳곳에서 발견되지만, 솔직히 말해 여러분은 이 문제의 생물이 저녁 식탁에서 버터에 흠뻑 적셔져 있거나 빵 속에 들어 있거나 감자튀김 곁에 놓인 모습에 훨씬 익숙할 것이다. 그렇다. 답은 바닷가재이며, 장담하건대 이 매혹적인 생물에는 맛있는 음식 한 접시를 뛰어넘는 가치가 있다.

나는 바닷가재를 바다의 귀족이라고 생각하며, 그 이유는 단지 바닷가재 몸속에 파란색 피가, 더욱 정확히는 파란색 혈림프(림프액과 섞여서 흐르는 혈액-옮긴이)가 흐르기 때문만은 아니다. 곤충의 혈림프가 파란색인 이유는 산소가 몸 구석구석으로 운반될 때 인간처럼 철을 함유한 헤모글로빈이 아닌, 구리를 함유한 헤모시아닌이 작용하기 때문이다. 바닷가재는 또한 약 3억 6,000만 년이라는 오랜 세월 동안 바다에서 헤엄쳤다는 점이 특별하다. 수백억 년간 수많은 다채로운 동물이 진화해 왔지만, 우리가 '바닷가재'라는 단어와 연결할 수 있는 동물은 약 1억 년 전 진화했고 호마루스속Homarus에 속하는 집게발이 큰 바닷가재들이다. 오늘날에는 미국바닷가재American Lobster와 유럽바닷가재European Lobster, 두 가지 유형이 서식한다. 많은 사람이 바닷가재가 밝은 빨간색을 띤다고 생각하지만, 이는 조리 도중 변화한 것이다. 자연 서식지에서 미국바닷가재는 갈색에 가깝고, 유럽바닷가재는 보통 파란색을 띤다.

바닷가재는 모든 갑각류와 마찬가지로 무척추동물이다. 그래서 등뼈나 내골격은 없지만, 그 대신 인간의 내골격처럼 근육이 붙은 단단한 보호용 외부 '껍데기', 다른 말로 외골격을 지닌다. 바닷가재는 미세한 털로 덮인 다섯 쌍의 다리로 걸어 다니고, 다리와 함께 더듬이를 활용해 주위 환경을 감지하며, 이들의 앞다리 한 쌍은 독특하고 거대한 집게발로 발달했다.

바닷가재가 오른집게발잡이 또는 왼집게발잡이라는 사실을 알면, 여러분은 깜짝 놀랄 것이다. 허무맹랑한 이야기처럼 들리지만 이는 사실이며, 어느 집게발잡이가 되는가는 바닷가재가 어느 쪽 집게발

유럽바닷가재 European Lobster, *Homarus gammarus*

사용을 선호하느냐에 달렸다. 선호하는 집게발은 더 크고 두꺼우며 분쇄용 집게발로도 불린다. 선호 집게발은 물고기, 홍합, 조개, 지렁이, 갑각류 등의 먹잇감을 재빠르게 해치우고 다른 바닷가재와 싸울 때 사용된다. 그보다 작은 집게발은 절단기 역할을 하며, 먹이를 붙잡거나 자를 때 쓰인다.

이 모든 이야기가 다소 잔인하게 들린다면, 바닷가재에게는 훌륭한 의사소통 능력도 있다고 알리고 싶다. 이들은 소변으로 분비되는 화학물질로 다른 개체에게 신호를 보낸다. 인간이 보기에 이것은 최선의 대화법으로 느껴지지 않지만, 소변 대화는 개, 사자, 곰을 포함한 많은 동물에게 일상이다. 바닷가재는 소변 대화로 어느 바닷가재가 가장 힘이 센지, 그리고 어떤 짝짓기 상대를 선택하면 좋을지 알아낸다.

또 다른 흥미로운 사실은 바닷가재의 수명이 아주 길다는 것이다. 어떤 바닷가재는 100살까지 산다고 알려져 있다. 바닷가재가 영생한 다는 믿음도 존재하며, 이는 바닷가재가 성장을 멈추지 않기 때문이다. 바닷가재는 일생에 걸쳐 여러 번 탈피한다. 탈피란 오래된 외골격을 벗고 조금 성장한 다음, 피부밑에서 생성된 더욱 큰 외골격으로 다시 몸을 감싸는 과정이다. 이들은 평생 탈피하지만, 늙어 가면서 탈피 속도가 느려지다가 결국 죽는다. 그러나 바닷가재는 노년기에도 변함 없이 튼튼하고 건강하다는 점에서 여전히 놀랍다. 바닷가재는 인간과 다르게 늙더라도 짝짓기를 하고 새끼를 낳는 능력에 변화가 생기지 않는 것 같다.

바닷가재는 평생 천적에게 먹히지 않도록 피해 다니며 먹이를 찾는데, 1년 중 특히 봄과 여름에는 식물성 플랑크톤으로 물이 탁해져 시야가 흐려진다. 다른 시기에는 진흙과 침전물이 시야를 제한하므로, 바닷가재는 세상을 보는 특별한 방식을 발전시켰다. 그 방식으로 또렷한 이미지를 얻지는 못하지만, 먹이나 위험한 존재를 발견할 수 있다. 바로 이 방식을 모방하여 인간은 더욱 먼 우주를 관찰하려 한다.

인간의 눈은 굴절이라는 광학 특성을 기반으로 작동한다. 빛이나 소리 같은 에너지 파동은 한 물질을 통과해 다른 물질로 이동하면서 굴절된다. 빛은 투명하고 굴곡진 안구 앞부분, 이를테면 각막과 수정체를 통해 들어와 굴절된 다음, 안구 뒷부분에 있는 특별한 감각층인 망막에 초점을 맞춘다. 망막은 세포로 덮인 얇은 조직층으로, 빛을 신경 신호로 변환한 다음 시신경을 통해 뇌로 전달한다. 우리는 그 신호를 해석해 주위 세계를 시각화한다. 이러한 원리는 우리 눈에서 잘 작

바닷가재의 각막

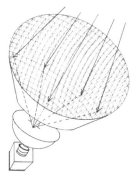

바닷가재의 눈
o 수천 개의 관으로 구성되었다
o 바닷가재 눈 표면은 곡면이다
o 관의 반짝이는 측면은 빛이 '망막' 아래로
  집중되게 한다

망원경
o '바닷가재 눈 반사 관'을 통해 빛이 이동하는
  까닭에 넓은 영역에서 신호를 수집하고 초점
  을 맞출 수 있다

동하는데, 인간은 비교적 빛이 풍부한 환경에서 살기 때문이다. 그러
나 바닷가재는 어두운 곳에서 대부분의 시간을 보내므로, 조금은 다
른 방식으로 눈이 작동해야 한다. 결과적으로 이들은 굴절 대신 반사
를 이용하도록 진화했다.

바닷가재의 눈을 상상해 보자. 바닷가재는 머리 양쪽에 움직이는
줄기가 붙어 있고, 그 줄기 끝에 지구처럼 둥글고 반짝이는 검은색 구
가 있다. 바닷가재 눈을 현미경으로 자세히 들여다보면, 각 눈알은 정
밀하게 배열된 작은 사각형 수천 개로 덮여 있다. 작은 사각형은 단면
이 사각형인 기다란 관tube의 끝부분으로, 이러한 관이 수천 개 넘게 존
재하며 안구의 곡면에 기하학적 패턴을 형성한다. 관의 일직선으로
뻗은 측면은 거울처럼 평평하고 반사율이 높아서, 바닷가재 망막으로
빛이 들어오면 수천 개의 작은 거울처럼 빛을 반사한다. 관의 거울 면

이 안구의 굴곡진 표면 전체에 배열되어 넓은 각도 범위에서 들어오는 빛을 반사하는 덕분에, 바닷가재는 '가시 범위'가 180도에 이른다. 다른 동물과 비교하자면, 인간의 눈은 가시 범위가 각각 150도이다. 바닷가재 눈의 반사 관은 시야가 흐린 환경에서도 바닷가재들이 활동할 수 있도록 돕는다는 점에서 매우 유용하다. 바닷가재 눈의 내부 작용 또한 심우주를 관찰할 때 상당히 쓸모 있다는 사실이 밝혀졌다.

천문학자는 우주를 관찰하면서 발견하기를 바라는 대상이 있으며, 그중 하나가 엑스선이다. 엑스선은 의사가 골절을 확인할 때 쓰는 것 아닌가? 그렇다. 엑스선 기기는 전자기 방사선의 한 종류인 엑스선을 이용해 인체 내부를 보는 장치이다. 1895년 독일의 물리학 교수 빌헬름 뢴트겐Wilhelm Röntgen이 투과성이 좋은 고에너지 방사선인 엑스선을 발견했다. 엑스선이 빛과 상당히 비슷하다고 생각하는 사람도 있겠지만, 엑스선은 빛보다 에너지가 훨씬 큰 데다 빛과 다르게 물체를 통과할 수도 있다. 이것이 의료용 엑스선 사진을 촬영할 때 일어나는 현상이다. 한쪽에서 엑스선이 발생해 인체를 투과하면, 맞은편에서는 엑스선에 민감한 필름에 이미지가 촬영된다. 뼈와 치아 같은 물질은 상대적으로 밀도가 높아서 피부나 다른 부드러운 조직보다 더 많은 엑스선을 흡수한다. 따라서 뼈는 엑스선 필름에 검은 윤곽을 남기지만, 밀도가 낮은 대부분의 다른 조직은 투명하게 보인다.

그렇다면, 이 모든 것은 인류가 심우주를 폭넓게 이해하는 과정과 무슨 관계가 있을까? 심우주에는 엑스선이 가득하다. 별과 블랙홀 같은 고에너지 물체가 엑스선을 방출하기 때문이다. 문제는 엑스선이 지구에서 관측되지 않는다는 것으로, 두꺼운 지구 대기가 지각에 닿기 전에 엑스선을 흡수하기 때문이다. 그런데 이 문제를 해결하는 방법이 있다. 지구를 도는 인공위성에 대기권 밖에서도 작동하는 망원경을 설치하면 엑스선을 관측할 수 있다.

기존 엑스선 망원경으로는 하늘의 일부분만 볼 수 있었다. 그래서 엑스선 쪽으로 망원경을 향하려면, 먼저 엑스선이 어디에서 오는지 정확하게 알아야 했다. 하늘에서 어떤 현상이 일어나는지 사전에 파악한다면 괜찮겠지만, 예상치 못한 활동과 징후를 탐지하기 위해 하늘의 광범위한 부분을 추적 관찰하고 싶으면 어떻게 해야 할까? 정답은 바닷가재의 눈처럼 작동하는 망원경을 제작하는 것이다. 이 아이디어는 1977년 애리조나대학교 로저 앤젤Roger Angel이 처음 고안했으며, 엑스선을 관측하는 '올 스카이 모니터all-sky monitor'의 기술적 토대가 되었다. 이후 전 세계 여러 대학교가 거의 30년이 걸려 로저 앤젤의 아이디어를 바탕으로 광학 기술을 완벽하게 구축했다.

엑스선 망원경은 어떻게 작동할까? '바닷가재 눈 망원경' 안에는 얇고 굴곡진 유리판이 있으며, 유리판은 바닷가재 눈의 사각형 관처럼 가느다란 관으로 덮였다. 엑스선은 그 미세한 관으로 들어가 한 점에 반사되며 이미지를 생성한다. 관이 구의 윗부분과 같은 곡면에 배열되어 있으므로, 넓은 각도 범위에서 엑스선을 포착할 수 있다. 따라서 바닷가재 눈 망원경은 하늘에서 예상치 못한 순간 발생한 엑스선 섬광을 포착하기에 적합하다. 게다가 바닷가재 눈 망원경은 기존 망원경보다 훨씬 가벼우므로, 로켓에 실어 우주로 보내야 한다는 측면에서도 엄청난 이득이다.

현재 영국의 레스터대학교와 미국, 프랑스, 중국은 다른 국제 우주

프로그램과 협력하여 바닷가재 눈 망원경을 개발하는 중이다. 이들의 목표는 우주를 광범위하게 관찰하며 감마선 폭발에서 유래한 고에너지 방사선을 탐지하는 것이다.

감마선 폭발은 블랙홀이 생성되거나 두 별이 충돌할 때, 또는 거대한 별이 스스로 붕괴할 때 발생한다고 추정되는 강력한 폭발 현상이다. 그 폭발력을 상상해 보자! 이는 우리가 아는 우주에서 일어날 수 있는 가장 격렬한 현상이며 엑스선 또한 방출한다. 그래서 과학자들은 바닷가재 눈 망원경을 활용해 감마선 폭발의 대략적인 위치를 파악하려고 한다. 대강의 위치 정보를 얻으면, 탐지기를 갖춘 우주선과 인공위성을 활용해 폭발한 별이나 우주 현상을 훨씬 자세히 조사할 수 있다.

과학자들은 블랙홀이 생성되는 순간 무슨 현상이 일어나는지 이해하고 싶어 한다. 블랙홀은 별 주변의 환경, 예컨대 물질이 얼마나 뜨거운지, 물질에 어떤 현상이 일어나는지, 물질이 얼마나 빠르게 변화하는지 등 많은 정보를 주기 때문이다. 이처럼 바닷가재 눈 망원경은 하늘을 철저히 조사하며 인간이 우주를 이해하는 방식에 혁명을 일으키고 있다. 뿐만 아니라 세계적인 과학자 알베르트 아인슈타인이 고안한 이론을 증명할 때도 도움이 되었다.

1916년 아인슈타인은 은하계 사이에서 발생한 격렬한 폭발이 우주 전체에 파동을 퍼뜨린다고 예측했는데, 이는 연못에 조약돌을 던지면 파문이 퍼지는 현상과 같다. 이처럼 우주에 퍼지는 파동은 중력파로 알려져 있으며, 최근 들어 감지되었다. 훗날 천문학자는 바닷가재 눈 망원경을 이용해 중력파가 어디에서 왔는지, 중력파가 형성되는 조건이 무엇인지 탐구할 것이다. 바닷속 바닷가재 눈을 기반으로 심우주를 관찰하고 발견을 이어 간다는 사실이 진정 놀랍고 신기하기만 하다.

27장

천산갑과
워털루역 유리 지붕

전 세계 인구의 절반 이상이 도시에서 살고 있기에, 외출할 때면 고층 건물과 밝은 불빛이 어우러진 대도시 풍경에 빠져들기 쉽다. 나는 도시의 스카이라인을 지배하는 경이로운 건축물만큼 환경을 바꾸는 인간의 능력을 보여 주는 사례는 없다고 확신한다. 복잡한 구조를 머릿속에 떠올린 다음, 그것을 유형의 결과물로 구현하는 일은 정말 대단하다. 인류는 건물을 지으면서 영감을 얻기 위해 자연에 눈을 돌렸다. 그리고 거처를 스스로 마련하기 시작한 뒤부터는 자연계의 기하학, 패턴, 원리를 모방했으며, 실제로 자연을 본떠서 구조물을 세우기도 했다.

코린트식 기둥을 살펴보자. 이 기둥은 모든 그리스식 기둥 가운데 제일 정교하다. 원통형 기둥에 대문자가 새겨졌으며, 글자는 꽃과 나뭇잎으로 장식되었다. 코린트식 기둥은 수많은 그리스 신전을 아름답게 꾸미고 미국 대법원과 국회의사당 같은 현대적인 건물에 웅장함을 더할 때 쓰였다. 코린트식 기둥에 영감을 준 것은 아칸서스속_Acanthus_ 식물의 잎으로, 곰의 바지_Bear's Breeches_라고도 불린다. 이에 관한 이야기는 비극적인 동시에 매력적인데, 기원전 1세기에 출판된 세계 최초의 건축 서적인《건축 10서》에 등장한다. 이 책에서 로마 건축가 비트루비우스_Vitruvius_는 도시 국가 코린토스에서 살다가 요절한 결혼 적령기 여성을 이야기한다. 이 여성은 아칸서스 뿌리 근처에 묻혔고, 무덤 위에 여성이 가장 좋아했던 물건이 담긴 바구니가 놓였다. 이듬해 봄에 바구니 틈으로 새싹과 꽃과 잎이 자라났고, 그 모습이 그리스 건축가이자 조각가인 칼리마코스_Callimachus_의 눈에 띄었다. 칼리마코스는 기둥에 새긴 대문자에 식물의 형태를 더했고, 이러한 문양이 새겨진 기둥은 코린트식 기둥으로 알려지게 되었다.

뉴델리의 연꽃 사원은 하얀 대리석으로 덮인 벽이 신성한 연꽃잎과 흡사하게 설계되었고, 바르셀로나의 사그라다 파밀리아 대성당에는 나무줄기와 가지를 닮은 거대한 콘크리트 기둥이 있다. 이 대성당을 설계한 건축가 안토니 가우디_Antoni Gaudi_는 대자연이 최고의 건축가라 믿으며 자연을 모방했고, 다른 건축가들은 새로운 설계 문제를 해결하는 열쇠를 대자연의 본보기에서 찾았다. 이를테면 24장에서 언급했듯 해면은 더욱 가볍고, 높고, 튼튼한 구조물을 설계하는 데 도움을 주었다. 이번 장에서는 런던의 건축 회사가 색다른 포유동물에게서 아이디어를 얻어 굉장히 복잡한 건물을 아주 좁은 공간에 밀어 넣은 과정을 따라가 볼 것이다. 이 동물은 천산갑_Pangolin_이다.

천산갑은 지구를 걸어 다니는 가장 신비로운 생물이다. 아프리카와 아시아에 분포하는 야생동물로, 열대림과 건조한 삼림지대, 사바나(열대우림과 사막 중간에 분포하는 열대 초원-옮긴이) 지대에서 산다. 천산갑은 여덟 종으로 분류되고, 대부분 야행성이며, 일부는 나무 위로 올라가 나무 구멍에 둥지를 틀고 시간을 보내지만 다른 일부는 땅속 굴에서 자는 걸 좋아한다. 천산갑 대부분은 몸집이 큰 집고양이 정도로 자라며 일부 종은 이보다 두 배 더 크게 자란다. 여덟 종은 또한 작고 뾰족한 머리, 길쭉한 주둥이, 길고 튼튼한 꼬리라는 형태적 특징을 공유하고, 이러한 특징들 덕분에 나무를 잘 탄다. 천산갑이 지닌 가장 독특한 특징은 몸이 거의 완전히 비늘로 덮인 유일한 포유류라는 점이다. 이들은 외모로 따지면 포유류보다 파충류에 더 가깝다.

천산갑은 비늘을 지녀서 '비늘개미핥기Scaly Anteater'로도 불린다. 개미핥기처럼 개미와 흰개미, 작은 곤충과 유충을 잡아먹는데, 두 동물은 명칭과 먹이를 공유하는 관계이지만 친척은 아니다. 천산갑은 개미핥기가 아닌 고양이와 하이에나, 개와 곰 같은 육식동물에 더 가깝다. 외모, 특히 혀를 봤을 때는 그런 생각이 들지 않겠지만 말이다.

천산갑은 이빨이 없어서 곤충을 잡을 때 끈적끈적한 점액으로 덮인 긴 혀를 쓴다. 혀는 흉강 깊숙한 지점에 고정되어 있고, 내민 혀가 놀랍게도 천산갑의 몸길이보다 더 길 때도 있다. 천산갑 성체 한 마리가 1년에 곤충을 약 7,000마리 먹는다고 추정된다는 점에서, 혀는 분명 효과적인 식사 도구이다. 개미 잡이 전문가인 천산갑은 식사하는 동안 귓구멍과 콧구멍을 닫아 개미에게 쏘이거나 물리지 않는 유용한 능력까지 발달시켰다. 또 날카롭고 강한 앞발톱으로 흰개미 언덕에 구멍을 파고 먹이를 잡는다.

천산갑이라는 명칭은 18세기 말 말레이시아어 펭굴링peng-guling에서 유래했으며, 이는 '굴러다니는 것'을 의미한다. 이 명칭은 천산갑이 놀라거나 공격을 받으면 앞다리로 머리를 가리고 몸을 공처럼 단단하게 말아 불청객에게 비늘 장벽을 보여 주는 행동에서 나왔으며, 이 행동은 효과가 있다. 천산갑의 비늘 갑옷은 사자, 호랑이, 표범 같은 치명적인 포식자의 공격을 막는다. 천산갑은 또한 꼬리로 불청객을 후려치면서 유용한 방어 수단인 꼬리 가장자리의 날카로운 비늘을 활용한다. 이 방법으로도 적을 제압하지 못하면, 스컹크처럼 꼬리 밑부분에 있는 분비샘에서 유독하고 냄새나는 액체를 방출한다.

천산갑의 주요 방어 수단은 갑옷으로, 갑옷을 이루는 비늘은 인간의 머리카락과 손톱을 구성하는 단백질인 케라틴으로 이루어졌다. 머리카락과 손톱은 인간 몸무게에서 비교적 낮은 비율을 차지하지만, 케라틴 비늘은 천산갑 몸무게의 약 15~20퍼센트를 차지한다. 천산갑의 비늘은 몸 전체에 돋았고, 돋은 위치에 따라 크기와 모양이 제각각이다. 비늘은 서로 겹쳐져 배열되었으며, 끝으로 갈수록 가늘어지는 꼬리에 맞춰 비늘 표면도 좁아진다. 이 같은 비늘의 배열은 꼬리를 보호하는 동시에 천산갑이 유연하게 움직이도록 한다. 런던의 한 건축회사는 천산갑의 겹쳐진 비늘 배열에 주목했다.

이번 이야기는 영국과 프랑스가 수행한 가장 큰 공학 프로젝트 채널 터널Channel Tunnel이 완성될 무렵인 1990년대에서 시작된다. 영국과 유럽 본토를 연결하는 터널을 건설하는 것은 나폴레옹 보나파르트를 비롯한 수많은 사람들의 오랜 꿈이었고, 그러한 터널을 건설하는 최초의 계획은 1802년으로 거슬러 올라간다. 그러나 이 꿈이 마침내 실현되기까지는 거의 200년이 걸렸다. 1994년 공학자들은 영국 도버와 프랑스 칼레 사이에 총길이 50.45킬로미터인 터널을 건설했으며, 그 중 해저 구간은 37.9킬로미터이다. 이 구간은 오늘날까지 세계에서 가장 긴 해저 터널로 남아 있다.

채널 터널로 화물열차와 여객열차가 지날 예정이었는데, 새롭게 도입된 아주 긴 여객열차가 다니려면 런던 중심부에서 승하차하는 승객이 이용할 특수 설계된 기차역이 필요했다. 영국 정부는 국제 터미널 부지로 이미 운영 중인 워털루역을 선정하고, 건축 회사를 계약 입찰에 참여시켰다. 입찰 개요는 "승객이 최소한의 혼란을 겪고, 열차가 최대속력으로 통과할 수 있는 최신식 터미널"로 간단했다. 그런데 이는 많은 사람이 원하는 만큼 간단한 일이 아니었다.

워털루역은 유럽에서 매우 붐비는 기차역 중 하나로, 더 많은 기차를 수용할 수 있는 공간이 눈곱만큼도 남아 있지 않았다. 기차역의 기존 중앙 홀 옆의 비어 있는 공간은 형태가 길고 가늘며 불규칙했고, 이 공간 왼쪽에는 운행 중인 전기 열차 노선이, 밑에는 런던 지하철 터널이 있었다. 그 비어 있는 공간에 신규 열차 선로와 승강장은 물론, 출입국 관리소, 세관 통제 구역, 전용 출발 라운지 등을 설치해야 했다. 그런데 문제는 공간뿐만 아니라 지붕에도 있었다.

새로운 기차역에 설치될 지붕은 비대칭적인 역 부지에 맞게 설계되어야 했으며, 역 부지의 폭은 신규 열차 노선이 역에서 출발해 운행 방향으로 갈수록 좁아졌다. 지붕의 경사는 기존 열차 선로와 먼 쪽이 가까운 쪽보다 가팔라야 했다. 게다가 기차를 기다리는 승객에게 대피 공간을 제공하려면, 길이 400미터 승강장이 전부 지붕으로 덮여야 했다. 런던을 아는 사람이라면, 대피 공간이 얼마나 중요한지 알 것이다. 런던은 비가 정말 많이 내린다! 상황을 더욱 힘들게 만드는 것은, 부지 형태가 곧지 않다는 점이었다. 해야 할 일은 분명 많았고, 건축가가 어떻게 설계하든 기차역은 정말 멋있어 보여야 했다. 그럼, 건축가는 이런 방대한 문제를 어떻게 해결했을까? 런던 기반의 건축 회사 그림쇼 아키텍츠는 첨단 기술 공학자 앤서니 헌트Anthony Hunt가 이끄는 지붕팀과 긴밀히 협력하면서 완벽하고 우아하며 아름다운 해결책을 도출했고, 그 해결책의 바탕에는 천산갑이 있었다.

건축가들은 기차역 지붕의 약 50퍼센트를 유리로 덮어서 사람들의 시선을 사로잡기로 했다. 그런데 부지가 굽었기에 기존 방식으로 지붕을 짓는다면 크기가 제각각인 유리판 수백 장을 쓸 수밖에 없었다. 게다가 사용되는 유리판 대부분은 일반적인 직사각형 유리판과 다르게 모양이 매우 불규칙해야 했다. 그러한 유리 지붕은 1990년대에 이용 가능한 기술로는 설치하기 어려우며 비용도 많이 들었다. 건축가들은 해결책을 마련해야 했고, 이때 비늘이 서로 포개져 있는데도 움직임에 제약을 주지 않는 천산갑의 비늘 배열에 주목하게 되었다. 그리고 여기서 영감을 얻어 '루스핏loose fit'이라는 방식으로 지붕을 설계했다.

건축가들은 값싼 재료인 표준 크기의 직사각형 유리판을 연결하는 이음매를 고안하여 유리창들이 서로 포개진 지붕 구조를 설계했으며, 이 지붕은 건물의 전체 형태에 맞게 조정할 수 있었다. 즉, 지붕의 유리판은 전통적인 지붕을 구성하는 기왓장처럼 윗부분과 아랫부분이 서로 겹치도록 배열되었다. 기차역 전체에 걸쳐서는 단일 크기로 제작된 고정 핀과 받침대가 유리판을 고정했다. 지붕 측면에 고정된 유

말레이천산갑 Sunda Pangolin, *Manis javanica*

○ 단단한 비늘이 몸을 보호하는 동시에 유연한 움직임을 허용한다

워털루 국제 터미널

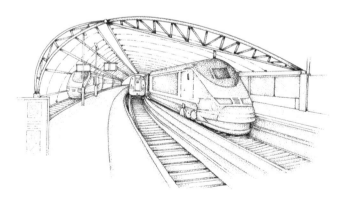

○ 지붕이 자연스러운 곡선을 그린다
○ 천산갑의 비늘처럼 유리판이 서로 겹쳐져 부드러운 곡선 형태를
　이루도록 지어졌다

리판에는 잠수복 소재인 네오프렌neoprene으로 제작된 특수 신축성 접착제가 쓰였다. 이러한 도구들 덕분에 건축가들은 곡선형 지붕을 유리판으로 부드럽게 짜 맞출 수 있었다.

그 결과 탄생한 아름답고 우아한 유리 지붕은 국제 기차 여행이 시작된 새로운 시대의 상징이 되었다. 놀라운 점은 건축에 투입된 비용 가운데 유리 지붕이 차지하는 비율이 10퍼센트에 불과하다는 것이었다. 다른 유사한 건축 프로젝트에서는 지붕 설치 비용이 10퍼센트를 훨씬 넘는 경우가 많다. 워털루 국제 터미널은 채널 터널이 완성되기 1년 전인 1993년에 완공되었고, 몇몇 유명 건축상을 수상했다. 그러다가 13년 후 런던 터미널이 세인트 판크라스역으로 변경되면서 유로스타 종착역 기능을 상실하게 되었지만, 여전히 승강장에는 지역 열차가 정차한다. 이곳을 지나는 모든 사람은 워털루 국제 터미널이 여전히 창의적 디자인으로 빛나는 기념물로 남아 있으며, 이 모든 것은 곤충을 잡아먹는 작은 천산갑의 비늘에서 출발했다고 동의할 것이다.

마지막으로 슬프고도 다소 심각한 이야기가 하나 남았는데, 이것은 어쩌면 여러분이 천산갑에 대해 들어 본 계기일 수도 있다. 천산갑은 세계에서 불법 거래가 많은 동물 가운데 하나이다. 일부 국가에서는 천산갑 고기가 별미로 여겨지고, 아시아와 아프리카 전통 의학에서는 구워서 빻은 천산갑 비늘이 약으로 쓰이면서 아주 귀하게 취급된다. 그 결과 매년 천산갑 수만 마리가 밀렵을 당해 죽는다. 다행스럽게도 2020년 중국 정부는 공식 승인된 의약품 성분 목록 중에서 천산갑 비늘을 삭제했다. 이 같은 법적 조치가 천산갑 보호에 도움이 되기를 바란다. 올바른 방향으로 변화가 진행되는 중이지만, 많은 천산갑종이 지금도 멸종 위기에 처한 상태다. 국제자연보전연맹이 발표하는 적색 목록에 따르면, 천산갑 세 종은 위급, 다른 세 종은 위기, 나머지 두 종은 취약 단계에 해당한다(적색 목록 분류 기준은 관심 대상-준위협-취약-위기-위급-야생 멸종-멸종 순으로 위기 수준이 높아진다-옮긴이). 천산갑 여덟 종 전체가 벼랑 끝에 있다.

28장

개미 떼와
소형 로봇 수색팀

자, 질문 시간이다! 날아가는 총알보다 빠르게 턱을 다무는 동물은 무엇일까? 상어 또는 악어라는 대답이 들려도, 나는 당황하지 않을 것이다. 이들이 턱 힘이 세기로 악명 높긴 하지만, 턱을 다무는 속력은 이 동물에 비하면 아무것도 아니다. 내가 말하려는 동물은 거대한 포식자와 비교하면 몸집이 정말 작다. 사실 너무나 작아서 못 보고 지나치기 일쑤다.

이들은 중남미와 갈라파고스제도에서 발견된다. 몸은 암갈색이고, 다리 여섯 개와 거대한 턱을 지녔으며, 길이가 12밀리미터에 불과하다. 답을 알겠는가? 몇 가지 단서가 더 있다. 이들은 독침으로 무장한 활동적인 사냥꾼이며, 곤충 세계를 통틀어 몇 손가락 안에 드는 사납고 공격적인 포식자 중 하나다. 눈치챘나? 답은 개미, 그중에서도 덫개미Trap-jaw Ant이다. 이전에 덫개미에 대해 들어 본 적이 없다면, 이들이 지닌 놀라운 재능을 발견하는 멋진 경험을 하게 될 것이다. 로봇공학자들이 아이디어를 얻기 위해 관찰할 만큼 덫개미는 정말 굉장하다. 덫개미가 어떠한 동물인지 자세히 살펴보도록 하자.

지난 3,700만 년 동안 덫개미는 개밋과Formicidae 내에서 많게는 10회에 걸쳐 독립적으로 진화했지만(다양한 속genus에 속하는 개미들이 제각기 진화하여 빠르게 다무는 턱을 공통 특성으로 지니게 되었다는 의미이다. 즉, 덫개미란 특정 분류군이 아닌 비슷한 특성을 공유하는 개미 집단을 일컫는 용어이다-옮긴이), 이번 장에서는 덫개미에 속하는 한 종에 초점을 맞추겠다. 이 개미종은 영어 일반명이 없고, 학명이 오돈토마쿠스 바우리Odontomachus bauri이다. 특정한 개미 집단을 가리키는 명칭인 덫개미는 최고 시속 233킬로미터라는 놀라운 속력으로 입을 다물 수 있다. 한편 오돈토마쿠스 바우리는 다른 덫개미와 마찬가지로 거의 180도까지 벌릴 수 있는 매우 크고 눈에 띄는 턱을 지녔으며 자극을 받으면 0.01초 이내에, 인간이 눈 깜빡이는 속도보다 2,300배 빠르게 턱을 다물 수 있다.

오돈토마쿠스 이야기는 잠시 접어 두고, 특정 부문에서 1위를 차지한 개미를 간략하게 훑어보자. 드라큘라개미Dracula Ant는 0.000015초만에 시속 322킬로미터로 턱을 다물면서 오돈토마쿠스를 제치고 1위를 차지했다. 드라큘라개미는 알려진 모든 동물 가운데 몸의 일부를 가장 빠르게 움직일 뿐만 아니라, 먹이도 독특하게 먹는다. 우선 사냥한 먹이를 곧장 먹지 않는다. 드라큘라개미는 말벌과 다른 개미종을 포함한 수많은 곤충처럼 동족의 유충을 사냥하고, 유충의 몸을 뚫어 체액 일부를 빨아 먹으면서 필수 영양소를 섭취한다. 그런 까닭에 이 개미에게는 드라큘라라는 일반명이 붙었다. 드라큘라개미 군집은 유충을 식량 창고로 삼으며, 이러한 동족 포식 습성은 생물학자에게 '사회적 위$_{social\ stomach}$'라고 불린다.

오돈토마쿠스와 드라큘라개미는 무게가 거의 나가지 않지만, 턱이 움직이는 속력이 워낙 빨라 먹잇감의 외피와 외골격을 쉽게 뚫을 만큼 힘이 실린다. 이들은 흰개미에게 반격당하기 훨씬 전에 재빠르게 흰개미를 죽일 수 있다. 게다가 파리, 거미, 딱정벌레, 나비, 다른 개미를 기절시켜 잡은 다음 조각조각 찢어 놓을 수 있다. 그렇다고 턱이 오돈토마쿠스와 드라큘라개미가 보유한 유일한 무기는 아니다. 이들은 복부 끝에 강력한 침을 지녔고, 꿀벌의 침처럼 미늘(낚싯바늘 갈고리처럼 생긴 구조-옮긴이)이 달린 형태가 아니어서 계속 사용할 수 있다.

이 정도면 덫개미를 충분히 알았다고 생각하겠지만, 깜짝 놀랄 만한 특징이 하나 더 있다. 오돈토마쿠스는 자신의 턱을 이용해 몸을 공중으로 띄운다. 무는 힘이 워낙 커서 개미가 위쪽으로 8센티미터, 뒤쪽으로 40센티미터 넘게 날아가는 것으로 관찰되었다. 곰곰이 따져 보면, 이는 조그마한 곤충치고 놀라운 추진력이다.

생물학자들은 덫개미의 행동을 자세히 연구한 끝에, 이들이 두 가지 유형의 점프를 발달시켰다고 추정했다. 첫 번째는 '탈출 점프$_{escape\ jump}$'이다. 덫개미는 머리와 턱을 땅에 수직으로 둔 다음, 머리를 아래로 내리며 고정되어 있던 턱을 풀어서 몸무게의 약 400배에 달하는 힘을 얻는다. 이 같은 방식으로 몸길이의 10배에 해당하는 높이만큼, 때로는 그 이상으로 몸을 띄운다. 탈출 점프는 굶주려 먹이를 찾는 개미핥기의 혀를 피하는 유용한 기술이다.

두 번째는 '문지기 점프$_{bouncer\ jump}$'로 불리며, 이따금 개미둥지에 침입자가 찾아올 때 발견된다. 덫개미는 여러 개의 개미집이 모인 군집속에 사는데, 각 개미집에는 대략 개미 200마리가 산다. 흙무더기나 땅속에 집을 짓는 다른 개미와 다르게, 덫개미는 얇은 나뭇잎 더미에 집을 지어서 공격에 취약하다. 침입자가 나타나면, 덫개미는 자신의 턱을 부딪쳐 침입자가 튕겨 나가도록 유도한다. 덫개미 턱의 막강한 힘 때문에, 결과적으로 덫개미 자신도 반대 방향으로 발사된다. 이는 덫개미가 침입자와 거리를 두는 영리한 방법이기도 하다. 실제로 개미집이 공격받을 때, 한 무리의 개미가 팝콘 터지듯 동시에 다른 방향으로 자신의 몸을 날리는 장면은 보기 드물지 않다. 과학자들은 이 같은 집단행동이 잠재적 포식자를 혼란스럽게 하려는 덫개미의 전술이라고 추정한다.

덫개미 턱의 용수철 장치는 어떻게 작동할까? 먹이를 찾는 일꾼 덫개미가 있다고 상상해 보자. 일꾼 덫개미가 나뭇잎 더미 속에서 움직이는 동안, 큰턱mandible(턱에서 두 갈래로 갈라져 있으며 움직이는 부위)은 벌어진 상태로 고정되어 있다. 덫개미의 머리 근육이 수축하여 큰턱을 서로 벌려 놓으면, 한 쌍의 걸쇠가 큰턱을 제자리에 고정한다. 이로써 턱은 용수철을 압축시켜 걸쇠로 고정한 상태와 같아지며, 위치에너지가 최대에 이른다.

활쏘기에 비유하면 다음과 같다. 활과 화살을 집어 든 다음, 활은 한쪽에 둔다. 활이 없으면 공중에 화살을 발사할 수 있는 도구는 팔밖에 없다. 힘껏 던져 봐도 결과가 좀 아쉽다. 화살이 그리 멀리 날아가지 않기 때문이다. 이제 활을 다시 집어 든다. 활을 만져 보면, 유연하게 구부러져 있다. 활시위를 뒤로 당기면 활대의 위아래가 휘며 팽팽해진다. 이는 활에 엄청난 양의 위치에너지가 저장됨을 의미한다. 오

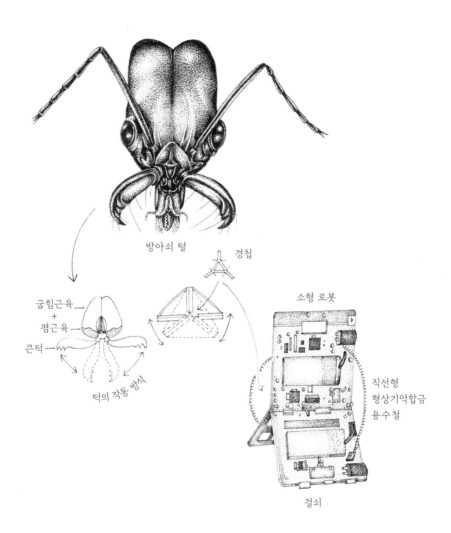

방아쇠 털

경첩

굽힘근육
+
폄근육
큰턱

턱의 작동 방식

소형 로봇

직선형
형상기억합금
용수철

걸쇠

른손 집게손가락으로 화살을 놓으면, 그 모든 에너지가 과녁 한복판을 향해 화살을 날려 보낸다!

덫개미 턱도 이와 비슷하게 작동한다. 덫개미의 큰 근육이 수축하면서 큰턱을 벌어진 상태로 걸쇠에 고정하면, 큰턱은 팽팽해진 활처럼 위치에너지로 가득 차서 걸쇠가 풀리기를 기다린다. 큰턱 안쪽 가장자리에 돋은 미세한 방아쇠 털이 먹잇감과 접촉하면, 마치 궁수가 화살을 날려 보내듯 털은 걸쇠에 신호를 보내 턱을 풀도록 지시한다. 그 결과 턱은 폭발적인 힘과 함께 풀려난다. 이 장치는 상당히 강력해서 턱을 순식간에 다물게 할 뿐만 아니라, 턱이 땅에 부딪히는 순간 개미를 하늘 높이 띄우기도 한다.

상상해 보자. 개미처럼 팀을 이루어 일하는 습성과 공중으로 몸을 띄우는 행동을 결합하면, 소형 로봇 떼가 탄생한다. 누군가에게는 분명 공포겠지만 나 같은 과학 소설 마니아에게는 행복이며, 이미 스위스 과학자들은 그러한 소형 로봇을 연구하고 있다.

스위스 로잔연방공과대학교 로봇연구소 소속 제니시베크 자키포프Zhenishbek Zhakypov와 연구팀은 덫개미의 능력, 특히 점프와 팀워크를 모방하는 소형 로봇 제작에 관심이 있었다. 이들은 크고, 정교하고, 값비싼 로봇보다 작업 수행 능력이 탁월하고, 대량생산이 가능한 소형 로봇의 잠재력을 확인했다. 소형 로봇의 주요 용도는 수색 및 구조가 될 것이다.

예를 들어 지진이나 핵사고 같은 재난이 발생하면 생존자가 있는지 확인하고 싶을 것이다. 인간이 가까이 접근하기에는 재난 현장에 너무 위험하니 로봇을 보낸다. 그런데 값비싼 최신 로봇이 진입하기에도 어려운 현장이라면 어떻게 해야 할까? 지형이 험하거나, 날씨가 너무 더울 수 있고, 잔해를 수색하러 다니기에 로봇이 지나치게 클 수도 있다. 해답은 값싸고, 만들기 쉬우며, 크기가 작은 로봇 무리를 재해 지역 곳곳에 배치한 다음, 한 팀이지만 제각기 다른 작업을 수행하도록 지시하는 것이다. 작고 가벼운 로봇은 좁은 틈으로 빠져나가며 다른 커다란 로봇이었다면 가지 못했을 지점에 쉽게 도달할 수 있고, 그 과정에서 로봇 한 대가 고장 나더라도 문제없다. 고장 난 로봇을 대체할 다른 로봇이 많이 있기 때문이다. 그래서 연구팀은 덫개미에 착안한 소형 로봇을 개발하며 기발한 제조 방식을 도입했다.

과거의 적을 암살하려고 미래에서 보낸 인간형 로봇이 등장하는 영화 '터미네이터'를 관람한 적이 있을 것이다. 영화 속 인간형 로봇의 무서운 특징은 계속해서 본래 형태로 돌아가는 물질로 만들어졌다는 점이다. 총을 쏘거나 폭파하는 등 어떠한 충격을 가하더라도, 그 인간형 로봇은 어김없이 본래 외형을 되찾는다. 공상에 불과한 이야기일까? 아니다. 이는 곧 현실이 될 것이다.

연구팀은 유연한 스마트 소재를 써서 형태를 유지하는 소형 로봇을 제작하고 싶었다. 이를 위해 기능이 서로 다른 시트 여러 장을 겹겹이 쌓아 스마트 소재를 개발했다. 소재의 첫 번째 층은 '구동층'으로, 인간의 근육이 팔다리를 움직이듯이 로봇을 움직인다. 구동층에는 니켈과 티타늄의 합금인 니타놀로 제조된 '형상 기억 합금shape memory alloy'이 쓰였다. 이러한 합금 물질은 열이나 전기를 가하면 물리적인 움직임을 일으켜 원래의 '기억된' 형태로 되돌아온다. 따라서 로봇에는 부피 큰 모터를 별도로 설치할 필요가 없다. 고작 10그램짜리 로봇이지만,

작고 가벼우며 강력했다.

　연구팀이 소재에 센서층을 추가한 덕분에, 로봇은 동료와 의사소통하며 주위 장애물을 피할 수 있었다. 센서층 위에는 접이식 관절에 쓰이는 유연한 소재로 이루어진 층, 로봇 몸체에 쓰이는 단단한 전자 회로로 구성된 층, 그리고 멀리서 작동할 때 필요한 충전식 배터리층이 있다. 이제 연구팀은 외부 동력원 없이 스스로 동력을 공급하면서 재해 현장에 접근하여 환경을 탐지할 수 있는 스마트 복합 소재를 손에 넣었다. 이들은 스마트 복합 소재를 직사각형으로 제작하고 종이학 접듯이 접어 다리가 세 개이고, 높이가 약 5센티미터인 3차원 삼각형 로봇을 만들었다. 연구팀은 이 종이접기형 로봇을 '트라이봇Tribot'으로 명명했다.

　덫개미의 특성은 이 로봇에 어떻게 반영되어 있을까? 연구팀은 로봇에 추가 기능을 넣었다. 트라이봇의 접이식 관절에 조절 가능한 용수철 장치를 추가했으며, 여기에는 덫개미의 벌어진 턱처럼 위치에너지가 저장되어 있다. 따라서 트라이봇은 모든 유형의 동작을 구사할 수 있다. 장애물에 부딪히면 덫개미처럼 용수철 장치에 저장된 에너지를 활용해 수직 또는 수평으로 점프하거나 심지어는 공중제비도 돈다. 트라이봇은 땅에서 이동하는 방법도 독특하다. 지표면이 평평하면 기어가듯이 땅 위를 미끄러져 움직이지만, 지표면이 울퉁불퉁하면 손 짚고 뒤돌기를 하듯이 다리 세 개로 번갈아 지지하면서 몸체를 뒤집으며 나아간다. 트라이봇이 지형에 따라 움직이는 방식을 선택한다는 것은 무척 중요한데, 덫개미처럼 로봇도 몸집이 작아서 주변 장애물이 상대적으로 거대하기 때문이다.

이들의 공통점은 또 있다. 연구팀은 덫개미처럼 팀으로 활동하는 로봇을 개발하고 싶었다. 덫개미가 포식자를 저지하려고 동시에 점프하듯이, 트라이봇도 팀을 이루어 다른 정교한 로봇이 하는 작업을 수행하기를 바랐다. 그래서 각 트라이봇이 서로 다른 작업을 수행하도록 사전에 프로그래밍했다. 몇몇 트라이봇은 물체를 움직이는 일꾼이고, 다른 트라이봇은 장애물을 살피는 리더였다. 이를 통해 트라이봇은 더욱 똑똑한 하나의 팀이 되어 훨씬 복잡한 작업을 수행할 수 있었다.

과학자들은 트라이봇팀이 수많은 분야에 활용되리라 전망한다. 그중 한 분야는 우주탐사이다. 트라이봇은 가볍고 작아서 로켓에 싣는 데 비용이 많이 들지 않으며, 여러 트라이봇이 스스로 팀을 이뤄 움직이도록 프로그래밍할 수도 있다. 영리한 동시에 조금 으스스한 느낌이 드는 로봇이다. 현재 트라이봇은 연구 단계에 있지만, 우리는 몇 년 안에 걷고 뛰고 협업하며 문제를 해결하는 소형 로봇 떼에 익숙해질 것이다. 이 모든 성과는 덫개미의 턱 덕분이다.

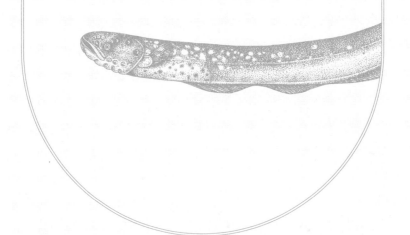

● 29장 ●

전기뱀장어와
체내 이식형 장치

아마존에는 무시무시한 포식자가 숨어 있다. 잠시 상상해 보자. 여러분은 웅장한 강으로 느릿느릿 흘러드는 물줄기를 따라 헤엄치는 작은 물고기이다. 앞은 거의 보이지 않는다. 무수한 나뭇잎이 분해되면서 생성된 타닌으로 강물이 탁해져 있지만, 그래도 괜찮다. 앞은 안 보여도 위험에서 신속히 벗어나게 해 주는 또 다른 감각과 운동 능력이 있기 때문이다. 감각을 곤두세우고 장애물을 이리저리 빠져나간다. 근처에서 위험이 감지되었다. 그러다 느닷없이 위험이 닥친다. 휙! 눈 깜짝할 사이, 실은 그보다 더 빠른 2,000분의 1초 만에 여러분은 실신한다. 걷잡을 수 없이 근육에 경련이 일어나면서 무감각해지고, 무기력해지며, 달아날 수 없게 된다. 정신을 차리기도 전에 커다란 물고기의 입속 어두컴컴한 동굴로 들어왔다. 여러분은 전기뱀장어Electric Eel의 먹이가 되었다.

내게 전기뱀장어는 남아메리카의 거대한 강 유역에 사는 가장 흥미로운 포식자이다. 이들은 놀라운 초능력을 지닌 동물로, 스스로 전기를 생성해 고전압의 충격을 전달하여 작은 물고기를 꼼짝 못 하게 만든다. 그런데 물고기가 전기뱀장어의 유일한 먹잇감은 아니다. 민물에 사는 무척추동물과 양서류, 조류, 심지어 작은 포유류까지 잡아 먹는다. 먹잇감을 잡아서 죽일 때면, 전기뱀장어는 정형화된 사냥 공식을 따른다. 먼저, 2밀리초 간격으로 고전압 전기 펄스(순간적으로 전압이 올라갔다가 내려가는 현상 – 옮긴이)를 일으켜 먹잇감의 위치를 파악한다. 그러면 먹잇감은 경련을 일으키며 통제 불능 상태에 놓인다. 이러한 움직임을 감지한 전기뱀장어는 초당 400회씩 발생하는 고전압 전기 펄스라는 치명타를 날려 먹잇감을 마비시키고 기절하게 만든다. 그런데 전기 충격을 가하는 능력은 사냥에만 쓰이지 않는다.

전기 충격은 유용한 방어 수단이다. 재규어나 아나콘다처럼 더 큰 포식자들을 꼼짝 못 하게 하거나, 사냥을 포기하게 만들거나, 적어도 전기뱀장어가 도망갈 기회를 만든다. 전기뱀장어는 심지어 육지에 사는 포식자에게 경고성 충격을 전달하기 위해 물 밖으로 튀어 오른다고 알려져 있다. 이를 토대로 과학자들은 전기뱀장어가 아주 정교하게 행동한다고 추정한다. 공중으로 튀어 오르면 훨씬 강한 전기 충격을 포식자에게 전달할 수 있기 때문이다. 게다가 전기뱀장어는 물속보다 공중에서 힘을 더 적게 잃는다.

'전기 마니아' 전기뱀장어의 놀라운 특징은 저전압 전기 펄스도 방출한다는 점이다. 이들은 저전압 전기 펄스를 이용해 다른 개체와 의사소통하고, 팀을 이루어 사냥한다. 한때 전기뱀장어는 무리 생활을 하지 않는다고 알려졌으나, 브라질 국립아마존연구소 소속 도글라스

바스토스Douglas Bastos가 아마존 열대우림의 외딴 수로에서 전기뱀장어를 100마리 넘게 발견했다. 이들 무리는 작고 알록달록한 민물고기인 테트라Tetra를 사냥하고 있었다. 전기뱀장어 떼는 큰 원을 그리며 구불구불 헤엄쳐 나가면서 작은 테트라들을 원 안에 가두고는 함께 전기 충격을 퍼부어 기절시켰다. 물 밖으로 튀어 오르며 탈출을 시도하는 테트라도 있었지만, 대부분은 실신하여 전기뱀장어에게 잡아먹혔다. 바스토스 박사가 계산한 결과에 따르면, 전기뱀장어가 공격하는 도중 발생하는 전기에너지는 전구 100개를 켤 수 있을 만큼 강력했다.

이들은 전기 '뱀장어'라고 불리긴 하지만 엄밀히 따지면 뱀장어가 아니다. 남아메리카 김노투스목Gymnotiformes에 속하며 가까운 친척으로는 메기Catfish가 있다. 가느다란 몸통은 매끈매끈하고, 몸 위쪽은 회갈색, 아래쪽은 노란색 또는 오렌지색이며, 물결치는 뒷지느러미가 긴 꼬리 끝까지 뻗은 까닭에 뱀장어와 상당히 흡사해 보인다. 전기뱀장어는 몸집이 큰 물고기로, 몸길이는 2.5미터까지 자라며 몸무게는 20킬로그램 넘게 나간다.

전기뱀장어는 느리게 흐르는 강과 개울의 진흙 바닥에 주로 서식하며, 눈에 잘 띄지 않는 그늘진 숲 지대를 선호한다. 그런데 이 같은 조건에서는 식물이 부패하면서 생명 유지에 필수적인 용존산소가 종종 고갈된다. 물론 전기뱀장어는 영리하게 그런 환경에 적응했다. 이들은 아가미가 있긴 하지만 19장에서 언급한 아라파이마와 비슷하게 10분마다 수면 위로 올라와 호흡하면서 필요한 산소의 80퍼센트를 얻는다. 그런데 변형된 부레가 원시 폐 역할을 하는 아라파이마와 다르게, 전기뱀장어는 입 안에 분포한 모세혈관으로 산소를 흡수한다. 이는 '버컬 펌핑buccal pumping'이라는 호흡의 한 형태로, 기본적으로 볼을 이용해 숨을 쉬는 방식이다. 전기뱀장어는 또한 비늘이 없다는 점에서 아라파이마와 다르다.

전기뱀장어는 인간에게 꽤 친숙한 동물이지만, 밝혀내야 할 비밀이 여전히 남아 있다. 2019년에 과학자들은 남아메리카 원산지인 전기뱀장어가 한 종이 아닌 세 종이라는 것을 발견했다. 그중에서도 엘렉트로포루스 볼타이Electrophorus voltai는 860볼트라는 파괴적인 전기 충격을 가하며 최고 기록을 세웠다. 이는 알려진 동물이 일으키는 가장 강력한 전기 충격으로, 성인에게 심장마비를 유발할 정도이다. 불행하게도 엘렉트로포루스 볼타이와 만나면 얕은 물에서도 익사한다고 알려져 있다.

오늘날 과학자들은 전기뱀장어의 치명적인 능력을 의학 기술에 응용하고 있다. 전기뱀장어는 동물의 살처럼 말랑한 체내 삽입형 장치에 동력을 공급하는 새로운 동력원을 개발하는 데 아이디어를 준다. 전기뱀장어에서 유래한 동력원은 심장을 자극하여 규칙적으로 뛰도록 돕는 심박 조율기 같은 장치에 쓰일 수 있다. 즉, 전기뱀장어는 심장을 멈추게 하는 동물에서 심장을 구하는 동물이 되는 것이다.

전기뱀장어가 과학적 발견을 이끈 사례는 이번이 처음은 아니다. 전기뱀장어는 전지의 발명에도 영감을 주었다. 18세기 박물학자들은 전기뱀장어를 포획해 유럽 전시장에 전시했다. 사람들은 전시된 전기뱀장어를 보기 위해 큰돈을 냈고, 과학자들은 전기뱀장어의 전기 생산 방식을 연구하는 데 시간을 보냈다. 1799년 이탈리아 물리학자 알레산드로 볼타Alessandro Volta는 장어의 해부학적 구조에 근거하여 세계 최초로 전지를 설계했다. 그의 이름이 낯익을 터인데, 회로에서 전류를 밀어내는 압력인 전압을 뜻하는 단어 'volt'가 볼타의 이름에서 유래했기 때문이다.

전기뱀장어는 어떻게 전기를 생산할까? 전기 생산 체계의 핵심 요소는 전기뱀장어 체내에 있는 특정 유형의 세포로, 전기생산세포 electrocyte라고 불린다. 이 세포는 얇은 원반 형태이며, 전기뱀장어는 고전압과 저전압 전하를 모두 생산하는 특수한 기관 내에 전기생산세포를 수천 개 지닌다. 전기뱀장어의 뇌는 먹잇감의 위치가 정확히 파악되자마자 신경계를 통해 전기생산세포에 신호를 보내는데, 이때 전기생산세포는 각 세포 사이사이가 액체로 채워진 채 줄지어 쌓여 있다. 전기생산세포를 쉽게 연상하고 싶다면, 동그란 팬케이크 10~20장에 각각 맛있는 시럽을 뿌리고 한 줄로 높이 쌓았다고 상상해 보자. 이제 팬케이크 더미의 가장자리가 바닥에 닿도록 회전시키면, 전기생산세포와 그 사이를 채운 액체가 어떠한 모습인지 잘 알게 된다. 이는 자동차 배터리 내부와도 약간 비슷하다.

이러한 구조 내부에서 어떤 현상이 일어나는지 이해하려면 관련 물리학을 되짚어 봐야 한다. 인체를 포함한 모든 물체는 작은 입자로 이루어졌고, 각 입자는 양전하 또는 음전하를 지닐 수 있다. 전기는 전하가 한 입자에서 다른 입자로 이동하는 결과이다. 전기뱀장어가 쉬고 있을 때 전기생산세포는 앞뒤 세포막을 통해 양전하를 띤 입자, 즉 양이온을 뿜어낸다. 이때는 양이온의 흐름이 상쇄되어 아무 일도 일어나지 않지만, 전기뱀장어가 전기생산세포에 신호를 보내면 놀라운 현상이 발생한다. 전기생산세포 뒷면에서 양이온의 흐름이 뒤집혀 세포 안으로 다시 들어가는 것이다. 이제는 양이온이 전기생산세포의 뒤쪽에서 앞쪽으로 흐르면서 전류가 발생한다.

전기뱀장어 몸속에는 고전압과 저전압 전하를 생성하는 독특한 발전 기관이 세 개나 있고, 세 개 모두 꼬리 부분에 위치하며, 몸 전체의 5분의 4를 차지한다. 발전 기관 내부에는 수천 개의 전기생산세포가 있고, 이들 세포는 전부 일렬로 배열되어 있어서 이온이 흐를 수 있다. 전기생산세포가 위아래로 가지런히 쌓여 여러 개의 줄을 이루는 덕분에, 한 번에 발생하는 전체 전압이 커진다. 이는 몇몇 휴대용 손전등에서 배터리 여러 개가 한 줄로 장착되어야만 작동하는 것과 같은 개념이다.

첫 번째 발전 기관은 주 기관으로 불리고, 전기뱀장어 머리의 바로 뒷부분에서 시작해 꼬리 중간까지 쭉 뻗어 있다. 주 기관 바로 밑에 있는 사냥꾼 기관은 꼬리 전체에 걸쳐 뻗어 있다. 전기뱀장어는 두 기관에서 고전압 전기 펄스를 생성해 사냥감을 놀라게 하거나 포식자를 단념하게 만든다. 고전압 전기 펄스는 단 한 번의 공격으로 강력한 충격을 수백 번 가할 수 있다.

세 번째 발전 기관은 작스 기관Sach's organ으로, 다른 두 기관보다 뒤쪽에 있다. 전기뱀장어는 이 기관에서 저전압 전기 펄스를 생성해 먹이를 찾거나 강에서 장애물을 피한다. 저전압 전기 펄스는 뱀장어 몸 주위에 전기장을 형성하며, 이 전기장은 전류의 '거품'처럼 작용한다. 전기뱀장어는 전기장의 왜곡을 통해 다른 동물이 침범한 것을 감지한다. 그리고 다른 동물이 어디에 있는지, 그 동물이 어떤 종류인지도 어둡고 혼탁한 물속에서 전부 알아낸다.

전기뱀장어Electric Eel, *Electrophorus electricus*

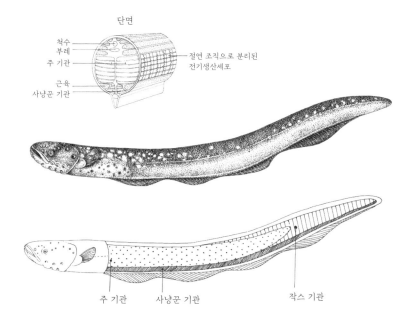

단면

척수
부레
주 기관
근육
사냥꾼 기관

절연 조직으로 분리된
전기생산세포

주 기관   사냥꾼 기관   작스 기관

전기뱀장어의 발전 기관을 응용해 살처럼 부드럽고 말랑말랑하며 체내에서 작동 가능한 배터리를 얻으려면, 스위스 프리부르대학교 소속 미하엘 마이어Michael Mayer, 토마스 슈뢰더Thomas Schroeder, 아니르반 구하Anirvan Guha를 만나야 한다. 세 과학자는 인공 전기생산세포로 가득 채워진 발전 기관을 직접 제작했다. 이들은 발전 기관 제작이 예상보다 훨씬 어려운 도전 과제임을 이내 깨달았으며, 주된 이유는 그들이 만든 인공 전기생산세포를 다루는 게 유독 까다로웠기 때문이었다. 세포 하나라도 부서지면 전류는 더는 통과하지 않았고, 인공 발전 기관은

고장이 났다. 그래서 이들은 발전 기관을 단순화하기로 했다.

연구팀은 시트에 젤 덩어리를 배열했다. 젤 덩어리 중 일부는 소금 함량이 높은 물을 포함했고, 나머지는 소금이 들어 있지 않은 물을 포함했다. 이 두 종류의 젤은 번갈아 가면서, 즉 소금물 젤 한 개 다음에는 담수 젤 한 개 순으로 줄지어 배열되었다. 이 상태로 남겨진다면 젤에는 아무 현상도 일어나지 않겠지만, 어떤 식으로든 서로 연결된다면 소금물 젤에서 나온 이온은 담수 젤로 흘러 들어갈 것이다. 젤에서 이온이 흐르면, 전기뱀장어의 전기생산세포에서 이온이 흐를 때처럼 전류가 발생할 것이다. 그러면 젤 덩어리를 어떻게 연결해야 할까?

과학자들은 새로운 시트를 제작해 젤 덩어리를 일렬로 배열했다. 이 시트를 뒤집어 기존 시트와 마주 보게 하고 누르면, 새로운 시트의 젤 덩어리가 기존 시트의 비어 있는 공간을 채우면서 모든 젤 덩어리가 서로 연결되고, 이온이 흐르게 된다. 이를 통해 세 과학자는 최대 110볼트의 전하를 발생시켰다. 문제는 110볼트를 얻으려면 엄청나게 커다란 젤 시트를 사용해야 한다는 것이었다. 세 사람은 체내에 들어갈 만큼 작은 배터리를 제작하고 싶어 했다.

스위스 연구팀은 미시간대학교 소속 맥스 슈타인Max Shtein과 에런 라무뢰Aaron Lamoureux에게 도움을 요청했고, 두 과학자는 종이접기라는 기발한 해결책을 떠올렸다. 미시간 연구팀이 시트를 접는 독특한 패턴을 고안하여 젤이 적절한 순서로 서로 접촉하게 만든 덕분에, 기존보다 크기는 훨씬 작지만 전력 손실은 없는 배터리가 탄생했다. 이 배터리는 스파이 영화에서 주인공 눈에 중요한 데이터를 직접 띄우는 증강 현실 콘택트렌즈 등 신체 부착형 장치에 적용될 만큼 작다. 이 새롭고 작은 배터리는 심박 조율기를 포함한 체내 삽입형 장치에도 쓰일 것이다.

현재 젤 구동 배터리는 젤의 이온 함량이 전부 같아지면서 배터리가 방전되기 전까지 약 한 시간 동안 작동할 수 있다. 과학자들은 훗날 우리 몸에서 자연 발생하는 화학물질을 이용해 배터리를 충전하는 방법이 등장하리라 전망한다. 이것이 가능하다면, 인류는 전기뱀장어처럼 스스로 전기를 생산할 것이다.

● 30장 ●

거미와
화성 탐사대

많은 사람이 거미에 가까이 다가가고 싶어 하지 않으리라 생각한다. 거미에 대한 비이성적 공포, 즉 거미 공포증은 세계 인구의 약 5퍼센트가 겪을 정도로 흔하다. 나는 거미가 엄청나게 두렵지는 않아도 거미가 걷는 모습을 보면 확실히 조금 불안해지는데, 이상하게 타란툴라Tarantula만큼은 예외다. 유년 시절 나는 타란툴라에 푹 빠졌다. 주변의 생물 중에서 타란툴라가 가장 멋지다고 생각했고, 열 살이 되자 나만의 타란툴라가 갖고 싶었다. 물론 그런 일은 일어나지 않았다. 어머니가 타란툴라를 키우라고 허락할까? 어림도 없다. 나는 15년 후에 마침내 절반의 꿈을 이뤘다. 장소는 북미 모하비사막이었다. 나와 동행한 동물 조련사가 조심스럽게 내 손등에 타란툴라를 올려 놓았다. 내 손을 탐색하는 타란툴라의 느릿느릿하고 신중한 걸음걸이가 너무나 부드러워서 믿을 수 없었다. 누군가에게는 손 위의 타란툴라가 사실상 악몽과 같겠지만, 나는 조금도 두렵지 않았다. 다재다능한 거미의 해부학, 생리학, 행동학이 전 세계 과학자의 관심을 끌고 있다. 사실, 거미는 여러분의 생명을 구할지도 모른다.

거미 구조대

과학자들은 거미가 움직이는 방식에 관심이 많다. 세 마디의 몸과 여섯 개의 다리를 지닌 곤충과 다르게, 거미는 두 마디의 몸과 여덟 개의 다리를 가진다. 거미는 한 쌍의 다리를 번갈아 가면서 걷는다. 두 쌍이 공중에 떠 있는 동안, 나머지 두 쌍은 바닥을 디딘다. 이처럼 거미가 걷는 방식은 혈림프(혈액)의 정수압(정지한 유체에서 생기는 압력-옮긴이)을 이용해 다리를 움직인다는 점에서 인간에게 실용적인 가치가 있다.

거미는 다리를 쭉 뻗게 해 주는 폄근이 없으므로, 체액을 주입해 체내 정수압을 높여서 다리를 뻗는다. 정수압은 심장박동 수 변화로 조절되고, 심장 박동이 빠를수록 정수압은 더 커진다. 쉬거나 천천히 걸을 때는 정수압이 상대적으로 낮지만, 달리거나 점프할 때는 휴식기를 기준으로 정수압이 최대 여덟 배 더 높다. 그래서 거미는 몸 크기에 비해 아주 빨리 달리거나 높이 점프할 수 있다. 거미 세계의 우사인 볼트는 거대한 집거미 테게나리아 두엘리카*Tegenaria duellica*이다. 테게나리아는 약 0.5미터를 1초에 주파하며 소파 뒤로 순식간에 사라진다. 가장 뛰어난 점프 기록을 남긴 선수는 호주에서 새롭게 발견되었으며, 깡충거미*Jumping Spider*라는 적절한 이름으로 불린다. 깡충거미는 자기 몸길이의 거의 50배만큼 점프한다.

몸집이 크고 위압적인 거미가 20센티미터나 되는 다리로 빠르게 달리고 높이 점프하며 다가온다면, 분명 악몽의 대상이 될 것이다. 그런데 지진이나 쓰나미 같은 자연재해 현장에서 잔해 속에 갇혔다고 상상해 보자. 거대한 로봇 거미는 생명의 은인이 될 것이다.

프라운호퍼 생산공학 및 자동화 연구소 소속 연구팀이 거미를 새로운 로봇의 모델로 삼았다. 민첩하고 이동성이 뛰어난 거미 로봇은 사람이 들어가기에 너무 위험하거나 구조대원이 접근하기 힘든 환경에 활용될 것이다. 이 로봇은 또한 실시간 영상을 송출하고, 가스관 누수 같은 위험을 탐지하며, 현장 정보를 구조팀에게 전달하는 데 필요한 장비가 장착될 수 있다.

거미 로봇은 다리가 길어 실제 거미와 닮았으나 체액이 아닌 공기로 다리를 움직인다. 로봇의 몸체와 다리 여덟 개에 장착된 공압식 pneumatic 탄성 구동기는 다리를 구부리거나 펴고, 유압식 hydraulic 탄성 구동기는 관절 역할을 하며 다리를 계속 움직이게 한다. 다리가 벨로스(탄성이 좋은 소재로 만들어진 관으로, 주름이 잡혀 있어서 압축하거나 늘릴 수 있다-옮긴이)와 경첩이 결합된 구조여서 원하는 대로 전진하거나 회전할 수 있다. 대각선으로 서로 마주 보는 다리는 함께 움직인다. 앞다리 쌍을 구부리면 거미 로봇의 몸체가 앞으로 당겨지고, 뒷다리 쌍을 펴면 몸체가 뒤로 밀린다. 거미 로봇은 실제 거미처럼 다리 네 개가 바닥을 딛고, 나머지 네 개가 방향을 전환하며 다음 동작을 준비한다. 그 덕분에 뒤집히지 않고 거친 지면에서도 안정적으로 움직일 수 있다. 물론 점프도 가능하다.

로봇 몸체에는 제어장치, 밸브, 공기 압축펌프 등 이동에 필요한 온갖 부품이 내장되어 있으며 필요에 따라 다양한 측정 장치와 센서도 추가할 수 있다. 거미 로봇은 또한 아주 가볍게 설계되었다. 연구팀이 로봇을 제작한 기법은 '선택적 레이저 소결selective laser sintering, SLS'이라는 3D 프린팅 공정으로, 미세 분말을 한 층씩 얇게 도포하고 원하는 지점에 레이저 광선을 쏴 분말을 녹이는 방식이다. 선택적 레이저 소결을 활용하면 복잡한 플라스틱 구조와 경량 부품을 제작할 수 있다.

연구팀은 거미 로봇의 시제품을 제작했으며 누출된 화학물질을 탐지하는 특수 센서와 방사선 모니터, 음향 센서, 수색 및 구조 임무에 쓰이는 비디오카메라 등을 장착하여 다양한 상황에 맞게 거미 로봇 몸체를 개조할 수 있다고 밝혔다. 3D 프린팅으로 로봇을 제조하면 비용도 절감된다. 거미를 두려워하는 사람에게는 거미 로봇이 그다지 달갑지 않은 소식일 것이다.

재주 넘는 거미

베를린공과대학교 공학 교수이자 생체공학 창시자 가운데 한 명인 잉고 레헨베르크Ingo Rechenberg는 거미가 다소 독특하게 이동하는 방식을 연구하고 있다. 레헨베르크는 공학자이지만 사막과 사막 동물에 관심이 많았고, 2009년 모로코 에르그셰비사막 중심부에서 특이한 거미를 발견했다. 이 거미는 거미계의 괴짜로, 공중제비를 돌면서 포식자를 피해 안전한 곳으로 달아나는 곡예사이다. 실제로 공중제비를 넘을 때 이동 속력이 두 배 빨라진다고 밝혀진 유일한 거미이기도 하다. 그리고 지면이 평평하든 오르막이든 내리막이든 공중제비를 돌 수 있다는 점에서, '공중제비거미Cartwheeling Spider'로 널리 알려지게 되었다. 새로운 종인 공중제비거미의 학명은 발견자의 이름을 따서 케브렌누스 레

플릭-플랙거미|Flic-flac Spider, *Cebrennus rechenbergi*

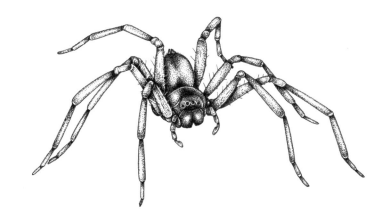

켄베르기|*Cebrennus rechenbergi*|라고 지어졌지만, 레헨베르크가 선호하는 명칭은 '뒤로 공중제비를 도는 곡예사'를 의미하는 '플릭-플랙거미|Flic-flac Spider|'이다. 나미비아의 사막에 서식하는 거미가 스스로 몸을 말아 중력을 이용해 기생벌을 피하며 모래언덕을 굴러 내려간다고 한동안 알려져 있었는데, 이 거미와 플릭-플랙거미는 완전히 다른 종이다.

나미비아의 사막에서 발견되는 거미는 몸길이 2센티미터로 중간 크기인 농발거밋과|Huntsman spider|이다. 농발거밋과는 다리가 길고 동작이 빠른 거밋과이며 겉모습이 게와 비슷한 까닭에 대형게거미|Giant Crab Spider|라고도 불린다. 농발거밋과는 먹잇감을 찾아 돌아다니고, 플릭-플랙거미는 밤에 나방을 사냥하다가 낮이 되면 모래 더미 속에 거미줄을 짜서 만든 관|tube| 형태의 구조물에 숨는다. 그런데 레헨베르크의 관심을 끈 것은 플릭-플랙거미의 놀라운 몸동작이었다. 레헨베르크는 자

337

연에서 발견된 방식과 체계를 공학 및 현대 기술 연구에 적용하는 생체공학 전문가로서, 플릭-플랙거미를 보고 공중제비 로봇을 만든다는 아이디어를 얻었다. 공중제비 로봇은 농업, 심해 바닥, 심지어 화성에서도 쓰일 것이다.

화성은 지구형 행성(태양계에서 지구처럼 상대적으로 크기가 작고 밀도가 높은 행성-옮긴이)으로, 지구에 존재하는 다양한 암석과 광물이 발견된다. 화성 표면은 건조하고 먼지가 많으며, 바위투성이 남쪽에는 거대한 분화구가 있고, 평평한 북쪽에는 건조한 강바닥과 분지에 드문드문 바위가 흩어져 있다. 게다가 화성의 양쪽 극지방은 계절에 따라 확장과 축소를 반복하는 만년설이 존재하기 때문에, 로봇으로 화성 표면을 탐사할 때 많은 어려움이 따른다.

레헨베르크는 그러한 어려움을 해결할 방안을 연구하면서, 몸길이 25센티미터 거미 로봇이 플릭-플랙거미의 동작을 모방하도록 설계했다. 그는 거미 로봇이 화성의 척박한 표면을 탐사하기에 이상적이라고 생각하지만, 그러려면 로봇은 체력이 실제 거미보다 훨씬 강해야 한다. 레헨베르크에 따르면, 실제 플릭-플랙거미는 하루에 네다섯 번 넘게 공중제비를 넘으면 지쳐서 죽을 수 있다고 한다.

레헨베르크는 거미 로봇을 설계하면서 독일의 자동화 전문 기업 훼스토와 공동으로 연구했다. 공학자들이 바이오닉휠봇BionicWheelBot이라고 명명한 이 로봇은 다른 행성에서 온 존재처럼 보인다. 몸집은 실제 거미보다 훨씬 크지만(길이가 우산만 하다), 다리는 거미처럼 여덟 개이며 무릎 관절과 몸체에 장착된 모터 15개로 제어된다. 걸을 때는 다리 여섯 개를 사용하고, 구를 때는 다리 여섯 개를 몸체에 집어넣고

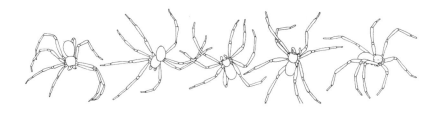

나머지 다리 두 개로 땅을 밀어내면서 온몸으로 공중제비를 돈다. 거미 로봇은 또한 통합 센서가 장착되어 있어서, 자신의 위치를 정확히 파악하며 구르는 동안 언제 땅을 밀어야 하는지 안다. 플릭-플랙거미처럼, 거미 로봇도 걷기보다 구르기가 더 빠르다. 이 로봇은 험한 지형에서도 스스로 앞으로 나아갈 수 있는 까닭에 화성의 척박한 환경에서도 상당히 효율적으로 탐사할 수 있다.

공중제비를 도는 능력은 왜 중요할까? 공중제비를 돌거나 구르는 동작을 하는 로봇은 매번 몸체에서 넓은 면적을 지면과 접촉할 수 있다. 그러면 바퀴나 다리로 움직일 때보다 접지력이 향상되고 몸무게가 골고루 분산되기 때문에, 울퉁불퉁한 표면에서 더욱 안정적으로 이동할 수 있다. 레헨베르크 교수는 실제 사막에서 바이오닉휠봇을 시험했고, 로봇은 마치 공중제비를 도는 플릭-플랙거미처럼 작동했다!

인공 거미줄: 진짜 거미줄처럼

내 기억 속 최초의 거미는 거미집을 짓고 있었다. 이후 같은 장면을 여러 번 보긴 했지만, 그 특별한 거미는 지름이 약 60센티미터나 되는 내가 목격한 가장 거대한 거미집을 지었다. 더구나 거미집에 걸린 곤충들도 몸집이 무척 컸다. 거미집이 아주 연약하고 허술해 보여서 쉽게 망가지리라 예상하는 사람들도 있겠지만, 거미집은 무사했고 오히려 곤충이 거미집에 걸려들었다.

거미줄은 놀라운 소재이다. 같은 무게의 강철과 비교하면 대략 다섯 배 더 강하지만 사람 머리카락보다 더 가늘며 본래 길이의 몇 배로 늘어난 뒤에 끊어지기 때문에, 과학자들은 거미줄을 인공 합성한다는 목표를 세웠다. 먼저 거미줄의 분자 구조를 파악하고, 거미줄을 구성하는 단백질인 스피드로인spidroin을 생성하는 유전자를 확인했다. 그런데 인공 거미줄을 합성하려면, 스피드로인을 50퍼센트(=스피드로인의 무게/스피드로인 용액의 부피×100-옮긴이)만큼 고농도 용액으로 만들어 재빨리 실로 뽑아야 한다. 이를 알게 된 단백질 생산 업체들은 단백질이 접히거나 뭉치는 현상을 막는 데 많은 시간과 돈, 에너지를 투자하던 중 거미에 주목했다.

스웨덴 과학자들은 고농도 단백질 용액을 몸에 저장하는 거미의 능력을 활용해 인공 거미줄 섬유를 수 킬로미터 길이로 생산하는 공정을 고안했다. 웁살라 스웨덴농업과학대학교 소속 안나 리싱Anna Rising 교수와 스톡홀름 카롤린스카연구소 소속 얀 요한손Jan Johansson 교수가 이 연구에 참여했다. 두 교수는 거미줄 분비샘에서와 마찬가지로 50퍼센트 용액으로 저장할 수 있는 새로운 거미줄 단백질의 생산법을 발견했다. 이 새로운 거미줄 단백질은 놀랍게도 세균이 합성한다.

과학자들은 새로운 단백질 용액을 모세관(극단적으로 좁은 관)에 통과시키며 산성도가 낮은 액체에 주입하는 식으로 거미의 방적돌기(거미 몸에서 실이 나오는 구멍-옮긴이)를 모방해 인공 거미줄 섬유를 제조했다. 이렇게 만들어진 인공 섬유는 천연 거미줄과 같은 분자 배열과 구조를 지니고, 천연 거미줄과 비슷하게 외력을 견딘다. 과학자들은 현재 인공 거미줄 섬유를 3차원 구조로 설계하고 의학에 응용할 방법을 모색하고 있다.

약물 전달

노팅엄대학교 소속 화학자와 거미 전문가는 항생제 성분을 함유한 인공 거미줄을 개발했다. 항생제 거미줄은 치료용 약물을 특정 부위로 전달하거나, 상처를 봉합하면서 감염 위험을 낮추고 싶을 때 유용하다. 거미줄로 상처를 처치하면 많은 장점이 있다. 거미줄은 독성이 없고, 자연에서 저절로 분해된다. 또한 거미줄은 대부분 단백질로 이루어졌지만, 놀랍게도 다른 유기체에서 유래한 단백질과 달리 포유류에게 염증이나 알레르기 반응을 일으키지 않는다고 한다. 실제로 거미줄은 수백 년간 상처를 처치하는 데 쓰였다. 고대 그리스인과 로마인은 군인이 다치면 거미줄을 썼고, 꿀과 식초를 섞은 혼합액으로 상처를 깨끗이 소독한 다음 거미줄 뭉치로 출혈을 막았다.

노팅엄 연구팀은 세균을 이용해 기존 거미줄을 모방한 인공 거미줄을 합성했으며, 이 인공 거미줄에는 기존 거미줄 단백질에서 일반적으로 발견되지 않는 특별한 아미노산이 들어 있어 약물이나 다른 유용한 분자와 화학결합을 형성할 수 있다. 그리고 스웨덴 연구팀처럼 거미의 방적돌기에서 일어나는 현상을 모방하여 길이 1미터에 이르는 인공 거미줄 섬유를 만들었다. 인공 거미줄 섬유는 다양한 분자를 포함하는데, 이를테면 세균 감염 시 일반적으로 쓰이는 항생제 레보플록사신과 상처 처치에 쓰인 거미줄의 변질을 알리는 형광 물질 등이 들어 있다.

항생제 분자는 인공 거미줄 용액 내에서 거미줄 단백질과 완벽하게 결합하여 거미줄 섬유로 합성된다. 이렇게 생성된 인공 거미줄 섬유는 주위로 천천히 항생제를 방출한다. 노팅엄 연구팀은 당뇨병성 족부 궤양처럼 서서히 낫는 상처를 치료할 때 항생제 거미줄을 활용할 수 있다고 제안한다. 항생제 방출을 조절하면 감염을 예방할 수 있다. 거미줄 섬유로 그물망을 제작해 세포가 임시로 부착되는 뼈대로 쓰면, 조직이 재생되거나 상처가 치료되는 속도가 빨라진다. 그리고 상처가 나으면 거미줄은 자연히 분해된다. 어린 시절 나를 매료시켰던 거미집이 의학의 획기적인 발전에 영감을 준다고 생각하니 정말 신기할 따름이다.

충돌 방지 유리창

이런 상황을 겪은 적이 있는가? 조용히 앉아 있는데 갑자기 창문에서 쿵 하는 소리가 들린다. 고개를 돌리면 보이는 것은 새가 남긴 먼지 자국뿐이다. 먼지로 보이는 것은 실제로 깃털을 보호하는 가루 물질이며 이러한 충돌 사건은 놀랄 만큼 흔히 발생한다. 조류학자들은 미국에서만 매년 3억 5,000만여 마리의 새가 유리창, 벽 등 인간이 만든 구조물에 부딪혀 죽는다고 추정하며, 충돌은 새의 목숨을 위협하는 가장 큰 원인이다. 놀랍게도 거미와 거미집이 유리에 부딪혀 죽는 새를 구원할 수 있다.

거미집은 자연이 부리는 마법이다. 영국에서 유년 시절을 보내며 가을의 이른 아침에 가장 좋아한 것은 안개가 깔린 들판, 덤불, 나무에서 이슬이 맺혀 반짝이는 거미집이었다. 내가 본 거미집 중에서 특히 왕거밋과에 속하는 미국호랑거미Yellow Garden Spider의 거미집은 지름이 1미터에 달했는데, 마다가스카르에 서식하는 다윈의나무껍질거미Darwin's Bark Spider의 지름 25미터 거미집과 비교하면 매우 작다. 다윈의나무껍질거미의 거미집은 길이가 동네 수영장과 맞먹는다. 이들의 거미줄에서 발견되는 놀라운 점은 대개 온전히 보존된다는 점이다. 그런데 새가 곤충을 쫓아 이리저리 날아다니면서도 거미집으로는 뛰어들지 않는다. 왜 그럴까?

왕거밋과는 흰띠 혹은 숨은띠stabilimentum라고 불리며 자외선을 반사하는 거미줄로 거미집을 장식한다고 밝혀졌다. 연구 결과에 따르면, 인간과 다르게 새는 자외선을 볼 수 있으므로 자외선을 반사하는 거미줄이 거미집에 충돌하는 새의 숫자를 줄인다고 한다. 현재 독일의 한 기업은 왕거밋과 거미집의 숨은띠 패턴을 모방하여 유리창을 코팅하고, 새가 유리창에 부딪히지 않도록 방지하는 표면을 개발하고 있다.

이 아이디어는 1990년대 후반 독일의 변호사이자 아마추어 박물학자였던 알프레트 마이어후버Alfred Meyerhuber 박사가 잡지에서 숨은띠에 관한 기사를 읽은 뒤 발전하기 시작했다. 마이어후버는 독일 렘스할덴의 절연 유리 제조업체인 아르놀트글라스의 소유주이자 절친한 친구인 한스 요아힘 아르놀트Hans-Joachim Arnold에게 숨은띠를 설명했다. 마이어후버는 유리에 거미집의 특성을 부여하면 새의 충돌 횟수를 낮출

수 있을지 궁금했고, 이야기를 들은 아르놀트 또한 강한 호기심을 느꼈다.

넓은 유리창과 유리벽이 설치된 현대식 건물이 인기를 끌면서, 전 세계적으로 매년 수백만 마리의 새가 유리창과 충돌해 생명을 잃고 있었기에 지체할 시간이 없었다. 처음에는 기업 이사회가 찬성하지 않았으나 아르놀트가 설득에 성공했고, 아르놀트글라스는 거미줄처럼 자외선을 반사하는 제품을 연구하기 시작했다. 그리고 자회사와 협력하여 자외선을 감지하는 새의 눈에는 보이지만 인간의 눈에는 거의 인식되지 않는 유리 코팅 패턴을 개발했다.

두 기업은 다양한 코팅 유형과 패턴을 무수히 테스트했고, 유리 전체를 코팅했을 때보다 특정 패턴을 그리며 코팅했을 때 코팅 유무에 따른 극명한 대비 효과가 발생한다는 결과를 얻었다. 유리창에서 코팅된 영역은 자외선을 반사하고, 코팅 없이 두 층의 유리가 적층된 영역은 자외선을 흡수했다. 두 영역이 함께 존재할 때 자외선 반사 효과가 상승했으며, 개발 초기 거미집 패턴에서 아이디어를 얻었던 연구팀은 유리창 코팅에 알맞은 고유 패턴을 설계했다. 그럼, 유리창 코팅은 효과가 있었을까?

독일 막스플랑크조류학연구소 소속 과학자들은 코팅된 유리를 독자적으로 테스트했다. 9미터 터널 안에서 다양한 종의 새를 풀어 주는 테스트로, 터널 끝 출구에 설치된 유리창 두 개 가운데 하나는 자외선을 반사하는 유리로 만들어진 실험군이었고, 다른 하나는 표준 유리로 만들어진 대조군이었다. 1,000회 넘게 진행된 테스트 비행에서 새들은 두 가지 출구 중 하나를 통해 터널 밖으로 나오려고 했다. 실제 새의 충돌을 방지하는 그물이 유리창 앞에 설치된 덕분에, 테스트를 진행하는 동안 다친 새는 없었다. 연구원들은 새들의 비행경로를 각각 기록했고, 그 결과 새는 자외선 반사 유리창보다 표준 유리창으로 가는 경로를 훨씬 빈번하게 선택한다고 드러났다. 연구원들은 새가 자외선을 장애물로 인식했기 때문이라고 결론지었다. 최근 막스플랑크조류학연구소는 미국조류보호협회와 공동으로 연구하면서 협회의 테스트 프로그램에 참여하고 있다.

새가 충돌하지 않도록 막는 다양한 유리창과 제품이 존재하지만, 이번 이야기에 등장한 코팅 패턴은 왕거밋과 거미가 지은 거미집이 아이디어를 제공했다. 그러니 앞으로는 욕조에서 거미를 발견하고 도망치거나, 물을 쏴서 하수구 구멍으로 흘려 보내기 전에 잠시 행동을 멈추고 생각해 보자. 새 수십억 마리의 생명을 구하는 데 도움을 준 생물을 진심으로 혼내 주고 싶은지.

"기계는 오지 않는다.
이미 여기에 있기 때문이다"

내가 인정하건대 이 주제는 결론에서 언급하기엔 다소 꺼림직하지만, 여러모로 생체모방의 최후를 완벽하게 상징한다. 주제를 본격적으로 서술하기에 앞서, 나의 첫 번째 책을 읽어 준 독자 여러분께 진심으로 감사드린다. 나는 동물 이야기를 할 때면 언어와 문화를 초월하여 우리를 연결하는 무형의 보편성이 있음을 늘 깨닫는다. 그것이 정확히 무엇인지, 어디서 그런 감정이 싹트는지는 잘 모르겠다. 아마도 지구를 공유하는 모든 살아 있는 생물종과 인류가 분리되었다고 이따금 생각하기 때문일 것이다. 그렇기에 생물의 순수한 아름다움과 경이로움이 와닿을 때면, 인류는 지구와 하나라는 불변의 진리에 복종할 수밖에 없다.

지금쯤 여러분은 생물에서 유래한 뛰어난 독창성이라는 렌즈를 통해 자연을 들여다보며 얻은 아이디어로 머릿속이 가득할 것이다. 여러분이 가장 좋아하는 이야기는 무엇이었을지 궁금하다. 우주를 여행하는 물곰의 대담한 모험 이야기였을까? 아니면 색과 형태를 바꾸는 익살꾼 문어 이야기였을까? 기생말벌이 외계 생명체 같은 알을 낳는다는 이야기가 의심의 여지 없이 끔찍했다는 건 알지만, 그 이야기로 인해 기생말벌이 조금은 사랑받게 되었으리라 믿는다. 다른 독자들과 이 책의 내용을 주제로 생각을 공유하고 싶다면 틱톡 등 소셜 미디어에 해시태그 #30AnimalsBook을 입력하고 대화에 참여하자.

이제 인류는 어디로 나아갈까? 미래에 인간이 제품을 설계하고 창조하는 기술의 핵심은 분명 생체모방일 것이다. 이와 더불어 매력적이며 무시할 수 없는 미래의 한 축은 인공지능이다. 인공지능은 흔히 AI라고 불리며, 오늘날 기계 학습과 범용 인공지능artificial general intelligence(특정 문제뿐만 아니라 모든 상황에서 생각하고 학습하며 창작하는 능력을 컴퓨터로 구현하는 기술-옮긴이)을 폭넓게 아우르는 컴퓨터과학 분야이다. 이 분야는 아직 진정한 인공지능을 반영하지 않았지만, 자의식이 있는 인공지능에 분명 도달하리라 예상되는 신생 과학이다.

무섭게 들리는가? 스카이넷(영화 '터미네이터'에 등장하는 인공 의식-옮긴이)과 할 9000(영화 '2001 스페이스 오디세이'에 나오는 인공지능 컴퓨터-옮긴이)에게 잠식당한 세계가 떠오르면 특히 두렵다. 미래가 걱정된다. 나는 이 같은 두려움과 불확실성을 극복할 유일한 방안은 대중이 인공지능 개발에 참여하고, 인공지능의 기본적인 작동 방식을 이해하기 위해 노력하는 태도라고 생각한다. 이 책의 주제를 고려하면, 바람직한 출발점은 인공지능을 생체모방의 직접적인 결과로 인식하는 것이다. 결국 인공지능이란 인간과 다른 생물종의 지능을 모방하기 위해 대자연에서 배움을 얻는 과학의 한 분야이기 때문이다.

컴퓨터과학 분야의 여러 전문가에 따르면, 인공지능은 입력input, 동작action, 처리processing의 세 가지 핵심 구성 요소를 포함한다. 그리고 각 요소는 수년간 놀라울 정도로 크게 발전했다. 나는 우리 주위 세상을 탐지하는 감각과 유사한 '입력'을 고찰하고 싶다. 동물은 인간과의 승부에서 늘 승리했다. 맹금은 탁월한 시력으로 사냥감을 추적하고, 코끼리는 미세한 초저주파를 듣고 뇌우가 몰아치는 먼 지역을 향해 간다(코끼리는 초목과 물이 풍부한 환경을 찾아 비가 내리는 지역으로 이동한다-옮긴이). 인간과 다르게 많은 동물이 슈퍼 감각을 갖추었다. 이러한 감각은 여러 기계에서 인상적인 형태로 나타난다. 최첨단 카메라는 인간이 보는 가시광선 영역을 쉽게 뛰어넘고, 전자기 스펙트럼의 전 영역을 시각화하여 지구에서 몇 광년 떨어져 있는 은하뿐 아니라 행성까지 포착한다. 소리 탐지 또한 식은 죽 먹기이다. 심지어 인간의 마음을 정확한 시간과 장소, 감정으로 데려가는 힘을 지닌 복잡한 감각인 후각과 관련한 연구도 생물정보학 분야에서 놀라운 성과를 내는 중이다. 실제 과학자들은 이미 개의 후각을 모방하는 전자 코를 개발하기 위해 노력하고 있다. 오늘날 개는 훈련을 통해 초기 암을 발견하고, 땀 샘플만으로 코로나바이러스 양성 환자를 판별하는 등 의료 진단과 전 세계 의료 체계에 혁명을 일으킬 잠재력을 지닌다. 인류의 가장 오래되고 충성스러운 동물 친구에게 감사해야 한다.

'동작'을 움직임이라는 범주에 넣는다면, 치타가 시속 129킬로미터로 질주하고, 긴팔원숭이가 상공 60미터에 달하는 우듬지에서 죽음을 무릅쓰고 뛰어오르며 나무 사이를 오가는 등 동물의 왕국에서는 인간을 월등히 앞질러 나아가는 움직임이 일어난다. 최근까지 '동작'은 기계가 능숙하게 해내지 못하는 요소였다. 수십 년간 로봇의 움직임은 터무니없는 수준까지는 아니었으나 다소 우스꽝스러웠다. 하지만 이 이야기는 비밀로 하자. 목숨을 지키려면 인공지능을 놀려 댄 인간 명단에서 빠져야 하기 때문이다.

1973년 와봇-1wABOT-1은 한 걸음을 걷는 데 45초씩 걸리긴 했지만, 인간처럼 걷는 데 성공한 최초의 로봇이 되었다. 그리고 아시모asimo가 등장했다. 2000년 혼다가 제작한 이 로봇은 걸을 수 있고, 주변에서 움직이는 물체를 인식하며, 소리와 표정과 몸짓으로 인간과 상호 작용할 수 있었다. 그런데 2006년 기술 시연에서 아시모는 낮은 계단을 오르려다가 '로봇 오작동'을 상징하는 순간을 남기며 인터넷을 떠들썩하게 했다. 감탄하던 청중 앞에서 넘어지면서 오작동하는 고가의 고철 덩어리로 전락한 것이다. 이 사태는 망연자실한 무대 진행자들이 아시모 주위에 서둘러 가림막을 치고 나서야 진정되었고, 일부 사람들은 그 가림막을 두고 '아시모의 존엄성을 보호'하려는 헛된 시도라고 평가했다. 그런데 다행히도 생방송으로 시연을 지켜보던 열성 관객들이 온라인에 전체 동영상을 올렸고, 이는 조회수 수백만 회를 기록했다. 공평하게 말하자면, 아시모를 너무 가혹하게 대해서는 안 된다. 아시모는 수많은 휴머노이드 기계 가운데 이족 보행을 최초로 선보인 로봇이었다.

이후 상황은 제법 나아졌다. 내가 언급하는 것을 동영상에서 확인하면, 여러분은 깜짝 놀랄 것이다. 이전에 본 적이 있을지 모르겠으나, 보스턴다이내믹스가 제작한 '스팟spot'을 검색해 보자. 이 네발 달린 로봇은 진짜 개처럼 움직인다. 스팟은 아마도 여러분이 목격한 실제 생물과 가장 닮은 최첨단 로봇일 것이다. 심지어 테스트 요원이 발로 차서 넘어뜨리려고 하면, 스팟은 스스로 자세를 다잡는다. 이때 스팟을 걷어차는 테스트 요원의 기분이 어떠할지는 모르겠으나, 이런 궁금증은 완전히 새로운 차원의 윤리 문제를 제기한다. 우리는 로봇을 '배려' 해야 할까? 아직까지는 많은 사람이 별로 신경 쓰지 않는 문제일지 모르지만, 인공지능이 결정적인 문턱을 넘어 자의식을 갖게 되면 상황은 달라질 것이다.

이는 '처리', 혹은 내가 지적 능력brain power이라고 부르는 요소와 연결된다. 나는 지능을 대략 두 가지 범주로 나눈다. 첫째는 정보를 계산하고 처리하는 능력, 둘째는 자기 주도적으로 결정하는 능력이다. 컴퓨터는 꽤 오랜 기간 첫 번째 지적 능력을 익혀 왔다. 세계 최초의 프로그래밍 가능한 전자식 디지털 컴퓨터인 콜로서스Colossus는 1943년부터 1945년까지 영국의 암호 해독자들이 독일 최고사령부에서 생성한 엄청난 양의 군사 정보를 해독할 때 도움이 된 귀중한 컴퓨터로 알려졌다. 당시 군사 암호는 인간의 뇌가 컴퓨터 도움 없이 해독하기에 너무도 발전한 상태였다. 1997년 인류는 컴퓨터로 다른 유형의 전쟁, 즉 마음의 전쟁을 치렀는데, 당시 세계 체스 챔피언인 가리 카스파로프Garry Kasparov는 IBM의 슈퍼컴퓨터 '딥블루Deep Blue'에게 패하며 인공지능과의 대결에서 처음 패배한 인물이 되었다. 내가 가장 좋아하는 승부는 그보다 최근인 2016년에 있었으며, 구글의 딥마인드 프로젝트에서 개발된 '알파고AlphaGo'가 약 2,500년의 역사를 자랑하는 바둑으로 세계 챔피언을 18회 차지한 이세돌 기사를 이긴 것이다. 바둑은 너무 복잡해서 온 우주에 존재하는 원자보다 더 많은 경우의 수가 있다고 한다. 게임을 제외하면, 인공지능은 인류가 새로운 약물을 발견하고 달에 가도록 도와주었으며, 결국 화성과 그 너머 세계로 우리를 데려갈 것이다. 그런데 컴퓨터가 인간이 생각하는 방식과 같은 진정한 인지력을 획득하려면, 간단한 숫자 처리를 뛰어넘는 요소가 필요하다.

진정한 인공지능은 컴퓨터 분야의 성배이다. 오늘날 저명한 컴퓨터 과학자인 에드워드 파이겐바움Edward Feigenbaum의 의견에 따르면, "우리가 인공지능이라 부르는 것, 즉 컴퓨터가 지적인 활동을 수행하는 것은 컴퓨터과학의 명백한 숙명이다". 나는 여기서 한 걸음 더 나아가, 인공지능은 사실상 인류의 명백한 숙명이라 덧붙이고 싶다.

스마트 기계와 함께 사는 미래란 어떠한 개념인지 이해하기 힘든 사람도 있겠지만, 이미 우리는 여러모로 지능형 컴퓨터에 둘러싸여 있다. 오늘날 사람들은 자동차, 냉장고, 텔레비전, 그리고 일정 수준에 도달한 '지능형' 컴퓨터 인터페이스(여러 기계 장치가 정보를 서로 주고받는 방식-옮긴이)가 구축된 집에 살고 있다. 인간은 삶의 다양한 요소를 기계에 맡겼고, 이러한 기계들은 인터넷 덕분에 네트워크로 연결된 다른 기계들과 '소통'할 수 있다. 이와 같은 사례에서 컴퓨터는 단순히 프로그래밍된 작업을 수행한다. 프로그래밍을 넘어서서 자기를 인식하려면, 기계는 세상을 학습하는 능력, 그리고 과거 경험과 미래 예측을 바탕으로 전후 맥락에 맞게 판단하며 작업을 수행하는 능력이 필요하다. 이는 인간뿐 아니라 영장류와 새를 포함한 모든 살아 있는 유기체에서 발견되는 중요한 지적 능력이다. 몇 년 전 BBC 다큐멘터리 '새들의 세계The Life of Birds'를 시청하면서 알게 된 한 가지 사례가 있다. 일본 아키타시에 서식하는 천재 까마귀들은 기발한 방법으로 자동차 바퀴를 이용해 단단한 견과류 껍데기를 깐다. 까마귀들은 횡단보도 신호등 위에 끈기 있게 걸터앉아 있다가, 신호등이 정지 신호로 바뀌면 움직이기 시작한다. 사람들이 횡단보도를 건너기 시작하면, 까마귀들도 아래로 휙 내려와 견과류를 조심스럽게 땅에 내려놓은 다음 안전한 신호등 위로 후퇴한다. 횡단보도를 건너는 보행자가 없는 상황에서도, 까마귀는 이러한 행동을 반복한다. 무거운 자동차들이 다시 출발하면 까마귀가 하기 힘든 모든 작업을 대신해 준다. 이처럼 자동차를 이용하는 까마귀의 습성은 1970년대 일본 센다이시의 한 운전 학교에서 발견되었으며, 이에 관한 지식이 주변 지역의 새들에게 전파되었으리라 추정된다. 동물이 과거에 일어난 복잡한 사건을 어떻게 이해하고 미래에 발생한 문제에 적용하는지 가르쳐 주는 훌륭한 사례이다. 다른 연구에서는 까마귀가 높게 잡아 일곱 살 아이만큼 똑똑하다는 사실을 증명했다. 그러니 다른 사람을 '새대가리'라고 부르지는 말자.

이전 경험을 통해 학습하는 능력은 본질적으로 생물학적 행동이다. 그렇다면 이 행동을 디지털로 복제할 수 있을까? 가능하다면 어떻게 해야 할까? 이 질문에 대한 답은 유전 알고리즘에 있으며, 유전 알고리즘은 흥미롭게도 찰스 다윈이 주창한 자연선택설을 비롯하여 모든 것이 시작된 지점으로 우리를 데려간다.

유전 알고리즘은 휴리스틱 탐색법(사전 경험을 바탕으로 탐색 지점에 우선순위를 매겨서 가장 전도유망한 방향으로 검색해 나가는 방법-옮긴이)의 한 종류로, 풀어서 말하자면 '컴퓨터 기반의 문제 해결 지름길'이다. 이 알고리즘은 찰스 다윈의 자연선택에 근거한 진화론에서 직접 영감을 얻었다. 유전 알고리즘은 또한 컴퓨터가 복잡한 문제를 쉽게 해결하도록 잘 정의된 명령어의 집합인 표준 컴퓨터 알고리즘(찾고자 하는 값을 처음부터 끝까지 순차적으로 찾아 나가는 알고리즘-옮긴이)에 기반을 둔다. 이와 더불어 DNA 돌연변이, 염색체 교차, 자연선택 등 생물학에서 얻은 개념을 활용하도록 설계되었다. 쏟아지는 전문 용어로 과열된 머리를 냉동고에 넣고 싶어졌다면, 나 역시 이 복잡한 개념을 알아 가는 중이니 괴로워하지 않아도 된다. 이렇게 생각해 보자. 북극곰이 털 색깔 돌연변이 덕분에 새롭고 극단적인 환경에 적응할 수 있었던 것과 거의 같은 방식으로, 알고리즘은 돌연변이를 일으키거나 다른 알고리즘과 함께 '자손'을 생성하면서 초기 프로그래밍의 한계를 뛰어넘고 적응하게 된다. 여러분은 어떻게 생각할지 모르겠으나, 나는 그러한 알고리즘의 작용이 '사고thinking'인 것처럼 느껴진다.

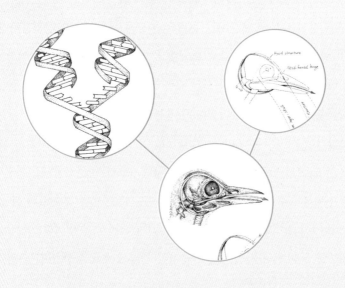

인공지능은 분명 아직 초기 단계이지만, 유전 알고리즘이 인공지능을 다음 단계로 성장시킬 수 있다. 하지만 문제가 남았다. 우리는 결코 닫히지 않을 판도라의 상자를 여는 것일까? 우리가 인공지능보다 아직 앞서 있을 때 연구를 멈춰야 하는 것은 아닐까? 에드워드 파이겐바움의 말을 한 번 더 인용하자면, "만약 인간이 무엇을 기반으로 비범한 동물이 되었는지 모른다면, 시간이 흐른 뒤 인간은 그 비범함을 유지하는 방법을 알지 못할 것이다".

　　어쩌면 인공지능의 세계는 우리가 생각하는 것보다 훨씬 더 가까이에 있으며, 언젠가는 자의식이 있는 인공지능이 이 책과 비슷한 책을 집필할 것이다. 그때 인공지능은 인공지능을 더 영리하게 만든 인간에 관한 이야기를 서술하게 되리라.

자연은 언제나 인간을 앞선다

초판 1쇄 인쇄일 2023년 3월 25일
초판 1쇄 발행일 2023년 4월 5일

지은이 패트릭 아리
옮긴이 김주희

발행인 윤호권
사업총괄 정유한

편집 엄초롱 **디자인** 김효정 **마케팅** 윤아림
발행처 ㈜시공사 **주소** 서울시 성동구 상원1길 22, 6-8층(우편번호 04779)
대표전화 02-3486-6877 **팩스(주문)** 02-585-1755
홈페이지 www.sigongsa.com / www.sigongjunior.com

글 ⓒ 패트릭 아리, 2023

ISBN 979-11-6925-566-0 03400

*시공사는 시공간을 넘는 무한한 콘텐츠 세상을 만듭니다.
*시공사는 더 나은 내일을 함께 만들 여러분의 소중한 의견을 기다립니다.
*잘못 만들어진 책은 구입하신 곳에서 바꾸어 드립니다.